地震液化灾害风险的
贝叶斯网络评估技术

胡记磊　著

中国建筑工业出版社

图书在版编目（CIP）数据

地震液化灾害风险的贝叶斯网络评估技术/胡记磊
著．—北京：中国建筑工业出版社，2022.9
ISBN 978-7-112-27770-4

Ⅰ.①地… Ⅱ.①胡… Ⅲ.①地震液化－风险评价－
研究 Ⅳ.①TU435

中国版本图书馆 CIP 数据核字（2022）第 150918 号

本书将贝叶斯网络方法应用于地震液化风险分析中，与统计学、理论分析、数值仿真技术等相结合，研究了地震液化问题中的关键因素筛选、液化概率预测、灾害程度评估和减灾决策等难题。首先，通过统计方法筛选了地震液化的重要影响因素；其次，基于贝叶斯网络方法建立了适用于不同工程条件下的地震液化概率预测模型，并讨论了样本不均衡、抽样偏差、样本量和模型复杂度对液化模型性能的影响；最后，引入液化灾害变量和抗液化措施，考虑措施的效应比，分别建立了地震液化的贝叶斯网络液化灾害风险评估模型和减灾决策模型。

本书的研究成果有助于推动贝叶斯网络方法在地震液化分析中的应用，为我国工程防灾减灾中的液化评估提供科学指导。本书可供土木工程、水利工程、采矿工程和交通运输工程等相关领域防灾减灾工作的科研人员、工程技术人员和研究生参考使用。

责任编辑：刘颖超 李静伟
责任校对：芦欣甜

地震液化灾害风险的贝叶斯网络评估技术
胡记磊 著

*

中国建筑工业出版社出版、发行（北京海淀三里河路 9 号）
各地新华书店、建筑书店经销
北京龙达新润科技有限公司制版
北京君升印刷有限公司印刷

*

开本：787 毫米×1092 毫米 1/16 印张：16¼ 字数：399 千字
2022 年 9 月第一版 2022 年 9 月第一次印刷
定价：70.00 元
ISBN 978-7-112-27770-4
（39799）

作者简介

　　胡记磊，副教授，博士生导师，博士/博士后，日本国立德岛大学联合培养博士，2020年湖北省"楚天学者计划"入选者。现就职于三峡大学土木与建筑学院，主要从事地震液化及灾害风险分析与控制、地下工程地震破坏机理分析及防御、机器学习在岩土工程相关灾变问题中的应用等研究和教学工作。

　　主持国家自然科学基金项目1项，湖北省教育厅科学研究计划项目重点项目1项；参与国家重点基础研究发展计划（973计划）子课题、国家发展和改革委员会委托项目等6项。以第一作者或通讯作者发表学术论文30余篇，其中，领域内TOP类SCI论文9篇。

前　言

地震液化问题的深入研究对于工程抗震减灾而言尤为重要。我国地处环太平洋地震带与欧亚地震带之间，地震活动频繁，是世界上大陆地震多发的国家之一，在历史地震中出现过诸多液化导致各类工程结构灾害的案例，例如 1966 年邢台地震、1970 年通海地震、1976 年唐山地震、1999 年台湾集集地震、2003 年巴楚地震、2008 年汶川地震和 2018 年松原地震中砂土液化引起了不同程度的地面不均匀沉降、裂缝、侧移和喷砂冒水，进而导致建筑物、公路、桥梁、堤防、港口码头和生命线设施等发生严重破坏，并带来巨大经济损失。地震液化的预测和灾害评估是一个复杂的高度非线性不确定性问题，很难采用统计、简化的模型或者弹塑性理论准确、快速判别地基液化和评估其危害程度。此外，随着概率抗震设计理念的提出，地震液化概率分析方法的研究成为热点。贝叶斯网络方法与其他众多机器学习方法相比，是一种能模拟人类思维的有力工具，其图形化的概率表达形式和拟人化的推理模式为地震液化风险分析提供了一条技术途径。

本书基于贝叶斯网络方法，围绕地震液化概率预测、灾害评估和减灾决策等问题展开，构建了相应的贝叶斯网络模型。这些模型不仅可以对地震液化的发生及液化后的灾害做出快速、准确的预测和评估，而且可以针对液化灾害程度及场地性质，分析得出最佳减灾决策方案，为工程抗震减灾提供科学依据。希望本书的研究工作能给从事贝叶斯网络应用研究的科研人员带来一些启发和帮助。

本书共 8 章。第 1 章介绍了地震液化的概念及机理，详细分析了地震液化的影响因素、液化预测、灾害评估和减灾措施的研究现状及存在的科学问题；第 2 章介绍了贝叶斯网络的概念及推理、结构和参数学习，以及其在土木工程中的应用情况；第 3 章分别通过文献计量方法和最大信息系数方法从定性和定量两个角度筛选出地震液化的重要影响因素，随后采用解释结构模型方法和路径分析方法构建了这些因素与液化触发的层次结构和因果结构模型；第 4 章分别基于三种原位试验数据，构建了地震液化贝叶斯网络概率预测模型，与现有的其他简化方法和机器学习方法进行了对比验证；第 5 章分析了样本不均衡、抽样偏差、样本量和模型复杂度对地震液化模型预测精度的影响，给出了最优训练样本的比例和确定最小训练样本量的经验公式；第 6 章构建了地震液化灾害贝叶斯网络评估模型，与神经网络模型进行了对比分析，并对地震液化灾害的因素进行了敏感分析，随后将模型应用于 2011 年日本 Tohoku 地震液化灾害评估中，说明了该模型的有效性；第 7 章以人工岛地震液化减灾为例，构建了地震液化贝叶斯网络减灾决策模型，分析了其正确性和有效性；第 8 章对本书的研究工作做了一个全面总结，并对未来的研究工作进行了展望。

本书的研究工作及出版得到了国家重点基础研究发展计划"973"计划项目专题二

4

"人工岛全寿命抗震性能评价与设计（No.2011CB013605）"、国家自然科学基金"地震液化及其沉降灾害的贝叶斯网络风险分析（No.41702303）"和三峡大学高层次人才启动经费的支持。感谢本书中合作研究的老师和同学，感谢研究生王璟、庞璐欧和熊彬对本书的文字校订，也感谢本书所引用资料和文献的作者提供相关数据支持。

受作者水平所限，对贝叶斯网络知识的认识还不够全面，书中难免存在一些不足之处，恳请同行专家和读者批评指正，联系邮箱 hujl@ctgu.edu.cn。

作者：胡记磊

三峡大学土木与建筑学院

2022 年 1 月 31 日

目 录

主要符号对照表

符号	代表意义	单位
τ_f	抗剪强度	kPa
σ_v	竖向总应力	kPa
σ_v'	上覆有效应力	kPa
c'	有效黏聚力	kPa
c	黏聚力	kPa
φ'	有效内摩擦角	°
φ	内摩擦角	°
u	孔隙水压力	kPa
F_s	液化安全系数	—
P_L	液化潜能	—
a_{max} 或 PGA	地表峰值加速度	m/s^2
r_d	应力衰减系数	—
z	埋深	m
MSF	震级标定系数	—
K_σ	上覆有效应力修正系数	—
FC	细粒含量	%
ρ_c 或 CC	黏粒含量	%
N	标准贯入锤击数	—
N_1	换算到 σ_v' 为 100kPa 的标准贯入锤击数	—
N_a	考虑粒径影响的修正标准贯入锤击数	—
N_{cr}	标准贯入锤击数临界值	—
N_0	标准贯入锤击数的基准值	—
$\Delta(N_1)_{60}$	考虑 FC 修正的标准贯入锤击数	—
$(N_1)_{60,cs}$	修正的标准贯入锤击数	—
C_B	孔径修正系数	—
C_S	是否安装标贯衬管的修正系数	—
C_R	杆长修正系数	—
C_E	能量因子为 60% 的修正系数	—
q_c	桩端阻力	kPa
q_{c1N}	等效标准大气压下的锥头阻力	—
Δq_{c1N}	考虑 FC 修正的锥头阻力	—
q_{c1Ncs}	等效洁净砂锥头阻力	—
R_f	桩侧摩擦系数比	—

符号	代表意义	单位
V_s	剪切波速	m/s
V_{s1cs}	考虑 FC 修正的剪切波速	m/s
V_{s1}	考虑 σ'_v 修正的剪切波速	m/s
D_s	砂土层埋深	m
H_n	上覆非液化土层厚度	m
D_n	排水通道长度	m
D_{50}	平均粒径	mm
D_w 或 GWT	地下水位	m
C_c	曲率系数	—
C_u	不均匀系数	—
I_P	塑性指数	
S_r	饱和度	%
D_r	相对密实度	—
OCR	超固结比	—
k	渗透系数	m/s
I	地震烈度	—
f	地震频率	Hz
A	地质年代	Ma
M_w	地震等级	—
R	震中距	km
t	地震持续时间	s
t_d	地震相对持续时间	s
t_f	地震完整持续时间	s
PGV	地表峰值速度	m/s
PGD	地表峰值位移	m
PGV/PGA	PGV 和 PGA 的比值	s
EDA	有效设计加速度	m/s²
SMA	持续最大加速度	m/s²
SMV	持续最大速度	m/s
I_a	复合加速度强度	$m/s^{5/3}$
IF	Fajfar 强度	$m/s^{3/4}$
I_v	复合速度强度	$m^{2/3}/s^{1/3}$
I_d	复合位移强度	$m \cdot s^{1/3}$
AI	Arias 强度	m/s
CAV	累积绝对速度	m/s
CAV_5	改进的累积绝对速度	m/s

符号	代表意义	单位
CAD	累积绝对位移	m
a_{rms}	均方根加速度	m/s^2
V_{rms}	均方根速度	m/s
d_{rms}	均方根位移	m
a_{rs}	平方根加速度	$m/s^{2.5}$
v_{rs}	平方根速度	$m/s^{1.5}$
d_{rs}	平方根位移	$m/s^{0.5}$
IC	特征强度	$m^{1.5}/s^{2.5}$
SED	能量密度指标	m^2/s
$S_{a,0.5}$	谱加速度	m/s^2
$S_{v,0.5}$	谱速度	m/s
$S_{d,0.5}$	谱位移	m
EPA	有效峰值加速度	m/s^2
EPV	有效峰值速度	m/s
ASI	加速度谱强度	m/s
VSI	速度谱强度	m
IH	Housner 强度	m
$R_{partial}$	偏相关系数	—
R_{pb}	点二列相关系数	—
$R_{X,Y}$	皮尔森相关系数	—
σ_ε	标准残差	—
ζ	适用性指标	—
ε	回归残差	—
Acc	总体精度	—
Pre	准确率	—
Rec	召回率	—
F_1	准确率和召回率的调和值	—
AUC	ROC 曲线下的面积	—
Lift	提升度	—
B	Brier 评分	—
D	水平侧移量	m
LDI	侧移指标	m
S	地面坡度	%
W	自由面地表高与长的比	—
ε_v	土层的体应变	%

续表

符号	代表意义	单位
S	土层的沉降	m
T_{nl}	非液化层厚度	m
T_{15}	修正标贯击数少于 15 的土层累积厚度	m
F_{15}	在土层 T_{15} 内的平均黏粒含量	%
SIF	单篇文献的影响因子	—
IF	期刊的影响因子	—
SC	单篇文献的被引用频次	—
Δt	文献出版年份到目前的年份差值	—
w_i	影响因素的权重	—
$\overline{w}_i$	所有影响因素的平均权重	—
ρ	密度	kg/m^3
e_0	初始孔隙比	—
λ	压缩指数	—
κ	膨胀指数	—
G_0/σ'_{m0}	初始剪切模量比	—
M_m	变相应力比	—
M_f	破坏应力比	—
B_0	硬化参数	—
B_1	硬化参数	—
C_f	硬化参数	—
D_0	膨胀系数	—
n	膨胀系数	—
γ^p	基准塑性应变	—
γ^E	基准弹性应变	—
m'_0	黏塑性参数	—
C_{01}	黏塑性参数	1/s
C_{02}	黏塑性参数	1/s
E_0	弹性模量	Pa
ν	泊松比	—

部分缩写对照表

缩写	英文全称	中文全称
CSR	Cyclic Stress Ratio	等效循环应力比
CRR	Cyclic Resistance Ratio	循环阻尼比
GWT	Groundwater Table	地下水位
SPT	Standard Penetration Test	标准贯入试验
CPT	Cone Penetration Test	静力触探试验
BPT	Becker Penetration Test	贝克尔试验
LR	Logistic Regression	逻辑回归
ANN	Artificial Neural Network	人工神经网络
SVM	Support Vector Machine	支持向量机
BN	Bayesian Network	贝叶斯网络
DGA	Directed Acyclic Graph	有向无环图
BU	Bayesian Updating	贝叶斯更新
ISM	Interpretive Structural Modeling	解释结构模型
GS	Greed Search	贪婪搜索
HC	Hill Climbing	爬山
EM	Expectation Maximization	期望最大
MCMC	Markov Chain Monte Carlo	马尔科夫链蒙特卡洛
CMA	Casual Mapping Approach	因果图方法
DK	Domain Knowledge	领域知识
MLE	Maximum Likelihood Estimation	最大似然估计
GD	Gradient Descent	梯度下降
RBF	Radial Basis Function	径向基函数
BP	Back Propagation	反向传播
TP	True Positive	真阳性
FN	False Negative	假阴性
FP	False Positive	假阳性
TN	True Negative	真阴性
AP	Actual Positive	真样本数量
AN	Actual Negative	假样本数量
PP	Predicted Positive	预测为真样本的数量
PN	Predicted Negative	预测为假样本的数量
FPR	False Positive Rate	假阳性率
TPR	True Positive Rate	真阳性率

缩写	英文全称	中文全称
MIC	Maximal Information Coefficient	最大信息系数
RMSEA	Root Mean Square Error of Approximation	近似均方根误差
GFI	Goodness of Fit Index	拟合优度指数
AGFI	Adjusted Goodness of Fit Index	调整后的拟合优度指数
CFI	Comparative Fit Index	比较指标包括比较拟合指数
NFI	Normed Fit Index	标准化拟合指数
RFI	Relative Fit Index	相对拟合指数
IFI	Incremental Fit Index	增量拟合指数
TLI	Tucker-Lewis Fit Index	Tucker-Lewis 拟合指数
PGFI	Parsimony Goodness of Fit Index	简约拟合优度指数
PNFI	Parsimony Normed Fit Index	简约范数拟合指数
PCFI	Parsimony-Adjusted Comparative Fit Index	简约调整比较拟合指数
AIC	Akaike Information Criteria	Akaike 信息准则
BIC	Bayesian Information Criteria	贝叶斯信息准则
BCC	Browne-Cudeck Criterion	Browne-Cudeck 信息准则
MI	Modified Index	修正指数

第1章

绪　论

1.1　研究背景和意义

液化现象是物质从固体状态转变为液体状态的一种物理和力学性质的演化过程[1]。对砂土液化而言，在液化转变的过程中，本质变化是转变为液体状态的砂土不再具备抗剪强度，这也是砂土液化后容易导致灾害的原因。地震液化灾害属于地震地质灾害之一，也是近几十年来岩土工程界研究的热门课题之一。

早在 1948 年，美籍奥地利土力学家太沙基和美籍加拿大土力学家派克[2] 就认识到饱和砂土在受到强烈的扰动后会像流体一样发生流动，也就是砂土液化现象，而且他们还认为砂土液化是导致边坡滑动的主要诱因之一。后来，日本学者 Mogami 和 Kubo[3] 在 1953 年发现在地震发生的过程中场地会出现砂土液化现象。直到 1964 年在日本新潟县发生的里氏 7.5 级地震以及同年在美国阿拉斯加州发生的里氏 8.5 级地震中都出现大规模的砂土液化引起的建筑物不均匀沉陷、地表喷砂冒水、边坡大面积流滑、路面裂缝等灾害之后，地震液化灾害问题才开始引起广泛的重视和研究。我国沿海、沿江、沿河和平原地区都发生过砂土液化，并造成了巨大经济损失。据粗略统计，涉及可液化地区的面积至少几十万平方公里，占总国土面积的 10%～12%。这些砂土液化易发地区往往与强震活动构造带相叠合，且多为经济发达、人口密集的地区，如华北平原、河套盆地、南部沿海地区等[4]。因此，砂土液化危害问题的研究也值得我国工程界和学术界的高度重视。

地震液化历史灾害数据显示，当地震里氏等级 M_w 小于 6 级或者地震为中源或深源地震时，很难引起地基液化灾害。尽管也存在少量小震级导致液化灾害的案例，例如我国 2018 年 5 月 28 日吉林松原发生的 M_w 5.2 级地震，引起了显著的液化现象，液化场地超过 200 个[5]。但本书利用美国地质勘探局 USGS 网站（https：//earthquake.usgs.gov/）和中国地震台网 CSN（http：//www.ceic.ac.cn/history）只检索 1964～2021 年间全球及中国发生里氏震级 6 级及 6 级以上且震源深度小于 70km 的浅源地震案例。统计的地震频次与年份关系曲线如图 1.1 所示，在此期间全球及中国发生的 6 级及 6 级以上的地震频次分别为 6548 次和 415 次。由图 1.1 可以看出全球地震频次整体呈增长趋势，其中 1990～2010 年间全球地震活动相对频繁，几乎每年发震频次高达 100 次以上，而我国地震发生频次几乎呈水平趋势，每年地震频次在 7 次左右，以 2008 年的 26 频次为最多，属于地震多发国家。在这些地震中，由于砂土液化引起的地质灾害举不胜举，其中典型的地震液化灾害案例如表 1.1 所示，最小震级为 5.4 级，最大为 9.0 级。

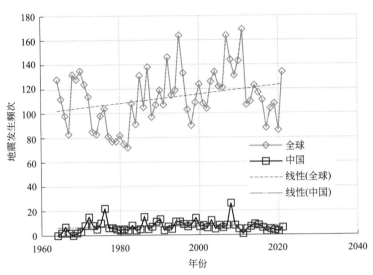

图 1.1　1964～2021 年全球及中国 $M_w \geqslant 6$ 级且震源深度 $\leqslant 70km$ 的地震发生频次统计

近 60 年地震液化重大灾害典型案例　　　　　　　　　　表 1.1

地震时间	地震名称	M_w	液化灾害特点
1964.06.16	日本 Niigata 地震	7.5	Shinano 河的两岸发生大面积液化和地裂,地面最大侧移达 12.71m,大量的建筑物、桥梁、挡墙及生命线工程遭到严重破坏
1964.03.27	美国 Alaska 地震	8.5	砂砾土、砾性土体液化,多处砂、水从地面涌出,公路设施与高速铁路受损严重,其中有超过 160km 铁路路基到地裂缝与土体侧移的破坏或发生地面沉降,另有 125 座桥与 100 多座涵洞受到损坏
1966.03.08 1966.03.22	中国邢台地震	6.8 7.2	以沿古河道地裂缝和喷砂冒水现象为主,最大的喷孔直径达 2m,地下水普遍上升 2m 多;位于古河道上的村庄比相邻村庄的破坏严重,在同一村庄中古河道通过地段的房屋又比其他地段破坏严重
1970.01.05	中国通海地震	7.7	喷砂冒水现象严重,喷冒孔主要呈单孔和成群串珠状,总体喷冒孔的走向与曲江断裂的走向基本一致
1975.02.04	中国海城地震	7.3	引发下辽河平原大面积砂土液化,喷砂冒水的地区面积可达 3000km²;砂土液化对水田、渠道、桥梁、堤防、公路和排灌站的损害较重,但对一般工业民用建筑的损害较轻
1976.07.28	中国唐山地震	7.8	引起多条河的河岸滑移、地裂、喷砂,滑移带宽约 100～150m,造成 10 余座公路和铁路桥长度缩短(最大达 9.1m)、桥台倾斜、桥墩折断和河道变窄、地面不均匀沉陷等灾害
1978.06.12	日本 Miyagiken-Oki 地震	7.7	液化造成了河堤沉降、污水池抬升、码头墙倾斜,建筑不均匀沉降
1979.10.15	美国 Imperial Valley 地震	6.5	液化范围广,造成喷砂冒水、地面不均匀沉降和裂缝产生,破坏了田野中的排水沟、道路人行道和运河河岸及排水管等生命工程结构
1981.04.26	美国 Westmorland 地震	5.9	在威斯特摩兰以北 150km 的区域内产生了许多液化和其他次生地面效应

地震时间	地震名称	M_w	液化灾害特点
1983.05.26	日本 Nihonkai-Chubu 地震	7.7	地震持续时间较长,5100 座房屋完全或局部受损,大部分是由液化导致
1987.11.24	美国 Superstition Hills 地震	6.5	发生大面积场地液化现象,在 Wildlife 场地获得了完全液化场地的孔隙水压力记录和加速度记录
1989.12.17	美国 Loma Prieta 地震	6.9	液化造成距震源区西北端 84km 外的旧金山湾损失严重,高达约 1 亿美元,占总损失 1.5%,震后修复费用高
1993.01.15	日本 Kushiro-Oki 地震	7.6	喷砂冒水、喷砂高度达到 1.5m,大量地下设施发生上浮,公路、港口严重损坏
1993.07.12	日本 Hokkaido-Nansei 地震	7.7	液化范围广、房屋不均匀沉降、地下生命线工程严重破坏
1994.02.17	美国 Northridge 地震	6.7	King 港和 Redondo 海滩液化现象明显,导致地面永久性变形和塌陷,圣费尔南多大坝遭到严重破坏
1995.01.17	日本 Hyogoken-Nambu 地震	7.3	砾石土液化、喷砂冒水、液化侧向扩展严重、液化减震明显、桩基破坏
1999.08.17	土耳其 Kocaeli 地震	7.4	高细粒含量和高液限的砂土液化、大面积侧滑、喷砂冒水、不均匀沉降严重
1999.09.21	中国台湾集集地震	7.6	在含饱和粉砂土和砾砂土的场地引起了严重液化,同时,在邻近河川和古河道地区的软弱地基发生了严重震陷。土壤液化和震陷均造成建筑物和工程设施(如台中港码头)的不同程度破坏
2003.02.24	中国巴楚地震	6.8	液化广泛分布,主要沿水位较高的漫滩和低阶地发育,造成公路严重裂缝,沙漠低地液化现象鲜明
2004.12.23	日本 Niigata 地震	6.8	河堤沉降、埋设管线被抬升,对生命线工程产生较大影响
2008.05.12	中国汶川地震	8.0	地表裂缝、地面沉降现象普遍,液化分布广泛、喷砂冒水高、砾石土液化、深层土液化达 20m
2010.02.27	智利 Maule 地震	8.8	多种类型场地液化、低烈度的地区液化、喷砂冒水、地基承载力丧失
2010.09.04	新西兰 Darfield 地震	7.1	河堤沉降、埋设管线被抬升,对生命线工程产生较大影响
2011.02.22	新西兰 Christchurch 地震	6.2	大面积喷砂冒水、液化侧移引起建筑、桥梁、堤坝、地下生命线设施破坏严重、大部分场地出现 10~20m 的深层土液化、余震中大面积反复液化
2011.03.11	日本 Tohoku 地震	9.0	远离震中 300~400km 的人工填土场地发生大规模液化、房屋沉降与倾斜严重、结构物上浮、喷砂冒水厚度较厚、余震再液化现象明显、深层土液化达 20m
2011.10.23	土耳其 Van 地震	7.2	大规模的液化和滑坡、地面沉陷、建筑物倾斜造成严重的破坏和财产损失
2012.05.20	意大利 Emilia 地震	5.9	液化范围约 1200km²,喷砂冒水,在一些地基、下水道口周围出现大量裂缝,地下结构漂浮在地表,余震加剧液化灾害明显
2014.05.05	泰国 Chiang Rai 地震	6.3	喷砂冒水、建筑物沉降、地表不均匀沉降
2015.04.25	尼泊尔 Gorkha 地震	7.8	砌体建筑严重损坏、地表出现严重裂缝、喷砂冒水

地震时间	地震名称	M_w	液化灾害特点
2016.02.05	中国台湾美浓地震	6.4	台南地区大范围土壤液化,大量建筑物倾斜、下沉,喷砂冒水
2016.04.14	日本 Kumamoto 地震	6.2	大范围地面出现开裂和不均匀沉降,超 9000 座住宅遭到破坏,余震再液化现象明显
2016.04.16	美国 Ecuador 地震	7.8	港口路堤发生严重的流动破坏和侧向扩张,侧向扩展在 20~60cm,伴随有地面沉降和喷砂冒水
2016.11.07	美国 Pawnee 地震	5.8	地震强度低,液化范围广,30 口天然气井发生上浮造成了严重的地面破坏
2017.11.15	韩国 Pohang 地震	5.4	震中附近有数百个由液化引起的砂坑,部分钢筋混凝土柱和墙体以及砖石房屋发生倾斜、倒塌,地面出现不均匀沉降
2018.05.28	中国松原地震	5.7	在距震中 3km 范围内引起大面积的液化和地表裂缝,液化场地超过 200 个,最大喷冒坑直径为 3m,坑深超过 2m;震级较低但液化现象显著
2018.09.06	日本 Hokkaido 地震	6.6	大规模的土体液化,部分房屋道路的侧移量高达 35cm,超 1000 栋房屋毁坏
2018.09.28	印度尼西亚 Palu 地震	7.7	序列地震引起的液化现象明显,喷砂冒水,地面塌陷,地面裂缝发展显著
2019.07.05	美国 Ridgecrest 地震	7.1	大范围建筑物发生倾斜和下沉,部分房屋倒塌,余震再液化现象明显,砂沸直径几十到几百厘米
2019.11.26	阿尔巴尼亚 Durres 地震	6.4	大规模的液化和滑坡、地面沉陷、建筑物倾斜造成严重的破坏和财产损失

相关液化灾害图片如图 1.2 所示,包含了常见的液化灾害类型。所有这些典型案例中地震液化均会引起不同程度的不均匀沉降、地面裂缝、地表侧移、喷砂冒水,从而导致建筑物、公路、桥梁、堤防、港口码头和生命线设施等严重破坏,带来巨大经济损失和人员伤亡。其中,以 2011 年 2 月 22 日的新西兰 Christchurch 地震引发的砂土液化灾害最为严重,是历史地震灾害中第一个以砂土液化灾害为主的地震案例。因此,针对地震液化的预测、液化后的灾害评估以及抗液化措施优选等相关问题进行深入研究,对于防灾减灾工程而言极为重要。

(a) 建筑物不均匀沉降[6]

(b) 公路路面裂缝[7]

图 1.2　地震液化引起的灾害实例

(c) 桥梁基础水平侧移[8]

(d) 堤防结构破坏滑移[9]

(e) 室内喷砂冒水[10]

(f) 生命线设施上浮[11]

图 1.2　地震液化引起的灾害实例（续）

　　此外，采用 Web of Science 数据库和中国知网 CNKI（China National Knowledge Infrastructure）数据库分别以"地震液化"和"砂土液化"为主题统计了 1964～2021 年间出版的英文文献和中文文献，结果如图 1.3 所示。从图中可以明显发现无论是英文文献还是中文文献都呈指数增长，1964～1990 年中国对于地震液化的研究热度和国外旗鼓相当，但 20 世纪 90 年代后地震液化的英文研究文献明显多于中文文献，尤其是近 10 年。以上种种都说明了关于地震液化的研究是一项热门且具有实用意义的研究课题。对于地震液化的研究主要回答以下 3 个方面的问题[12]：

　　（1）当地震发生时，场地是否会发生液化？如果预测可能会发生液化，那么液化的概率有多大？

　　（2）当关注的场地被判定为液化了，那么液化后是否会造成灾害以及带来多大的灾害？

　　（3）为了减轻或避免地震液化引起的灾害，应该采用哪种抗液化措施才是最优选择？

　　目前，大部分学者主要是对前两个方面的问题展开了深入研究，而对于第三个方面的问题鲜有研究。本书针对以上 3 个问题分别展开了深入研究，将在后续几章中做重点介绍。

　　综上，地震液化现象作为地震地质灾害的一种主要形式，通常会造成上部结构物倒塌、道路开裂、堤防工程滑移、桥梁基础破坏、生命线地下结构物上浮和山体滑坡等一系

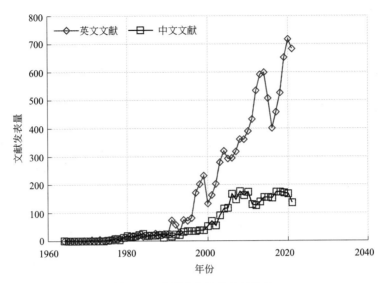

图 1.3　地震液化相关文献统计

列地质灾害，其影响范围广泛且破坏力强，给人类带来巨大的经济损失和安全威胁。随着概率抗震设计理念的提出，地震液化风险分析的研究成为热点。贝叶斯网络方法恰好适用于表达和分析不确定性的概率事件，是从不完全、不精确、不确定的知识或信息中做出准确概率推理的一种有效工具[13]。该方法特别适用于解决像地震液化判别、灾害风险分析及减灾决策这样由多种影响因素控制的高度非线性不确定问题，这为地震液化的风险分析及减灾决策提供了新的研究方向和解决途径。因此，基于贝叶斯网络方法，深入研究地震液化的概率预测以及灾害风险评估，并提出相应的减灾措施对于工程防灾减灾极为重要。本书的研究工作具有 3 个方面的研究意义：

（1）地震中不是所有场地都会发生液化，高准确性的地震液化预测方法研究对于地震的防灾减灾有着重要意义，而现有的地震液化判别方法或者判别公式的准确性还不够理想，偏保守会加重地基抗液化的成本支出，偏大胆则可能带来严重的经济损失。而且，以往的液化判别方法多数都是确定性的，只能回答液化或者未液化，而贝叶斯网络液化预测模型可以提供概率性的预测结果，这更符合工程界的抗震风险分析需求。

（2）地震中砂土液化后并不一定会引发灾害，只有当液化层的变形足以危害到结构物的安全及正常使用或者液化层的超孔隙水压力剧增引起喷砂冒水、地表裂缝时才会造成灾害，而且液化的危害程度会因可液化土层的厚度、埋深和强度不同而不同。所以，仅能预测是否会发生液化还不够，还必须对液化后是否引起灾害及液化导致的各类危害程度有多大进行评估，这更具有研究价值和工程意义，而贝叶斯网络液化灾害分析评估模型可以很好地回答上述问题。

（3）如果在建筑物或土工结构物建造之前能够准确预测其地震液化后的灾害程度，就可以根据评估结果来选择最优的减灾措施，从而减少或避免地震液化带来的经济损失。这种既能考虑抗液化措施的效果又能考虑经济成本的方法在工程抗震设计中显得尤为重要。贝叶斯抗液化决策模型可以有效地从平衡抗液化措施效果和成本的角度来解决这一问题。

1.2　地震液化风险分析的研究现状及存在的主要问题

1.2.1　地震液化的概念及机理

关于地震液化的概念最早是由美国土木工程协会岩土工程分会土动力学委员会于 1978 年经过广泛讨论后给出的，即液化是任何物质转化为液体的行为或过程，但目前还没有一个统一的定义。在无黏性土中，这种由固态变为液态的转化过程是孔隙水压力的累积和有效应力减少的结果[14]。而日本土力学与基础工程学会在 1985 年的《土力学与基础工程词典》中给出的定义是"液化是由于孔隙水压力的累积导致土体的有效应力降低和抗剪强度丧失的状态"。我国汪闻韶院士[1] 在 1981 年给出的定义是"液化应视作物质由固体状态转变为液体状态的一种物理和力学性质的演化过程。由于刚度（剪切模量）的消失，液化后的物体不能存在偏应力张量。"

这几种定义虽然略有所不同，但本质上是没有分歧的，都认为土体在液化前后有两个主要变化：一个是物质形态发生改变，土体由于抗剪强度的丧失导致其从固体状态转变为液体状体；另一个是有效应力降低，这是由孔隙水压力积累造成的。以上是对液化的一个广义定义，但对于液化机理的认识却存在分歧，主要有以下两种不同的典型代表观点。

一种是以 Seed[15] 基于动三轴试验提出来的"初始液化"观点为代表。这种观点是以土体的应力状态为出发点，认为饱和砂土液化后的有效应力下降到零，且此时砂土的抗剪强度会完全丧失，这就是初始液化的标志。通过土的摩尔-库仑强度理论公式(1.1) 也可以看到，在饱和土中，当土体的孔隙水压力 u 发展累积到等于总应力 σ 时，土体的有效应力 σ' 等于 0，土体的抗剪强度 τ_f 就等于有效黏聚力 c'，对于纯净的砂土而言，是没有黏聚力的，此时砂土进入液化状态。在此后动荷载的继续作用下，土体交替出现这种初始液化状态，使土体的残余变形逐步累积，直到超过允许的变形值后土体发生整体强度破坏。

$$\tau_f = \sigma' \tan\varphi' + c' = (\sigma - u)\tan\varphi' + c' \tag{1.1}$$

另一种是以 Casagrande[16]，Castro[17]，Castro 和 Poulos[18] 为代表的观点，他们从土体的位移、变形角度出发，认为液化引起的工程结构破坏主要表现为应变、变形或者位移超过容许值，而并不完全取决于应力条件，即土体初始液化时应力状态。即使土体未出现初始液化状态，只要在动荷载的作用下由于孔隙水压力的积累导致土体的强度降低，出现类似液化状态的流动变形现象，就认为土体已经发生液化。

在这个过程中土体可能出现两种不同的情况[19]：一种是流动液化，也就是每一次动荷载使土体发生迅速且持续发展的变形，表现出无限流动的特征，这只能发生在剪缩性的饱和砂土中；另一种是往返液化，每一次动荷载只能产生一定的有限变形，这种变形随着动荷载逐渐增加或者趋于稳定往复变化的趋势，这发生在剪胀性的饱和砂土中。后来 Poulos 和 Castro 等[20] 基于 Casagrande 提出的"临界孔隙比"的概念分别对剪缩性和剪胀性的饱和砂土液化提出了稳态强度和稳态线判别砂土是否会发生实际液化或流动液化。

虽然 Seed 和 Casagrande 等对于液化机理的认识不同，但在 1985 年 Seed[21] 发表关于液化问题探讨一文中已经接受了 Casagrande 等的稳态强度判别液化的理论，并在 1992 年与 Castro[22] 共同发表论文研究了利用稳态强度分析地震后美国 Lower San Fernado 大坝的滑移问题。值得注意的是 Casagrande 等人认为的实际液化并不是要达到初始液化后才会发生，只要触发应力达到既有强度时，实际液化就可能发生，而不像 Seed 等人认为的只有当土体的有效应力降低到零，即抗剪强度完全丧失时才发生液化。此外，初始液化也并不意味着出现实际液化，它也可能只产生循环液化。这两种液化机理解释观点目前已被广泛接受和应用，只是它们的适用范围不同。初始液化观点在判别砂土液化触发问题时比较方便和合理，但对于液化后的变形问题分析已无法适用，而实际液化和循环液化观点则可以适用于液化后是否发生失稳破坏或变形分析。

综上所述，由于饱和砂土液化存在不同的形态，液化机理可以分为 3 种宏观现象，分别是砂沸、流滑和循环流动[1]。其中，砂沸是当饱和砂土中的孔隙水压力增长到超过其上覆有效应力时发生的上浮或"沸腾"现象，而且在这个过程中土体会完全丧失承载力，这一过程与砂土的密实度和体应变无关，而与渗透压力引起的液化有关，通常被认为是"渗透不稳定"现象。流滑是饱和松砂在不排水的条件下，受单程荷载或剪切的作用呈现不可逆的体积压缩，引起砂土的孔隙水压力增大，有效应力随之减小，最终出现"无限度"的流动变形现象。循环流动是饱和密实砂土在循环剪切作用下，在剪应变水平较低的时段呈现体积压缩，出现液化现象，而在剪应变水平较高的时段呈现体积膨胀，砂土重新恢复抗剪强度，这样出现的间断液化作用就形成了"有限度"流动变形的往返活动现象。如果饱和砂土的密实度很低，处于松散状态，在高剪应变水平时段仍保持体积压缩而不出现回胀，则会出现流滑现象。

1.2.2　地震液化影响因素筛选的研究现状及存在的问题

关键因素的筛选是任何模型开发的关键步骤之一[23]。如果在模型构建过程中考虑的因素太少，则会导致模型欠拟合，而考虑的因素太多，又会导致模型过拟合。此外，添加到模型中的因素对预测结果影响很小或没有影响，将会大大增加模型的不确定性和复杂性，并使其更难以拟合和解释[23]。影响地震液化的因素很多，主要包括地震参数、土壤性质和场地条件三大类。在这三类一级因素中，又可以分为诸多二级因素，这些因素对液化的影响规律见表1.2。

地震液化的影响因素及其影响规律汇总　　　　　　　　　　表 1.2

类别	因素	指标	影响规律	文献
地震参数	震级	M_w	M_w 越大，PGA 和 t 越大，场地越容易发生液化	[24]
	震中距	R	R 越大，PGA 和 t 越小，场地越不容易发生液化	
	持续时间	t	t 越长，场地越容易发生液化	
	频率	f	f 对液化的触发影响不大	
	作用方向	—	地震作用方向对液化的触发影响不大	
	幅值	PGA	PGA 越大，场地越容易发生液化	[25]
	烈度	I	I 越大，场地越容易发生液化	

续表

类别	因素	指标	影响规律	文献
土体性质	细粒或黏粒含量	FC 或 CC	抗液化强度与 FC 或 CC 之间的非线性关系是一个下凹抛物线	[24]、[25]
	土质类别	ST	黏性土不发生液化,砾性土难液化,砂土易液化	
	颗粒特征	D_{50}、C_c、C_u	D_{50} 越大、级配越好,k 越大,场地液化的可能性越小	
	相对密实度	D_r 或 e	颗粒孔隙越小,土层越密实,场地越不容易液化	
	超固结比	OCR	OCR 越大,场地的抗液化能力越好	
	饱和度	S_r	通常饱和土才能液化	
	塑性指数	I_P	抗液化强度随着 I_P 的增加而降低	
	土的结构	—	结构性较好的土不易发生液化	
	颗粒形态	—	颗粒越粗糙越不容易发生液化	
	渗透系数	k	k 越大,场地越容易发生液化	[26]
场地条件	竖向应力	σ_v 或 σ_v'	σ_v 或 σ_v' 越大,场地越不容易发生液化	[24]、[25]
	地下水位	D_w 或 GWT	D_w 越大,场地越不容易发生液化	
	关键土层埋深	D_s	D_s 越大,σ_v 或 σ_v' 越大,场地越不容易发生液化	
	关键土层厚度	T_s	T_s 越厚,场地越容易发生液化	
	埋藏类型	DT	冲积海平原、河流、湖泊、沼泽、洼地附近容易发生土壤液化	
	埋藏年代	A	埋藏年代越久远,场地越不容易发生液化	
	地层结构	—	地层结构对液化的触发影响不大	
	应力历史	—	应力历史越复杂,场地的抗液化能力越大	
	上覆非液化土层厚度	H_n	H_n 越大,场地越不容易发生液化,但砾性土液化需要一定厚度的 H_n	[27]
	排水通道长度	D_n	排水通道良好的场地不易液化	
	排水边界条件	—	排水边界越好,场地液化的可能性就越小	[26]

　　表 1.2 中各个因素对液化发生的贡献是不同的,且其中某些因素对液化的影响不是独立的,因素之间的相互影响也是复杂的。例如,对于同一个场地而言,地震震级越大,场地越容易发生液化,同时场地的峰值加速度和持续时间越大,场地液化也会更容易发生;也就是说,震级既可以影响液化,也可以通过峰值加速度和持续时间来影响液化的发生。再例如,对于粉质砂土而言,细粒含量越大,平均粒径越小,渗透系数也越小,其中细粒含量的增加和渗透系数的减小不利于液化的发生,然而平均粒径的减小有利于液化的发生,这样形成了竞争效应。但是这些例子都只是定性的认知,要筛选出地震液化的关键因素还需要定量的研究。

　　影响地震液化的因素众多,与液化因素筛选研究相关的文献仅有几篇。Seed 和 Idriss[28] 在他们的简化模型中建议采用 ST、D_r 或 e、σ_v'、地震动的强度(如 Peak Ground Acceleration,PGA)和 t 五个因素进行地震液化;Saikia 和 Chetia[25] 对挑选的 11 个地震液化影响因素基于文献分析做了深入评述;Dalvi 等[29] 采用层次分析法和熵权法在地震液化的 16 个影响因素中挑选出 8 个相对重要的因素，其中 M_w、σ'_v 和 D_r 为相对敏感因素；朱淑莲[30] 采用逐步回归分析方法对地震液化的 15 个影响因素进行了分析，认为 D_w、D_s、N、H_n、T_s、D_{50}、C_u 和砂土粒径最大频率分布这 8 个因素为重要影响因素；盛俭等[31] 采用层次分析法和粗糙集理论对地震液化的 10 个影响因素进行了权重计算，分析得出 σ'_v 是最为敏感的因素。

以上研究的结论不统一，一些研究手段（如层次分析方法和权重打分）偏主观，而且没有对地震液化的全部影响因素做全面分析和筛选。另外一些客观的方法（如回归方法）只考虑了部分因素和液化的关系，没有考虑因素间的相互影响以及对液化触发的间接影响作用，即中介效应。因此，识别地震液化的关键因素并分析其对液化发生的直接和中介效应，可以大大降低模型的复杂性，更清楚地解释各因素的影响路径和作用机制，有利于提高模型的预测性能。

1.2.3 地震液化预测的研究现状及存在的问题

在 20 世纪 60 年代至 20 世纪 80 年代，地震液化相关问题的研究主要是关于其影响因素及判别方法的研究，尤其是液化判别方法的研究取得了相当大的进展。国内外学者基于室内试验结果和地震液化灾害调查资料提出了多种判别方法和预测模型，主要分为三大类，分别是室内试验判别法、现场数据经验数学模型判别法和数值模拟判别法。由于地震液化的复杂性和不确定性，各种方法都有其一定的适用性和局限性。下面对这些方法做详细介绍。

1. 室内试验判别法

室内试验判别法是利用循环三轴试验、循环剪切试验、共振柱试验、振动台试验和离心机模型试验等室内设备模拟现场场地中局部土体的具体条件来确定其抗液化强度，然后和采用设计地震资料计算地震动应力指标进行比较来判别液化。这类试验的判别液化标准主要有三种：第一种是孔隙水压力标准，即当孔隙水压力等于初始有效固结围压时认为土样发生了液化；第二种是应变标准，当土样的应变达到一个定值时作为破坏点，此时土样发生液化，工程上一般以 5% 应变作为这个临界值；第三种是极限平衡标准，即孔隙水压力达到极限平衡状态时的临界孔隙水压力。由于砂土液化是一个非常复杂的物理现象，对于其机理研究尚未完全了解透彻，基于室内试验判别的方法又存在取样困难、土样的应力状态与真实差异较大、试验成本高、人为操作失误等限制，以及目前缺乏一种能把室内试验结果定量地转变到实际场地液化灾害评估中的可靠方法，因此室内试验判别会出现预测结果不理想且工程应用不普及等情况。

2. 经验判别方法

经验判别方法是根据宏观震害调查资料统计分析得出液化的判别准则或经验公式。这类方法直观且简单，可以综合考虑地震液化的众多重要影响因素，更重要的是可以避免室内试验的一些限制，较容易被工程界接受。这类方法目前主要是通过标准贯入试验（Standard Penetration Test，简称 SPT）、静力触探试验（Static cone Penetration Test，简称 CPT）、剪切波速试验（简称 V_s）、贝克尔试验（Becker Penetration Test，简称 BPT）、瑞利波速法、能量法等获得的现场数据得出液化分界线或判别式来进行液化评估。

目前主要以抗液化剪应力法（即通常所说的 Seed "简化方法"）及其各种衍生方法、各类规范法和各类机器学习判别法为代表，这些方法严格来讲，属于试验-经验判别方法，也叫半经验判别方法。

（1）Seed "简化方法" 及其衍生判别方法

Seed "简化方法" 是 1971 年由美国伯克利地震工程研究中心的 Seed 和 Idriss[28] 提出的饱和砂土液化判别简化方法，也是目前工程中应用最为广泛的判别方法，其计算公式为：

$$\text{CSR} = \frac{\tau_{av}}{\sigma_v'} = 0.65 \frac{a_{max}}{g} \frac{\sigma_v}{\sigma_v'} r_d \tag{1.2}$$

式中，CSR（Cyclic Stress Ratio）为等效循环应力比，表征地震在土层中的动力作用大小；a_{max} 和 g 分别为地表最大水平加速度和重力加速度；σ_v 和 σ_v' 分别是上覆土压力和竖向有效应力；r_d 是应力折减系数。可以看到上述公式的可靠性和有效性与 r_d 密切相关。美国的国家地震研究中心（National Center for Earthquake Engineering Research，简称 NCEER）[32] 给出了 r_d 与深度 z 的关系：

$$\begin{cases} r_d = 1.0 - 0.00765z, & z \leqslant 9.15\text{m} \\ r_d = 1.174 - 0.0267z, & 9.15\text{m} \leqslant z \leqslant 23\text{m} \\ r_d = 0.744 - 0.008z, & 23\text{m} \leqslant z \leqslant 30\text{m} \end{cases} \tag{1.3}$$

为了便于计算 r_d，Blake 在 1996 年给出了随深度 z 变化计算 r_d 的评估公式[33]：

$$r_d = \frac{1.000 - 0.4113z^{0.5} + 0.04052z + 0.001753z^{1.5}}{1.000 - 0.4177z^{0.5} + 0.05729z - 0.006205z^{1.5} + 0.00121z^2} \tag{1.4}$$

由于 Seed 简化法在计算等效循环应力比时未考虑不同地震震级的影响，2001 年在美国国家地震研究中心和国家科学基金会的资助下 Youd 等[33] 引入一个震级标定系数 MSF^{-1}（取值参见表 1.3），对式（1.2）进行了改进，称作 NCEER 法，改进的公式为：

$$\text{CSR} = \frac{\tau_{av}}{\sigma_v'} = 0.65 \frac{a_{max}}{g} \frac{\sigma_v}{\sigma_v'} r_d \times \text{MSF}^{-1} \tag{1.5}$$

震级标定系数 MSF^{-1} 表 1.3

震级	5.5	6.0	6.5	7.0	7.5	8.0	8.5
MSF^{-1}	2.2～2.8	1.76～2.1	1.44～1.0	1.19～1.25	1.0	0.81	0.72

当通过式（1.5）计算出等效循环应力比后，与循环阻尼比 CRR（Cyclic Resistance Ratio，表征土体的抗液化能力）进行比较，如果 CSR＞CRR，则土体发生液化，反之不发生液化。循环阻尼比可以根据室内试验或者现场试验获得，但其不仅与土体的密实度有关，而且还受土体的结构性、应力历史等影响，基于室内重塑试样试验确定循环阻尼比来判别工程实际场地（除人工填土工程）是否液化会不太可靠。如果选用原位取样，又存在操作困难和成本高的问题。目前，主要是通过现场试验建立试验指标（如标准贯入击数 N、静力触探贯入阻力 q_c、剪切波速 V_s 等）与循环阻尼比的关系图来确定。Youd 等[33] 的报告中详细给出了标准贯入试验（SPT）、静力触探试验（CPT）、剪切波速试验（V_s）和贝克尔试验（BPT）在地震液化评判中的优缺点，如表 1.4 所示。

不同现场试验在液化评估中的优缺点对比 表 1.4

特点	现场试验类别			
	SPT	CPT	V_s	BPT
历史液化测试点数量	大量	大量	有限	少有
影响测试的应力应变特性类别	部分排水，大应变	排水，大应变	小应变	部分排水，大应变
质量控制和可重复性	从差到好	非常好	好	差
检测土埋藏的变异性	对于密集试验效果好	非常好	无偏	无偏
可测试的土体类别	不适用于砾石	不适用于砾石	所有土类别	主要用于砾石
土样的重新回收	可以	不可以	不可以	不可以
测量指标或工程性能	指标	指标	工程	指标

1) 基于 SPT 评估砂土液化

基于 SPT 评估场地液化已经得到了广泛应用，而且积累了大量的 SPT 历史液化数据。Seed 等[34] 通过总结大量 SPT 液化数据建议 CRR 与 $(N_1)_{60}$ 的关系图如图 1.4 所示。图中给出了不同细粒含量（小于 0.075mm 粒径的颗粒含量）范围内的液化临界曲线，其中低剪应力比阶段曲线由 NCEER 进行了修正。提出的纯砂（FC<5%）液化临界曲线可以用下式表示：

$$CRR_{7.5} = \frac{1}{34-(N_1)_{60}} + \frac{(N_1)_{60}}{135} + \frac{50}{[10(N_1)_{60}+45^2]} - \frac{1}{200} \qquad (1.6)$$

式中，$CRR_{7.5}$ 为地震震级为 7.5 时的土体循环阻尼比；$(N_1)_{60}$ 为能量比或效率为 60% 时修正到上覆压力为 100kPa 的标准贯入锤击数，可以由 $(N_1)_{60} = \sqrt{100/\sigma_v'}\, N$ 计算得到，其中 N 为实测的标准贯入锤击数。

从图 1.4 中可以看到式（1.6）适用于修正的标准贯入锤击数 $(N_1)_{60}$ 小于 30 的砂土液化判别，对于 $(N_1)_{60}$ 大于或等于 30 的砂土，由于其密实度太高，很难发生液化。由于细粒含量会影响 $(N_1)_{60}$，随后 Idriss 和 Seed 将含黏粒砂土的 $(N_1)_{60,cs}$ 等效为纯净砂土的 $(N_1)_{60}$，计算公式表示为：

$$(N_1)_{60,cs} = \alpha + \beta(N_1)_{60} \qquad (1.7)$$

式中，α 和 β 可以根据下列情况取值：

$$\begin{cases} \alpha=0 \\ \beta=1.0 \end{cases} \quad FC<5\% \qquad (1.8)$$

$$\begin{cases} \alpha=\exp[1.76-(190/FC^2)] \\ \beta=0.99+(FC^{1.5}/1000) \end{cases} \quad 5\% \leqslant FC<35\% \qquad (1.9)$$

$$\begin{cases} \alpha=5.0 \\ \beta=1.2 \end{cases} \quad FC \geqslant 35\% \qquad (1.10)$$

2) 基于 CPT 评估砂土液化

基于 CPT 评估砂土液化的主要优点是 CPT 在土层中的贯入是连续的，这样可以获得详细的土层剖面，和其他的现场试验相比，其结果更具有一致性和可重复性。Robertson 和 Wride[35] 在 1998 年通过分析 CPT 历史液化数据给出了纯净砂土的 CRR 和等效洁净

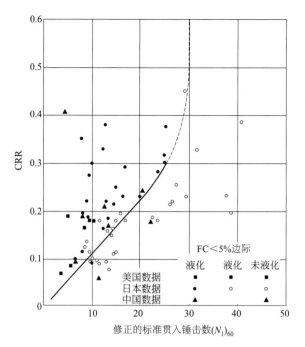

图 1.4　基于 7.5 级地震的 SPT 历史液化数据的纯净砂土 CRR 计算曲线[34]

砂锥头阻力 q_{c1Ncs} 的关系图，如图 1.5 所示。图中包含了 Seed 等[34] 基于 SPT 建议的不同极限应变曲线，其中极限应变为 $\gamma_1 = 3\%$ 的纯净砂土 CRR 计算公式为：

$$\begin{cases} CRR_{7.5} = 0.833(q_{c1Ncs}/1000) + 0.05 & q_{c1Ncs} < 50 \\ CRR_{7.5} = 93(q_{c1Ncs}/1000)^3 + 0.08 & 50 \leqslant q_{c1Ncs} < 160 \end{cases} \tag{1.11}$$

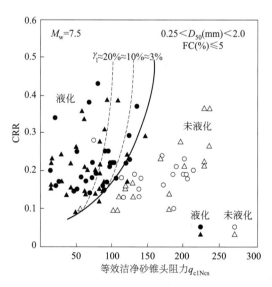

图 1.5　基于 7.5 级地震的 CPT 历史液化数据的纯净砂土 CRR 计算曲线[34]

3）基于 V_s 评估砂土液化

由于剪切波速法能适用于砾石土的液化评估，而且剪切波速 V_s 是土体的基本力学特性，直接和小应变剪切模量相关，所以 Andrus 和 Stokoe[36-37] 基于剪切波速的历史液化数据给出了 CRR 和 V_s 的关系曲线图，如图 1.6 所示。图中包含不同细粒含量范围内的液化临界曲线，这些临界曲线的表达式为：

$$\mathrm{CRR} = a\left(\frac{V_s}{100}\right)^2 + b\left(\frac{1}{\hat{V}_s - V_s} - \frac{1}{\hat{V}_s}\right) \tag{1.12}$$

式中，$\hat{V}_s$ 为液化发生时 V_s 的上限值，当 FC≤5% 时，$\hat{V}_s = 215\mathrm{m/s}$，当 FC≥35% 时，$\hat{V}_s = 200\mathrm{m/s}$；其他 FC 值可以采用线性插值的方法求得；$a$ 和 b 为拟合系数，分别为 0.022 和 2.8。

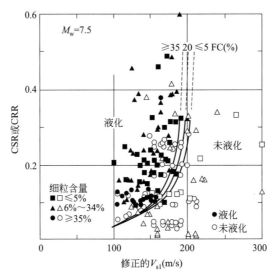

图 1.6　基于 7.5 级地震的剪切波速历史液化数据的纯净砂土 CRR 计算曲线[37]

4）基于 BPT 评估砂土液化

非砾石土的地震液化主要是利用 SPT 和 CPT 方法评估，偶尔也用 V_s 方法，但对于砾石土的地震液化评估，采用这些方法通常不太可靠。大粒径的砾石会影响土体的正常变形以及造成贯入阻力的增加，从而影响评估结果。针对这一问题，1950 年加拿大人发明了适用于砾石液化评估的 BPT 方法[38]。由于该方法还未规范化，并且基于 BPT 的历史液化数据累积非常少，目前该方法还未直接被工程领域广泛使用。

（2）各国规范法

1）美国抗震规范的液化判别方法

美国抗震规范 ASCE/SEI 7-05[39] 的液化判别方法就是由美国国家地震研究中心建议的 NCEER 法，属于改进的 Seed 简化法，参见式(1.5) 和式(1.6)，在此不再赘述。

2）欧洲规范的液化判别法

欧洲液化判别规范 Eurocode 8[40] 是由欧洲共同体委员会提出的一套统一的技术标准。该规范规定，如果地下水位埋深浅且存在较厚的砂质土层，应进行液化判别，但当砂土的塑性指数 $I_p > 10$ 且黏粒含量大于 20% 时，或当砂土淤泥含量大于 35% 且修正后的标准贯入锤击数 $(N_1)_{60} > 20$ 时，或当纯净砂土修正后的标准贯入锤击数 $(N_1)_{60} > 30$ 时，都判别为不液化。其他情况需要用下式进行判别：

$$\tau_e = 0.65\alpha |S| \sigma_{v0} \tag{1.13}$$

式中，τ_e 为土的动剪应力；α 为 A 类场地设计地面加速度和重力加速度的比值；S 为土参数，按场地类别取值；σ_{v0} 为上覆土的总应力。当按式(1.13)计算得到的 τ_e 大于按 $(N_1)_{60}$ 与循环应力比 τ_e/σ'_{v0} 的经验图中 λ（一般取 0.8）倍的动剪应力时，土体被判别为液化，反之为不液化。7.5 级地震的 $(N_1)_{60}$ 与循环应力比 τ_e/σ'_{v0} 经验图如图 1.7 所示，其他震级可以按系数 CM 折算，CM 的取值见表 1.5。

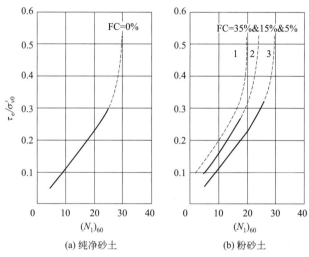

图 1.7 基于 7.5 级地震的纯净砂土和粉砂土的 $(N_1)_{60}$ 与 τ_e/σ'_{v0} 关系曲线图[40]

系数 CM 的取值　　　　　　　　　　　　　　　　　　　　　表 1.5

M_w	5.5 度	6 度	6.5 度	7 度	8 度
CM	2.86	2.20	1.69	1.30	0.67

3）日本规范的液化判别法

日本的地震液化评判方法主要以公路桥梁抗震设计规范最具代表性，是基于 Seed 简化法发展的岩崎龙岗[41,42] 液化评估方法。该方法提出了液化安全系数 F_L 概念；当 $F_L < 1$ 时，被判定为液化，反之不液化。首先需要对冲积层的砂质土层做一个预判，若同时满足：地下水位深度在 10m 以内，并且地基面 20m 以内需存在饱和土层；土层的细粒含量小于 35%，或大于 35% 但塑性指数小于 15；土层的平均粒径 D_{50} 小于 10mm，并且累计 10% 的粒径 D_{10} 小于 1mm，则可能会发生液化。然后再利用液化安全系数公式进行进一步判别，计算公式如下：

$$F_L = \frac{R}{L} = \frac{c_w R_L}{r_d k_{hg} \sigma_v / \sigma'_v} \tag{1.14}$$

$$R_L = \begin{cases} 0.0882\sqrt{N_a/1.7} & (N_a < 14) \\ 0.0882\sqrt{N_a/1.7} + 1.6 \times 10^{-6} \cdot (N_a - 14) & (N_a > 14) \end{cases} \tag{1.15}$$

$$c_w = \begin{cases} 1.0 & R_L \leqslant 0.1 \\ 3.3R_L + 0.67 & 0.1 < R_L \leqslant 0.4 \\ 2.0 & 0.4 < R_L \end{cases} \tag{1.16}$$

式中，R 为动态抗剪强度比；R_L 为循环三轴强度比；L 为地震时的剪切应力比；c_w 为地震特性修正系数，一类地震时取 1.0，其他类别的地震按照式（1.16）取值；r_d 为地震时剪切应力比随深度变化的折减系数，此处 $r_d=1.0-0.015z$；k_{hg} 为地表设计水平烈度；σ_v 为上覆总应力；σ_v' 为上覆有效应力；z 为深度。N_a 为考虑粒径影响的修正标准贯入击数值，需要根据不同的土质和黏粒含量取值，可按下列公式计算：

为砂土时，

$$N_a=c_1N_1+c_2 \tag{1.17}$$
$$N_1=170N/(\sigma_v'+70) \tag{1.18}$$
$$c_1=\begin{cases}1 & 0\leqslant FC<10\% \\ (FC+40)/50 & 10\%\leqslant FC<60\% \\ FC/20-1 & 60\%\leqslant FC\end{cases} \tag{1.19}$$
$$c_2=\begin{cases}0 & 0\leqslant FC<10\% \\ (FC-10)/18 & 10\%\leqslant FC\end{cases} \tag{1.20}$$

为砾质土时，

$$N_a=[1-0.36\lg(D_{50}/2)]N_1 \tag{1.21}$$

式中，N 为标准贯入锤击数；N_1 为换算到有效上覆应力为 100kPa 的锤击数；c_1 和 c_2 为细粒含量 FC 影响 N 值的修正系数。

4）我国规范的液化判别法

我国规范判别法主要是根据中国 1966 年的邢台地震、1970 年的通海地震、1975 年的海城地震和 1976 年的唐山地震历史液化数据采用统计方法建立起来的，其实用性较强，计算简单易行，但缺乏理论基础。目前有多个规范标准，分别用于不同的工程领域，如建筑、铁路、核电站、公路桥梁和水利水电工程等，其中基于 SPT 的《建筑抗震设计规范》GB 50011—2010[43] 的使用最为常见，其他规范判别法大多都是以此规范判别法的基本思想发展而来，都是采用初判和复判两个步骤对液化进行评估，初判阶段都是采用黏粒含量、地质年代、地下水位和上覆非液化土层厚度为指标首先筛选液化场地，不同的是表述方式不完全一致，然后在复判阶段均采用 SPT 方法进一步判别是否液化。下面对最常用的《建筑抗震设计规范》GB 50011—2010（不含黄土）进行详细介绍。

初判：场地除抗震设防为 6 度以外的其他设防烈度，应对场地中饱和砂土或粉土（不含黄土）进行液化判别；地质年代为第四纪晚更新世（Q_3）及更早的场地，其抗震设防为 7 度、8 度时，可判别为不液化；场地中粉土层的黏粒含量（$\rho_c<0.005mm$）在地震烈度为 7 度、8 度和 9 度时分别不小于 10%、13% 和 16%，判别场地为不液化；当场地的地下水位和上覆非液化土层厚度满足下列公式中的某一个时，判别为不液化：

$$\begin{cases}d_u>d_0+d_b-2 \\ d_w>d_0+d_b-3 \\ d_w+d_u>1.5d_0+2d_b-4.5\end{cases} \tag{1.22}$$

式中，d_u 为上覆非液化层的厚度（m），在计算判别时应将淤泥质土层厚度扣除；d_0 为液化土层的特征深度（m），可按表 1.6 取值；d_b 为基础埋深（m），不超过 2m 时取 2m；d_w 为地下水位埋深（m）。

土体类别	7度	8度	9度
粉土	6	7	8
砂土	7	8	9

液化土特征深度 d_0　　表 1.6

复判：当初判为液化时，需要采用标准贯入试验对 20m 深度范围内土的液化进行复判。当标准贯入锤击数（未经杆长修正）小于或等于某个临界值时，则判别场地为液化，反之，则为不液化土层。场地液化判别标准贯入锤击数的临界值计算公式为：

$$N_{cr}=N_0\beta[\ln(0.6d_s+1.5)-0.1d_w]\sqrt{3/\rho_c} \tag{1.23}$$

式中，N_{cr} 为标准贯入锤击数的临界值；N_0 为标准贯入锤击数的基准值，见表 1.7；ρ_c 为土层的黏粒含量百分比，当黏粒含量百分比小于 3 或为纯净砂土时取 3；β 为调整系数，设计地震第一、二和三组时，分别取 0.8、0.95 和 1.05；d_s 为场地中饱和土层的标准贯入深度（m）。

设计基本地震加速度(g)	0.10	0.15	0.20	0.30	0.40
液化判别标准贯入锤击数的基准值 N_0	7	10	12	16	19

标准贯入锤击数基准值 N_0　　表 1.7

以上各种规范方法大部分是在基于 Seed 简化法的基础上结合标准贯入锤击数 N、地表峰值加速度 a_{max}、砂土层埋深 D_s、砂土的细粒含量 FC、砂土的平均粒径 D_{50}、地下水位埋深 D_w、上覆土有效应力 σ'_v 以及地质年代 A 影响因素中选取若干参数来建立液化判别式，各种规范选取因素对比如表 1.8 所示。这四种规范都考虑了 N、D_s、FC 和 D_w 对液化判别的影响，而 a_{max} 只有美国 NCEER 规范直接考虑、D_{50} 只有日本道路桥梁抗震设计规范直接考虑、A 只有中国《建筑抗震设计规范》GB 50011—2010 直接考虑，对于地震的持续时间、震中距、排水条件、砂土的密实度等因素尚未考虑，因此会造成判别结果不同，出现误判情况。谢君斐[44]、陈国兴等[45] 以及袁晓铭和孙锐[46] 指出了我国规范液化判别方法的局限，并提出了若干修改意见和设想，例如考虑震中距的影响、深层土的判别、特殊土的液化判定标准、场地液化概率评价等。李颖和贡金鑫[47]、曾凡振等[48]、陈亮等[49] 和凌贤长等[50] 对比分析了国内外各种液化判别规范中的相同和不同之处：相同点是各类规范都属于以经验为主的判别方法，计算的基本原理类似；不同点是由于各类规范考虑的影响因素不同，导致某些判别结果会不一致，和国外规范相比，我国规范判别法对于较深的土层（>15m）液化判别会偏于保守，而且对于高烈度场地（>8度）的液化判别，其结果偏不安全，但我国抗震设防目标要更为严格。

规范名称	N	a_{max}	D_s	FC	D_{50}	D_w	σ'_v	A
美国 NCEER 规范	√	√	√	√	—	√	√	—
欧洲规范	√	—	√	√	—	√	√	—
日本道路桥梁抗震设计规范	√	—	√	√	√	√	√	—
中国《建筑抗震设计规范》GB 50011—2010	√	—	√	√	—	√	√	√

各国规范液化判别公式考虑因素对比　　表 1.8

（3）机器学习判别法

随着计算机技术和数学理论的快速发展，目前出现了运用各种数学方法的机器学习判别方法，其基本思想就是根据液化样本的总体特征按照一定的判断准则对新样本的类别做出预测，目前主要有回归分析、人工神经网络、支持向量机、贝叶斯、最优搜索、可靠度、灰色理论、距离判别、专家系统、模糊数学等方法。下面对几种常用的方法进行介绍。

1）逻辑回归方法

液化判别是一个二分类问题，其影响因素存在离散性或变异性，逻辑回归（Logistic Regression，简称 LR）方法适合处理这一类问题的评估。在 LR 模型中，液化概率 P_L 和液化的影响因素 x_1，x_2，$\cdots$，x_n 可以表达成函数关系式[39]：

$$P_L(x) = \frac{1}{1 + \exp\left[-\left(\beta_0 + \sum_{i=1}^{n} \beta_n x_n\right)\right]} \tag{1.24}$$

式中，$P_L(x)$ 为液化概率函数，P_L 值介于 0~1 之间，一般取 0.5 为判别液化的阈值；β 为回归系数；n 为液化影响因素的个数。将 $P_L(x)$ 进行对数变换成为 $Q_L(x)$，使其在 $(-\infty, +\infty)$ 之间单调变换，转换公式如下：

$$Q_L(x) = logit[P_L(x)] = \ln\left[\frac{P_L(x)}{1 - P_L(x)}\right] = \beta_0 + \beta_1 \cdot x_1 + \cdots + \beta_n \cdot x_n \tag{1.25}$$

式中，回归系数 β 可以基于数据由最大概率原则估算得到，即取概率函数 $L(x;\beta)$ 的极值点所对应的 β 值，概率函数 $L(x;\beta)$ 的表达式如下：

$$L(x;\beta) = \prod_{j=1}^{m} [P_L(x)]^{y_j} [1 - P_L(x)]^{(1-y_j)} \tag{1.26}$$

式中，y_j 是指示器，当样本 j 为液化样本时，$y_j = 1$，而当 j 为未液化样本时，$y_j = 0$；m 为样本总数。在求解回归模型表达式时，一般采用修正似然比指标 ρ^2 来分析解的优越性，其表达式为：

$$\rho^2 = 1 - \frac{\ln[L(\hat{\beta})] - (n+1)/2}{\ln[L(0)]} \tag{1.27}$$

式中，$\ln[L(\hat{\beta})]$ 为对数概率函数 $\ln[L(x;\beta)]$ 的极大值；$\ln[L(0)]$ 为 $\beta = 0$ 时的对数概率函数值。修正似然比指标 ρ^2 理论上介于 0~1 之间，当 $\rho^2 > 0.4$ 时，认为回归模型能较好地符合数据。

最早采用 LR 理论应用于地震液化判别的是 Liao 等[51] 在 1988 年基于 SPT 液化历史数据选用修正的标准贯入锤击数 $(N_1)_{60,cs}$ 和等效循环应力比 CSR 或荷载参数 Λ_{EP}、Λ_{HY} 建立了分别适用于砂土和粉土的砂土液化概率判别模型。后来 Youd 和 Noble[52] 在 1997 年选用地震震级 M_w、修正的标准贯入锤击数 $(N_1)_{60,cs}$ 和循环阻尼比 CRR 建立了液化回归模型。随后 Toprak 等[53] 基于 1989 年美国加利福尼亚州 Loma Prieta 地震液化数据分别建立了适用于 SPT 试验的液化判别回归公式和 CPT 试验的液化判别回归公式。Juang 等[54-55] 分别基于 SPT、CPT 和 V_s 液化历史数据提出了砂土的概率回归模型。Jafarian 等[56] 采用动能峰值密度和修正的标准贯入锤击数 $(N_1)_{60,cs}$、黏粒含量 FC 和上覆有效应

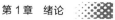

力 σ'_v 来评估地震液化潜能。

在国内也有很多学者采用 LR 理论建立了砂土液化的判别公式,例如,Lai 等[57] 在 2006 年基于 CPT 液化历史数据分别对不同土质建立了相应的概率回归判别公式。潘建平等[58]、潘健和刘利艳[59] 分别基于 SPT 液化实测数据选用修正的标准贯入锤击数 $(N_1)_{60,cs}$ 和等效循环应力比 CSR 建立了 LR 关系公式,然后与循环阻尼比 CRR 对比来判别液化,并给出了概率液化的拟合公式。袁晓铭和曹振中[60] 基于我国大陆以往的 159 组液化数据同样选用标准贯入锤击数 N 和循环应力比 CSR 构造了 LR 判别公式,不同的是他们将国内现行规范里的 CSR 计算公式代入该判别公式,给出了砂土液化的概率计算公式。张菊连和沈明荣[61] 认为液化的影响因素太多,无需考虑过多的地震液化影响因素,并采用逐步判别分析方法从地震烈度 I、震中距 R、平均粒径 D_{50}、不均匀系数 C_u、标准贯入锤击数 N、砂土层埋深 D_s、地下水位 D_w、剪应力与有效上覆应力比 $\tau_\varepsilon/\sigma'_{v0}$ 这 8 个影响因素中选出地震烈度、震中距和平均粒径为最显著因子,并用该三个因素建立相应的判别公式。王军龙[62] 采用主成分分析法对液化数据进行了降维处理,然后采用 LR 理论建立了砂土液化的主成分-Logistic 回归判别公式。张洁等[63] 采用广义线性模型和回归模型(如 Logistic 模型、Probit 模型、Log-Log 模型和 C-Log-Log 模型)建立了 8 个不同的砂土液化评估公式。

表 1.9 总结了现有基于不同地震液化历史数据建立的 LR 评估模型,从表中可以看到,不同样本量得到的判别公式并不统一,而且对于同一种液化样本,由于选取的液化影响因素不同,得到的液化评估表达式也不相同,但绝大多数选取的是标准贯入锤击数和等效循环应力比建立相对应关系,然后与循环阻尼比 CRR 对比来判别液化,这种做法选取的指标太单一,未综合考虑地震液化的其他指标,由于岩土参数随时空变异较大,仅用单一指标预测地震液化,其结果可能会与实际情况差别较大。

现有的 LR 模型 表 1.9

类别	样本量	地震液化判别式	ρ^2	文献
SPT	278	$Q_L = 10.167 + 4.1933\ln(\text{CSRN}) - 0.24375(N_1)_{60}$	0.484	[51]
		$Q_L = -15.922 + 0.87213\ln(\Lambda_{EP}) - 0.21056(N_1)_{60}$	0.428	
		$Q_L = -15.143 + 1.0837\ln(\Lambda_{HY}) + 0.22656(N_1)_{60}$	0.466	
	182	$Q_L = 16.447 + 6.4603\ln(\text{CSRN}) - 0.3976(N_1)_{60}$(纯砂)	0.507	
	96	$Q_L = 6.4831 + 2.6854\ln(\text{CSRN}) - 0.1819(N_1)_{60}$(粉质砂土)	0.507	
	—	$Q_L = -7.0351 + 2.1738M_w + 3.0265\ln\text{CRR} - 0.2678(N_1)_{60,cs}$	—	[52]
	79	$Q_L = 12.8759 + 5.3265\ln(\text{CSR}_{7.5}) - 0.2820(N_1)_{60,cs}$	0.500	[53]
	243	$Q_L = 10.1129 + 3.4825\ln(\text{CSR}_{7.5}) - 0.2572(N_1)_{60,cs}$	0.490	[55]
	128	$Q_L = 1.859 + 1.695\ln\text{KED}_{max} - 1.057\ln\dfrac{\sigma'_{v0}}{P_0} - 0.417(N_1)_{60} - 0.0235\text{FC}$	—	[56]
	278	$Q_L = 10.167 + 4.1933\ln(\text{CSR}_{7.5}) - 0.24375(N_1)_{60,cs}$	0.484	[59]
		$Q_L = -12.922 + 0.87213\ln\Lambda_{EP} - 0.21056(N_1)_{60,cs}$	0.428	
	200	$Q_L = 14.5416 + 4.7839\ln(\text{CSR}_{7.5}) - 0.3282(N_1)_{60,cs}$	0.497	[58]
	159	$Q_L = 9.04 - 0.31N + 2.84\ln a_{max} + 2.84\ln(0.65 - 0.005D_s) - 2.84\ln(9 + 10D_w/D_s)$	—	[60]

续表

类别	样本量	地震液化判别式	ρ^2	文献
CPT	48	$Q_{\mathrm{L}}=11.6896+4.0817\ln(\mathrm{CSR}_{7.5})-0.0567q_{c1\mathrm{Ncs}}$	0.640	[53]
	225	$Q_{\mathrm{L}}=12.4259+3.9887\ln(\mathrm{CSR}_{7.5})-0.0498q_{c1\mathrm{Ncs}}$	0.650	[55]
	226	$Q_{\mathrm{L}}=32.847+6.439\ln(\mathrm{CSR}_{7.5})-2.241\sqrt{q_{c1\mathrm{Ncs}}}$	—	[63]
		$Q_{\mathrm{L}}=22.007+6.478\ln(\mathrm{CSR}_{7.5})-0.114q_{c1\mathrm{Ncs}}$	—	
	121	$Q_{\mathrm{L}}=24.5482+7.5189\ln(\mathrm{CSR}_{7.5})-1.3507\sqrt{q_{c1\mathrm{Ncs}}}$（纯砂土）	0.420	[57]
	214	$Q_{\mathrm{L}}=15.5375+4.7520\ln(\mathrm{CSR}_{7.5})-0.9550\sqrt{q_{c1\mathrm{Ncs}}}$（砂质土）	0.410	
	43	$Q_{\mathrm{L}}=17.7514+4.6122\ln(\mathrm{CSR}_{7.5})-1.8752\sqrt{q_{c1\mathrm{Ncs}}}$（粉质土）	0.720	
V_{s}	225	$Q_{\mathrm{L}}=14.8967+2.6418\ln(\mathrm{CSR}_{7.5})-0.0611V_{s1,\mathrm{cs}}$	0.580	[54]
	225	$Q_{\mathrm{L}}=10.0155+3.9534\ln(\mathrm{CSR}_{7.5})+1.838[\ln(\mathrm{CSR}_{7.5})]^2-0.0643V_{s1,\mathrm{cs}}$	0.610	[55]

2）人工神经网络方法

人工神经网络（Artificial Neural Network，简称 ANN）是由大量的神经元以某种连接方式或规律有机地连接而形成的一个映射模型，如图 1.8 所示，一般分为三层：输入层、隐含层和输出层，也可以是多层（隐含层大于 2）模型，每层里面的神经元用线相互连接。ANN 最早是由美国心理学家 Mcculloch 和数学家 Pitts 在 1943 年共同提出来，它可以处理高度非线性的复杂多因素问题，具有较强的容错性、鲁棒性、自适应、自组织等特点，现已经在自动控制、模式识别、数据处理、医学诊断、生物工程、预测估计等多个领域得到了广泛应用[64]。

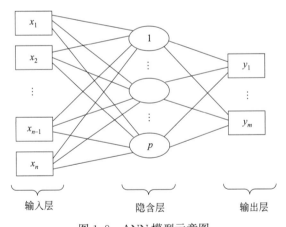

图 1.8　ANN 模型示意图

ANN 模型根据拓扑结构通常可以分为前馈型、反馈型两种。前馈型模型是一个有向无环图，网络中的每个神经元只接受前一级的信息输入，然后再输出到下一级，不存在反馈，不考虑延时，信息的处理来自简单非线性核函数的映射。反馈型模型是一个无向的完备图，网络中的每个神经元同时将输出信号作为输入信号反馈给其他神经元，考虑延时，网络学习时间会耗时较长。由于前馈型模型简单、学习速度快等优点，在多个领域里被广泛应用，常见的前馈型模型有 MLP（Multilayer Perceptrons）网络模型和 RBF（Radial Basis Function）网络模型，其中 MLP 网络模型通常采用 BP（Back Propagation）算法。两种模型均采用函数逼近，不同之处在于隐含层数、转换函数和输出函数不同，MLP 模型的隐含层（≥1）和输出层都可以采用非线性函数，如 Sigmoid 函数，是非线性映射的全局逼近，而 RBF 模型的隐含层（＝1）采用高斯函数，是非线性映射的局部逼近，输出层采用线性函数，其收敛速度、逼近能力和分类能力都优于 MLP 模型（BP 算法），且当训练样本越大，输入变量维数越高，其优势越明显。

随着 ANN 技术的快速发展和广泛应用，许多研究者开始将这一方法应用于地震液化的预测中。将地震液化的影响因素作为 ANN 的输入层，液化的发生作为输出层，取值为 0 或 1，其中 0 表示未液化，1 表示液化，对地震液化数据样本进行训练，建立 ANN 模型，于是就可以对地震液化进行预测。

不同 ANN 模型考虑的地震液化因素 表 1.10

类别	模型	样本量	地震液化影响因素（输入层变量）	隐含层数	文献
SPT	BP	41	M_w、t、R、$(N_1)_{60}$、D_s、D_w	8	[65]
		85	M_w、$(N_1)_{60}$、σ_{v0}、σ'_{v0}、a_{max}/g、$\tau_\varepsilon/\sigma'_{v0}$、FC、$D_{50}$	8	[66]
		205	M_w、$(N_1)_{60}$、σ_{v0}、σ'_{v0}、a_{max}/g、$\tau_\varepsilon/\sigma'_{v0}$、FC、$D_{50}$、$D_s$、$D_w$	—	[67]
		30	I、R、N、$\tau_\varepsilon/\sigma'_{v0}$、$D_{50}$、$D_s$、$D_w$、$C_u$	10	[68,69]
		25	I、R、N、D_s、D_w、$\tau_\varepsilon/\sigma'_{v0}$、$D_{50}$、$C_u$	20	[70]
		30	I、N、D_s、D_w、$\tau_\varepsilon/\sigma'_{v0}$、$D_{50}$、$C_u$	8	[71]
		305	I、R、a_{max}、N、$(N_1)_{63.5}$、σ'_{v0}、D_s、D_w、T_s、D_{50}、C_u	24	[72]
		35	I、N、σ'_{v0}、D_{50}、D_r	—	[73]
	GRNN	13	I、N、D_s、D_w、T_s、FC		[74]
	SOFM	37	M_w、N、a_{max}、f_s、D_r、D_{50}、D_w	—	[75]
	RBF	40	M_w、R、t、N、D_s、D_w		[76]
		344	$(N_1)_{60}$、a_{max}、σ_{v0}、σ'_{v0}	—	[77]
		40	M_w、N、a_{max}、σ'_{v0}、FC、D_r、D_s、D_w	—	[78]
CPT	BP	109	M_w、q_c、σ'_{v0}、a_{max}、$\tau_\varepsilon/\sigma'_{v0}$、$D_{50}$	3	[79,80]
		963	q_c、σ_{v0}、σ'_{v0}、f_s	7	[81]
		204	M_w、q_c、a_{max}/g、σ_{v0}、σ'_{v0}、$\tau_\varepsilon/\sigma'_{v0}$、$D_{50}$、$D_s$、$D_w$	—	[67]
		170	M_w、q_c、a_{max}、σ_{v0}、σ'_{v0}、D_{50}、Z	6	[82]
V_s	Perceptron	45	I、V_s、PGA、D_s、D_w、σ'_{v0}	6	[83]

表 1.10 列举了国内外基于 SPT、CPT 和 V_s 场地液化历史数据的不同地震液化预测的 ANN 模型和相应的输入变量。可以看到，各模型选取的液化影响因素各不相同，样本量大小也不相同，一般根据经验 ANN 的样本量应不小于 2^n 个（n 为输入层的参数个数），而国内大部分研究者选取的样本量都相对偏少，可能会使样本信息无显著差异，导致检验效能不足，错误地认为模型的精准性和稳健性较好。此外，ANN 模型的最大不足是理论不完善，其计算过程是在一个"黑箱"中进行，无法解释其推理过程和依据，而且其收敛性也是一个需要改善的问题，难以保证全局最优。

3）支持向量机方法

支持向量机（Support Vector Machine，SVM）是由 Vapnik 等[84] 在 1995 年基于统计学理论和结构风险最小提出来的一种新的小样本机器学习方法，能较好地解决小样本、高维度、高非线性以及局部极小等复杂系统问题，已经成功应用于数据分类、模式识别、函数拟合等领域。其原理是基于结构风险最小原理和 VC 维理论将数据样本映射到一个高维度的空间中，然后在这个空间中采用监督式学习方法寻找一个最优的超平面对样本进行分类，如图 1.9 所示。这个超平面实际上是一个函数，根据其复杂性可以选择不同的核函数，如线性函数（Linear）、多项式函数（Polynomial）、径向基函数（RBF）、高斯函数（Gaussian）、Sigmoid 函数等。SVM 最初是针对二分类问题而开发的一种机器学习算法，对于多分类的 SVM 方法，目前还处于起步阶段。地震液化的判别属于二分类问题，而且有关地震液化的数据积累相对较少。因此，SVM 方法非常适用于解决这一问题。

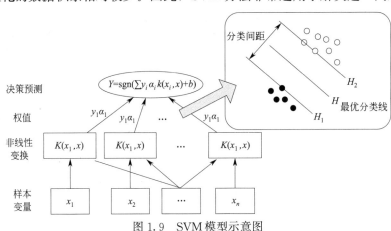

图 1.9 SVM 模型示意图

目前，存在的地震液化 SVM 模型都是基于原位试验资料选取不同输入参数建立的（表 1.11），在各类 SVM 模型中，选用 RBF 函数建立的模型要优于其他核函数建立的模型[85-88]。另外，在地震液化的预测中，SVM 模型的准确度要明显高于 ANN 模型[89-92]。但是 SVM 方法对于大规模的数据学习难以实施，而且当存在数据缺失时，对预测结果很敏感，针对多分类的问题，其推理实现仍然存在一些技术难题。

不同 SVM 模型考虑的地震液化因素　　　表 1.11

类别	核函数	样本量	地震液化影响因素（输入层变量）	文献
SPT	RBF	30	I、R、N、$\tau_\varepsilon/\sigma'_{v0}$、$D_{50}$、$D_s$、$D_w$、$C_u$	[93]
		25	M_w、N、σ_{v0}、FC、D_{50}	[94]
		24	M_w、a_{max}、N、f_s、D_r、D_{50}、D_w	
		32	I、N、σ'_{v0}、D_{50}、D_r	[95]
		32	I、$N_{63.5}$、σ'_{v0}、D_s、D_w、$\tau_\varepsilon/\sigma'_{v0}$	[89]
		288	a_{max}/g、N_1	[96]
	Gaussian	85	M_w、a_{max}/g、N、σ_{v0}、σ'_{v0}、$\tau_\varepsilon/\sigma'_{v0}$、FC、$D_{50}$	[90]
	RBF、Polynomial	85	M_w、a_{max}/g、N、σ_{v0}、σ'_{v0}、$\tau_\varepsilon/\sigma'_{v0}$、FC、$D_{50}$	[85]
	RBF、Linear、Polynomial	46	M_w、R、t、N、D_s、D_w	[86]
		43	M_w、I、N、$\tau_\varepsilon/\sigma'_{v0}$、$\sigma'_{v0}$、$D_s$、$D_w$	[87]
	RBF、Sigmoid、Polynomial	43	I、N、$\tau_\varepsilon/\sigma'_{v0}$、$S = \sum_{i=1}^{n} f(\varepsilon_{vi},(q_{c1N})_{csi},\Delta z_i)$、$D_s$、$D_w$	[88]

续表

类别	核函数	样本量	地震液化影响因素(输入层变量)	文献
CPT	RBF	466	M_w、q_c、σ_{v0}、σ'_{v0}、a_{max}	[91]
		134	CSR、q_c、a_{max}	[97]
	Polynomial	226	M_w、a_{max}/g、q_c、σ_{v0}、σ'_{v0}、R_f	[98]
	RBF、Polynomial	109	M_w、a_{max}/g、q_c、σ_{v0}、σ'_{v0}、$\tau_\varepsilon/\sigma'_{v0}$、$D_{50}$	[85]
	Gaussian、Polynomial	74	M_w、a_{max}/g、q_c、σ_{v0}、σ'_{v0}、$\tau_\varepsilon/\sigma'_{v0}$、$D_{50}$	[92]
V_s	RBF	415	M_w、CSR、r_d、V_{s1}、σ_{v0}、σ'_{v0}、a_{max}、D_w	[99]
		620	M_w、CSR、φ'、V_s、σ_{v0}、σ'_{v0}、a_{max}、a_t、D_w、FC、N_1、D_s	

4）贝叶斯及贝叶斯网络判别法

贝叶斯（Bayes）网络判别法是基于 Bayes 定理建立的评估方法，其思想是假设对所研究的总样本通过先验知识得到其概率密度函数，然后基于抽取的样本对先验概率做修正得到其后验概率，最后基于后验分布对新样本的类别进行推理预测，并考虑误判引起的损失。Juang 等[55,100-103] 基于 SPT、CPT 和 V_s 液化历史数据首次采用 Bayes 方程提出了地震液化的贝叶斯概率判别方法，并与 ANN 方法和 LR 方法对比，验证其准确有效性。计算公式为：

$$P(L\,|\,\beta) = \frac{P(\beta\,|\,L)P(L)}{P(\beta\,|\,L)P(L) + P(\beta\,|\,NL)P(NL)} \tag{1.28}$$

式中，β 为液化可靠性指标，是液化影响因素的函数；$P(L\,|\,\beta)$ 是给定 β 的液化发生概率；$P(\beta\,|\,L)$ 是液化样本中 β 的分布函数；$P(\beta\,|\,NL)$ 是未液化样本中 β 的分布函数；$P(L)$ 是液化样本的先验概率；$P(NL)$ 是未液化样本的先验概率。其中，$P(\beta\,|\,L)$ 和 $P(\beta\,|\,NL)$ 可以基于大量液化样本根据经验确定，由于该液化可靠性指标 β 属于瑞利分布，则：

$$\begin{cases} P(\beta\,|\,L) = \int_{\beta}^{\beta+\Delta\beta} f_L(x)\mathrm{d}x = F_L(\beta+\Delta\beta) - F_L(\beta) \\ P(\beta\,|\,NL) = \int_{\beta}^{\beta+\Delta\beta} f_{NL}(x)\mathrm{d}x = F_{NL}(\beta+\Delta\beta) - F_{NL}(\beta) \end{cases} \tag{1.29}$$

式中，$f_L(x)$ 和 $f_{NL}(x)$ 分别是液化样本和未液化样本中 β 的概率密度函数，当 $\Delta\beta \to 0$ 时，式(1.28) 可以简写为：

$$P(L\,|\,\beta) = \frac{f_L(\beta)P(L)}{f_L(\beta)P(L) + f_{NL}(\beta)P(NL)} \tag{1.30}$$

如果 $P(L)$ 和 $P(NL)$ 的先验概率可以获得，那么就可以计算出给定液化可靠性指标 β 的液化发生概率。如果无法确定该先验概率时，可以根据最大熵原理，假设 $P(L) = P(NL)$，则式(1.30) 可以改写为：

$$P(L\,|\,\beta) = \frac{f_L(\beta)}{f_L(\beta) + f_{NL}(\beta)} \tag{1.31}$$

由于液化的判别通常采用液化安全系数 $F_s = \mathrm{CRR}/\mathrm{CSR}$ 判别，将 β 换成 F_s，上式又可以改写为：

$$P_L = \frac{f_L(F_s)}{f_L(F_s) + f_{NL}(F_s)} \tag{1.32}$$

这样只需要确定其液化和未液化的概率密度函数，就可以预测新样本的液化发生概率。该概率密度函数的确定方法可以基于液化样本数据根据传统的经验公式计算 F_s，这样可以得到一系列 F_s 频率直方图，如图 1.10 所示（以 SPT 为例），并获得它们的概率密度分布，最后就可以直接计算 P_L 值。Juang 等[103] 根据大量液化数据计算 F_s 和 P_L 得到了其关系曲线，最后拟合得到计算公式：

$$P_L = \frac{1}{1+(F_s/A)^B} \tag{1.33}$$

式中，A 和 B 为曲线参数，根据不同的场地液化数据可以得到不同值，详细取值见表 1.12。

不同液化数据拟合的 A 和 B 值　　　　　　　　　　　　表 1.12

类别	样本量	A	B	最优临界曲线 P_L 值	文献
SPT	243	0.8	3.5	0.3	[103]
SPT-SI	233	0.77	3.25	0.31	[102]
CPT	225	1.0	4.65	0.5	[101]
CPT-RW	225	1.0	3.34	0.5	[102]
V_s	225	0.73	3.4	0.26	[55]

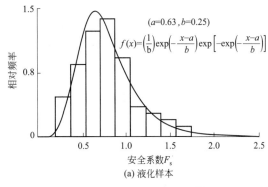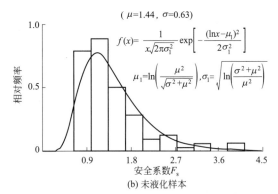

图 1.10　F_s 的频率直方图[103]

随后，Juang 等[104-105] 采用 Bayes 映射函数法解决了简化方法模型的不确定性以及其在基于 SPT 和 CPT 简化法判别液化中的应用。后来 Juang 等[106] 在 2013 年又将 Bayes 理论应用于基坑支护的土体参数更新中，并验证了该方法的准确有效性。除此之外很多研究者根据 Juang 的方法将 Bayes 理论应用到地震液化判别中，并做了一些改变和改进，具有代表性的是 Cetin 等[107] 和 Moss 等[108-109] 将贝叶斯更新（Bayesian Updating，BU）技术应用到液化评估中，确定在液化临界方程中未知模型参数的分布，模型参数的更新准则为：

$$f(\Theta) = cL(\Theta)p(\Theta) \tag{1.34}$$

式中，Θ 为被评估模型的参数集合；$P(\Theta)$ 为模型参数的先验分布；$L(\Theta)$ 为似然函数；$c = \left[\iint L(\Theta)P(\Theta)d\Theta\right]^{-1}$ 为标准化参数；$f(\Theta)$ 为模型参数更新后的后验分布。

液化临界方程的表达式为：

$$g(x,\Theta)=g((N_1)_{60}\mathrm{CSR},M_\mathrm{w},\mathrm{FC},\sigma'_\mathrm{v},\theta)=\hat{g}((N_1)_{60},\mathrm{CSR},M_\mathrm{w},\mathrm{FC},\sigma'_\mathrm{v},\theta)+\varepsilon$$
$$=(N_1)_{60}(1+\theta_1\mathrm{FC})-\theta_2\ln\mathrm{CSR}-\theta_3\ln M_\mathrm{w}-\theta_4\ln\sigma'_\mathrm{v}+\theta_5\mathrm{FC}+\theta_6+\varepsilon \tag{1.35}$$

或

$$g(x,\Theta)=g(q_{\mathrm{cl}},\mathrm{CSR},M_\mathrm{w},f_\mathrm{s},\sigma'_\mathrm{v},\theta)=\hat{g}(q_{\mathrm{cl}},\mathrm{CSR},M_\mathrm{w},f_\mathrm{s},\sigma'_\mathrm{v},\theta)+\varepsilon$$
$$=q_{\mathrm{cl}}(1+\theta_1 f_\mathrm{s})+\theta_2 f_\mathrm{s}+c(1+\theta_3 f_\mathrm{s})-\ln\mathrm{CSR}-\theta_5\ln M_\mathrm{w}-\theta_6\ln\sigma'_\mathrm{v}-\theta_7+\varepsilon$$
$$\tag{1.36}$$

式中，$g(x,\Theta)$ 为液化临界方程；x 为液化参数；$(N_1)_{60}$ 为修正后的 SPT 锤击数；q_{cl} 为修正后的 CPT 桩尖抗力；f_s 为摩擦系数比；c 为 CPT 标准化指数；CSR 为等效循环应力比；M_w 为地震震级；FC 为细粒含量；σ'_v 为上覆有效应力；θ 为模型参数；ε 为模型误差。液化临界状态为 $g(\cdot)=0$，当液化时，$g(\cdot)\leqslant 0$，反之 $g(\cdot)>0$。模型的误差 ε 被假定服从平均值为 0、未知标准偏差为 σ_ε 的正态分布。模型的参数 θ 和标准偏差 σ_ε 可以通过不同的液化场地数据由 BU 方法计算获得。首先需要确定似然函数，例如 n 组液化数据里有 k 组液化场地和 $n-k$ 组未液化场地，则似然函数的表达式为：

$$L(x,\Theta,\varepsilon)\propto p\{\bigcap_{i=1}^{k}[\hat{g}(x_i,\Theta)+\varepsilon_i\leqslant 0]\bigcap_{i=k+1}^{n}[\hat{g}(x_i,\Theta)+\varepsilon_i>0]\} \tag{1.37}$$

式中，x_i 为第 i 组数据中的液化参数；Θ 为被评估模型的参数集合；ε_i 为第 i 组数据模型误差。由于 ε 的平均值为 0，标准偏差为 σ_ε，则上式又可以改写为：

$$L(x,\Theta,\varepsilon)\propto\prod_{i=1}^{k}\Phi\left[-\frac{\hat{g}(x_i,\Theta)}{\sigma_\varepsilon}\right]\cdot\prod_{i=k+1}^{n}\Phi\left[-\frac{\hat{g}(x_i,\Theta)}{\sigma_\varepsilon}\right] \tag{1.38}$$

式中，Φ 为标准正态分布累积函数。

根据液化样本判断液化发生的概率是通过 BU 方法计算所考虑液化参数的后验概率总和进行预测的，例如 $g(\cdot)\leqslant 0$，液化发生的概率为：

$$P[\hat{g}(x_i,\Theta)+\varepsilon_i\leqslant 0]=\int_{\hat{g}(x_i,\Theta)+\varepsilon_i\leqslant 0}\varphi(\varepsilon\mid\sigma_\varepsilon)f(\Theta,\sigma_\varepsilon)\mathrm{d}\varepsilon\,\mathrm{d}\Theta\,\mathrm{d}\sigma_\varepsilon \tag{1.39}$$

式中，φ 为标准正态分布概率密度函数。为了简化上式多维计算问题，可以采用改进的一阶二矩方法或者蒙特卡罗法计算。

由于贝叶斯判别法既考虑了先验知识，又考虑了错判造成的损失，其误判概率比其他方法要小，因此对该方法在液化判别中的研究越来越多，特别是近几年取得了大量成果[110-120]，主要包括两个方面，一个是利用 Bayes 方法考虑参数的不确定性和模型的不确定性，减小其对液化预测的影响，另一个是选用不同液化参数建立相应的判别式和先验概率获取方法的改进。

然而，对于贝叶斯网络（Bayesian Network，BN）方法在液化评估中的应用鲜有研究。Bayraktarli[121] 在 2006 年考虑了土体类别、地震等级、震中距、地表峰值加速度、谱加速度、土层剖面、土体响应、黏粒含量、损害、液限、液化敏感性等因素提出了一个 BN 地震液化评估模型，并以 1999 年的 Kocaeli 地震液化为例验证了该模型的有效性。Bensi 等[122] 在 2011 年提出了一个用于评估液化引起地下结构损害的 BN 模型，该模型与 Bayraktarli 模型的不同之处在于：模型的所有变量是确定的或随机的，而不是不可测的；将所有土层看作一个整体，只用评估该点的液化，而不用一层一层去预测液化；液化的界限方程采用经验公式计算，而不像 Bayraktarli 采用蒙特卡罗法去计算液化的概率。上述两个 BN 液化模型考虑的地震液化重要影响因素并不全面，而且对于模型网络结构如何建立并未提及，对于模型的不确定性、适用性和准确性未进行系统研究。另外，已有模型只从数学方法上建立 BN 地震液化预测模型，而未考虑地震液化的物理机理，而且都是基于标准贯入试验数据建立的模型，无法用于其他原位试验数据的预测，例如静力触探和剪切波速试验数据的场地液化评估。因此，有必要进一步建立一个更精确且更通用的 BN 液化评估模型，为地震液化评估的研究提供一个新方向。

5）其他方法

除上述常用的判别方法外，还有其他一些以数学方法为基础的地震液化判别方法，例如金志仁[123]、颜可珍等[124] 以及刘年平等[125] 采用距离判别法给出了地震液化的线性判别函数，并与 Seed 简化法、规范法和 ANN 方法的判别结果对比验证了该方法的正确性和有效性；陈新民和罗国煜[126]、赵艳林等[127]、罗战友和龚晓南[128]、丁丽宏[129] 分别基于灰色关联系统分析法选取不同的地震液化影响因素建立砂土液化的判别模型，并验证了其可行性。后来，李波等[130] 将灰色关联与逐步分析耦合建立了液化预测的耦合模型，其预测精度要比单独 BP 神经网络、灰色关联模型、逐步判别模型都要高；汪明武和罗国煜[131]、Hwang 等[132]、Jha 和 Suzuki[133]、Johari 等[134] 和汪明武等[135] 分别在 Seed 简化法的基础上引入可靠性理论的一次二阶矩法、中心点法、验算点法、蒙特卡罗法建立了地震液化的状态判别方程，Juang 等[100]、Bagheripour 等[136]、高健和潘健[137] 基于改进的一次二阶矩法建立了判别方程，并用实例验证其准确性；翁焕学[138]、刘章军等[139]、薛新华和杨兴国[140] 根据砂土液化问题的模糊性和不确定性采用模糊综合评判法建立了液化模糊综合评估模型，并用实际灾害数据验证了其实用价值；尚新生等[141] 将地震液化看作是一种形态不连续飞跃至另一种形态的突变现象，采用突变理论建立了液化判别模型，并选取我国唐山地震历史液化数据验证了模型的准确性。

综上，上述各种机器学习判别方法目前已经取得了大量的研究成果，但存在一些不足，例如，各类方法的适用性不广、缺乏液化物理机理等，但随着计算机技术和数学理论的不断发展以及地震液化数据的不断完备，这一类判别方法的准确性和适用性会得到不断提高和改进，有望在将来的工程实际中得到应用。

此外，以上所有的地震液化预测模型中都是将 PGA 或结合 PGA 和地震持续时间 t（简称"持时"）来表征地震的强度或能量，如 Seed 简化法中采用 0.65 倍的 PGA 作为地震强度的平均值，而未考虑 t 对液化触发的影响。虽然后续 Kayen 等[116] 考虑了 t 对 CSR 进行修正，但用地震的 PGA 和 t 修正系数来近似代替地震的强度仍有不妥，既难以反映真实的地震强度，又无法体现地震频率对液化的影响。因此，选择一个更适当的地震强度指标（Intensity Measure，IM）可以在一定程度上提高后续地震液化预测模型精度。针对该问题，1988 年 Midorikawa 和 Wakamatsu[142] 提出了采用地表峰值运动（Peak Ground Velocity，PGV）来预测土体液化的方法。他们认为，PGA 可能会忽略地表运动的低频（长周期）部分，然而 PGV 则不会，而且 t 越长，PGV 值越大。随后，Kayen 等[143-144] 于 1997 年提出了一种利用地表运动中加速度的两个水平分量在时间域积分的 Arias 强度指标，然后结合 SPT 和 CPT 数据给出了地震液化预测的临界曲线。此外，相关学者也推荐使用其他测量方法，如改进的累积绝对速度（Modified Cumulative Absolute Velocity，CAV_5）[145-146]、地面运动平均周期[147]（T_m）和速度谱强度[148]（Velocity Spectrum Intensity，VSI）等。然而，大多数被推荐的强度指标和液化可能性的关联是基于数值模拟分析结果建立的，而不是通过分析历史液化数据得到的。而且大多数研究只是考虑了单向地震强度指标，而没有考虑水平双向共同作用下地震液化触发的关联分析。因此，有必要基于地震液化历史数据和双向地表加速度记录，通过评价准则从中筛选一种更好的强度指标，然后再用于地震液化预测模型中，这样可以进一步降低地震液化预测模型的误差。

3. 数值模拟判别法

数值模拟判别法是采用土的孔压模型和某种本构关系，利用数值算法，例如有限单元法（Finite Element Method，FEM）、有限差分法（Finite Difference Method，FDM）、离散元法（Discrete Element Method，DEM）、边界元法（Boundary Element Method，BEM）等，综合考虑动荷载特性、场地条件、边界条件等多种因素，计算在动荷载下土体的孔隙水压力发生、发展全过程，进而判断场地模型是否发生液化。根据孔隙水压力的考虑方式不同，可以分为总应力法和有效应力法。总应力法不需要考虑动荷载过程中超孔隙水压力的产生和影响，而有效应力法需要考虑其产生、消散和扩散的影响。目前主要有4种计算方式[149]：

（1）将 Terzaghi[150] 的固结方程和不排水条件下孔隙水压力增长模式相结合，如汪闻韶[151]，Seed 和 Booker[152]，Wilson 和 Elgohari[153]，Baligh 和 Levadoux[154]，Alonso 和 Krizedk[155] 等提出的方法；

（2）将 Biot[156] 的固结方程和不排水条件下孔隙水压力增长模式相结合，如 Ghaboussi 和 Dikmen[157]，徐志英和沈珠江[158] 等提出的方法；

（3）将 Zienkiewicz 等[159] 提出的孔隙水压力产生、扩散和消散模式与动力分析相耦合的计算方式，如盛虞等[160]，张建民[161] 提出的方法。这种方法较前两者在理论上更加严密，且其使用范围也更广泛；

（4）在近海工程中，常采用波浪理论来确定海底饱和砂土在波浪荷载作用下的孔隙水压力变化规律来判别液化，如 Lee[162]、Yamamoto[163] 提出的方法。

在工程应用中，会根据不同的工程特性和边值问题选用不同的孔隙水压力模型，其中应用最为广泛的是 Seed 等[164] 提出的孔压模型，Martin 等[165] 的有效应力模型以及在此基础上修正的模型，如 Finn 和 Bhatia[166] 的内时模型。我国以汪闻韶[151] 在 20 世纪 60 年代初提出的振动孔隙水压力产生、扩散与消散机理和不排水条件下孔隙水压力与排水条件下的体变相联系来预估土体孔隙水压力的计算模型为最早，但该模型未应用于实际地震液化分析中。

虽然数值模拟方法可以有效、准确地判别场地液化，但对于地震中大面积多场地的液化判别，如果采用数值模拟方法，需要根据不同的场地条件建立不同的模型，这样带来的时间成本和经济成本是巨大的。只有针对某些个别重大工程，才会采用数值方法去模拟地震液化的过程和相应的灾害。因此，基于经验的液化判别方法就显示出了其优点，它可以简单、快速、可重复地应用于任何不同场地的地震液化预测。

1.2.4 地震液化灾害评估的研究现状及存在的问题

上一节详细介绍了各类地震液化的判别方法，这些方法都只重视场地液化发生的判别，无法对液化后的大变形或其引起的灾害做出相应的评估。液化的发生只是液化引起灾害的必要条件，而非充要条件，液化后的场地不一定都会出现灾害，只有当下部土层液化导致地基发生不均匀沉降、大面积侧移、喷砂冒水、地表裂缝或结构物上浮时才会造成灾害，场地是否发生液化只是液化灾害评估的第一步，更重要的是对液化后的灾害进行评估。由于液化导致的结构上浮在历史地震中出现甚少，其相关研究成果主要集中于对2011 年日本东北地区太平洋近海地震中人工孔上浮现象 ［图 1.2(f)］的研究中，因此本书对其不做探讨，有兴趣的读者可以网上检索笔者在这一方面的研究成果进行阅读学习。下面就目前存在的一些液化引起灾害（侧移、沉降、喷砂冒水、地表裂缝）的评估方法从模型试验、经验公式和数值模拟三个方面做详细介绍。

1. 模型试验研究

对于液化侧移的模型试验研究主要采用动三轴试验、振动台和离心机试验模拟地震液化后的大变形问题及灾变规律。下面就具有代表性的研究成果做简单介绍。Yasuda 等[167] 利用振动台模型试验研究了液化引起地表永久位移的机理以及其影响因素，并提出了一个简化估算水平侧移方法，试验结果表明：水平位移沿液化层竖直方向呈线性增加，液化层顶部最大、底部最小，侧移贯穿整个液化土层；倾斜的上覆土层要比水平的上覆土层在发生液化后的侧移要小；含黏粒含量的液化土层要比纯净砂土层发生的位移小。Towhata 等[168] 基于振动台模型试验对下卧可液化土层进行模拟提出了预测液化层在任意变形状态下侧向流动的解析表达式，他们假设：上覆非饱和土层为弹性体且不液化；下卧可液化土层在液化后的变形中不发生体变，水平位移沿深度服从正弦规律分布，液化层的顶部最大、底部最小；可液化土层为线弹性-完全塑性体。该模型未考虑场地的复杂性、液化变形的敏感性、短时弱振动情况的影响，因此，其适用性和准确性有待进一步完善。Taboada 和 Dobry[169] 采用离心机柔性模型试验研究了砂土液化后的侧移变形问题，结果发现液化土层的侧移变形只与液化土的厚度和坡脚有关，与荷载幅值和频率无关。Dobry 等[170] 采用 50g 的离心机试验对饱和砂土缓坡模型模拟地震作用下液化的发生及液化后的大变形问题，结果发现每当荷载循环一次，都会导致位移向顺坡方向逐渐累积，振动结束后累积应变达 14%。周云东等[171] 介绍了液化后大变形室内试验研究的现状，对试验技术和结果进行了探讨，并建议采用电子显微镜对液化大位移后的微观结构进行研究，有助于对液化后大变形机理的理解。刘汉龙等[172] 利用全自动多功能三轴仪器进行了饱和砂土液化后的大变形试验研究，并基于试验结果提出了一个描述砂土液化后的应力应变双曲线模型。

除了上述对液化水平侧移的试验研究外，针对液化后排水固结引起的地面沉降室内试验研究也取得了一定成果。最早是 Silver 和 Seed[173]、Lee 和 Albasisa[174] 采用循环三轴剪切试验发现试样的竖向应变与剪应变的幅值有关，且砂土的再固结体应变与循环荷载中产生的超静孔隙水压力有一一对应关系，并在此基础上分别提出了不同类型的液化沉降估算方法。后来 Tatsuoka 等[175] 通过不排水单剪试验发现试样液化后的再固结体应变不仅和砂土的密实度有关，而且还与振动时试样受到的最大剪切应变密切相关，并初步给出了液化后再固结体应变与最大剪应变和相对密实度的关系对照图。Tokimatsu 和 Seed[176] 根据这一思想基于大量试验结果，提出了利用砂土的相对密度和最大剪切应力比来计算液化后土体的体变，然后估算液化沉降量的简易方法，即"相对密度-剪切应力比-体应变"关系式，其中相对密度可以由工程中的标准贯入试验锤击数 N 按经验公式确定，剪切应力比可以根据地震的地表加速度按经验公式确定，这样只要计算实际场地中每层土的体应变，最后求和就可以估算该点的最终液化沉降量。Ihsihara 和 Yoshimine[177] 采用单元体试样经历的最大剪应变作为饱和砂土液化后排水体变的表征指标，提出了基于液化安全系数的简化评价方法，与 Tokimatsu 和 Seed 的方法不同之处是引入了液化安全系数 F_L 的概念，这样做可以先对场地液化后的灾害风险做一个评估之后进一步估算其液化沉降量，其思想更容易被工程界所接受。Stewart 等[178] 采用离心机试验对人工岛的护岸进行了模拟，得到了孔隙水压力与震陷历时的关系，并指出震陷与土体的密实度和厚度有关。Shamoto 等[179] 通过不排水循环荷载试验结果发现饱和砂土液化后由于再固结引起的相对压缩量（沉降）和循环荷载的最大剪应变存在近似线性关系，并在此基础上提出了一个预测液化后沉降的计算表达式。随后 Shamoto 等[180] 又通过试验发现不排水条件下的砂土残余体变势和残余剪应变势是相互关联的，这样砂土液化后的侧移和沉降应该同时预测，并提出了可以同时预测侧移和沉降的新方法。Ueng 等[181] 采用 1g 振动台试验发现随着振动持续时间的增长，饱和砂土的沉降量持续增加，但不受最大剪应变的明显限制，且与振动峰值、频率等因素无关。Adalier 和 Elgamal[182] 通过离心机试验结果指出饱和砂土的超静孔隙水压力比接近 1 时，排水体应变会出现陡增现象，这是由于砂土液化后土体先出现再沉积，然后才进入再固结过程。周燕国等[183] 采用离心机模型试验发现了液化后体变规律受再沉积和再固结两种机制制约，并在此基础上提出了考虑先期固结和振动历史的液化后体变模型和简化算法。

针对液化后喷砂冒水和地表裂缝的试验研究成果相对较少。Scott 和 Zuckerman[184] 通过室内试验研究发现液化造成的超孔隙水压力冲破土层表面是以一种不稳定的孔洞和通道形态，然后将砂土带出地表。刘惠珊和乔太平[185] 通过渗流液化试验和振动台试验分析了液化后喷砂冒水的机理和形态，认为喷冒是因为超孔隙水压力大于上覆土的有效自重应力冲破土层引起的，喷砂冒水根据不同的形态可以分为侵蚀型喷冒和突发型喷冒两种。侵蚀型喷冒发生于土中存在薄弱点的情况，不受力的细颗粒会随水排出试样表面，形成细孔路径，而不受力的粗颗粒会在液化层不断翻腾，破坏四周土颗粒的稳定性。突发型喷冒发生在振动中水夹层出现的情况，粗、细颗粒会在高孔隙水压力的作用下突然冲破上覆土层，形成粗大的喷孔路径，随后水夹层会因排水迅速消失。

采用室内单元体或模型试验预测液化后灾害的研究取得了一些重大成果。采用单元体试验的好处是试样尺寸小、各状态参数容易被检测且内部应力均匀，但它仅能够模拟实际场地中某点的动力响应，不能纵观场地的整体性，而模型试验可以弥补这一不足，但该方法由于成本太高、制作模型试样过程繁琐且难以重复、无法完全模拟现场复杂的地质真实特征，故实用性不强。经验公式和数值模拟方法相对于室内试验手段简单、易操作，较受工程界的青睐。

2. 经验公式研究

（1）液化水平侧移预测

Hamada 等[186] 在 1986 年根据 1964 年日本新潟地震和 1983 年日本海中部地震引起的液化灾害调查研究，通过对比震前和震后的航空照片，首次发现了液化引起大范围地表永久变形的灾害实例，并总结出一个估算地震液化引起的水平位移经验计算公式，引起了工程界的广泛重视。Youd 和 Perkins[187] 在 1987 年基于美国西部地区和阿拉斯加地区的地震液化数据采用液化严重指数 LSI 估算液化引起的侧移最大值，提出了估算经验公式。随后 Bartlett 和 Youd[188] 又通过美国和日本的 8 次地震液化灾害数据针对自由临空水平场地和无自由临空缓坡场地分别提出了估算侧向水平位移的经验公式。后来 Youd 等[189] 在 2002 年对模型做了修正。Zhang 等[190] 基于 SPT 或 CPT 试验通过最大循环剪应变随深度积分的方法计算水平位移指标 LDI（Lateral Displacement Index），然后分别建立了缓坡和自由临空水平场地液化侧移预测公式。Franke 和 Kramer[191] 在经验公式的基础上考虑了不确定性的影响，提出了经验概率预测模型。Goh 和 Zhang[192] 在 2014 年采用改进的多重线性回归方法建立了液化侧移预测模型，并验证了该模型比多重线性回归方法的预测结果要准确。国内，刘惠珊等[193] 总结了中国、美国和日本 1983～1994 年近 10 年的主要研究成果，并收集了相关液化引起大位移的震害实例，在此基础上提出了一些建议。张建民[194] 提出了基于原位试验为参数的液化侧移经验预测方法。Zhang 和 Zhao[195] 对 2005 年以前已有的液化场地侧移经验方法进行了总结，在此基础上考虑震源机制、破坏机制、结构形式等因素提出了适用于非自由场地的经验估计方法。郑晴晴等[196] 基于震害调查数据采用蒙特卡罗方法模拟已有液化侧移回归公式中的参数随机性，提出了针对区域性地震液化侧移的预测模型框架。

上述经验公式和回归模型的表达式较为简单，考虑的液化侧移影响因素过少导致预测精度不够，无法准确反映这些影响因素与侧移的非线性关系。为了考虑液化侧移与其影响因素的非线性以及提高模型的预测精度，ANN、SVM 等机器学习方法被应用于液化后的侧移评估中。佘跃心等[197] 采用 ANN 方法分别根据 204 组自由临空面液化灾害数据和 260 组无自由临空面灾害数据分析地震震级、震中距、地表峰值加速度、地形坡度、液化层厚度、液化指数等与液化侧移的相互关系，在所选的液化侧移影响因素中，地形坡度、液化层厚度和液化指数的影响最为显著。Wang 和 Rahman[198] 采用 ANN 考虑不同的影响因素建立了自由临空面液化侧移预测、无自由临空面液化侧移预测和混合液化侧移预测三个模型，并与回归模型对比验证其有效性。Baziar 和 Ghorbani[199] 与 Garcia 等[200] 采用 ANN 方法考虑不同影响因素建立了综合液化侧移评估模型。Javadi 等[201] 采用遗传算法分别建立了自由临空面液化侧移预测、无自由临空面液化侧移预测模型，并与多重线性回归模型对比验证该方法的准确性。Rezania 等[202] 采用进化多项式回归方法建立液化侧移预测模型，并与 ANN 和线性回归模型对比验证其准确性。Das 等[203] 采用最小二乘 SVM 方法建立了液化侧移预测模型，并与 ANN 模型对比验证其有效性。本小节提及的液化侧移预测经验公式和模型见表 1.13，其中 Goh 和 Zhang[192] 建议的公式过于复杂，未在表 1.13 中列出。表中的参数见本书的主要符号表。这些经验公式、回归模型、机器学习模型考虑的液化侧移影响因素不统一、模型的通用性不强，而且忽略了液化侧移影响因素的随机性和不确定性，其预测精度和适用性有待进一步改善。

地震液化水平侧移经验公式或模型　　　　　　　　　　　　　　　　　表 1.13

模型类别	液化侧移计算公式或模型	文献
经验模型	$D=0.75\sqrt{H}\sqrt[3]{\theta}$	[186]
	$D_H=(S+0.2)\mathrm{LDI}=(S+0.2)\int_0^{z_{\max}}\gamma_{\max}\mathrm{d}z$ $D_H=6(L/H)^{-0.8}\mathrm{LDI}=6(L/H)^{-0.8}\int_0^{z_{\max}}\gamma_{\max}\mathrm{d}z$	[190]
回归模型	$\lg\mathrm{LSI}=-3.49-1.86\lg R+0.98M_w$	[187]
	$\log D_H=-16.366+1.178M_w-0.927\log R-0.013R+0.657\log W$ $+0.348\log T_{15}+4.527\log(100-F_{15})-0.922D50_{15}$ $\log D_H=-15.787+1.178M_w-0.927\log R-0.013R+0.429\log S$ $+0.348\log T_{15}+4.527\log(100-F_{15})-0.922D50_{15}$	[188]
	$D_H=-\dfrac{234.1}{M_w^2R\cdot W}-\dfrac{156}{M_w^2}-\dfrac{0.008F_{15}}{R^2\cdot T_{15}}+\dfrac{0.01W\cdot T_{15}}{W\cdot D50_{15}^2}-\dfrac{2.9}{F_{15}}$ $-\dfrac{0.036M_wT_{15}^{0.5}D50_{15}^2}{R^2\cdot W}+\dfrac{9.4M_w}{R\cdot F_{15}}-\dfrac{4\times10^{-6}M_wR^2}{D50_{15}}+3.84$ $D_H=-\dfrac{0.027T_{15}^2F_{15}}{M_w^2}+\dfrac{0.05R\cdot T_{15}}{M_w^2D50_{15}}+\dfrac{0.44}{M_wR^2\cdot S\cdot T_{15}}-0.03R$ $-\dfrac{0.02M_w}{S\cdot T_{15}}-\dfrac{5\times10^{-5}M_wR}{D50_{15}^2}+0.075M_w^2-2.4$	[201]
	$\log D_H=1.856\log SD+0.356\log S_{gs}+0.0606T_{15}+3.204\log(100-F_{15})$ $-1.0248\log(D50_{15}+0.1)-4.292$ $\log D_H=1.856\log SD+0.456\log W_{ff}+0.0552T_{15}+3.204\log(100-F_{15})$ $-1.0248\log(D50_{15}+0.1)-4.743$	[195]
	$D_H=-\dfrac{12.7493T_{15}D50_{15}^{0.5}}{M_w^2R^{0.5}W^{0.5}}-\dfrac{3.4311F_{15}}{M_w^2R^{0.5}}-\dfrac{24.0261}{M_wR^{0.5}F_{15}D50_{15}}-\dfrac{355.8433}{M_wW^{0.5}}$ $+\dfrac{4.0048\times10^{-6}R^{0.5}F_{15}^2}{M_wW^{0.5}D50_{15}^2}+\dfrac{128.522}{M_w^{0.5}W^{0.5}}-5.3745\times10^{-4}M_w^2R^{0.5}W^{0.5}+0.95605$ $D_H=-\dfrac{1.8017RD50_{15}^{0.5}}{M_w^2}-\dfrac{0.12148F_{15}}{M_w}-\dfrac{31.5315}{M_w^{0.5}}-\dfrac{2.9385M_w^{0.5}}{S^{0.5}T_{15}}$ $+\dfrac{1.9056\times10^{-4}M_w^2S^{0.5}T_{15}F_{15}^{0.5}D50_{15}^{0.5}}{R^2}+13.3224$	[202]
ANN 模型	$D_H=f(M_w,R,W,T_{15},Z_N,Z_{N160},N_{1.60s},F_{15})$ $D_H=f(M_w,R,S,T_{15},T_{20},D_{50},N_{1.60s},F_{15},F_{20})$ $D_H=f(M_w,R,W,S,T_{15},Z_N,Z_{N160},F_{15},N_{1.60s})$	[198]
	$D_H=f(M_w,R,S,W,T_{15},D50_{15},F_{15})$	[199]
	$D_H=f(M_w,R,A,S,W,L,T_{15},D50_{15},F_{15})$	[200]
SVM 模型	$D_H=f(M_w,R,S,T_{15},D50_{15},F_{15})$	[203]

（2）液化后沉降预测

震陷按照机理可以分为软土塑性变形、非饱和砂土振密引起的沉降和饱和砂土液化后再固结引起的沉降，本书只考虑液化发生时沉降预测的相关研究。液化后沉降预测研究和液化侧移预测一样，最开始是基于现场液化后的调查资料采用确定性的经验方法进行估算，后续随着液化灾害数据的累积，综合考虑多个影响因素以及其非线性、不确定性等，利用一定的数学物理理论建立各种半定量分析方法或概率预测模型。

Zhang 等[204] 基于 Tokimatsu 和 Seed 的方法联合 CPT 震害数据和室内试验数据建立了适用于砂土和粉土的液化沉降估算模型，并探讨了液化沉降影响因素的敏感性。Wu 和 Seed[205] 基于 SPT 标贯击数，循环剪应力比和再固结体应变的关系曲线提出了改进的液化沉降预测估算方法。Cetin 等[206] 基于大量循环三轴试验结果、简单剪切试验结果和扭剪试验结果采用线性回归和最大似然方法建立了评估液化后排水的残余体变和残余剪应变的概率经验模型。Lu 等[207] 基于给定场地的地震震级和地表最大加速度的联合概率分布，采用贝叶斯方法提出了液化沉降的概率预测模型。Gong 等[208] 同时考虑模型的精度和鲁棒性提出了一个改进现有半经验概率模型的新方法，以最大似然估计法和贝叶斯方法为例，验证了其方法的有效性。Gyori 等[209] 在现有液化沉降半经验模型基础上采用逻辑树方法提出了液化沉降的概率估算方法。Juang 等[210] 基于 CPT 试验数据改进了现有液化沉降模型，并用历史液化数据验证了该改进方法的有效性和简易性。

在国内，Zhang[211] 采用贝叶斯推理方法建立了液化沉降预测模型，并与最小二乘法对比，其预测准确性相同。陈国兴和李方明[212] 基于我国海城地震、唐山地震和日本新潟地震的液化震害数据采用 ANN 建立液化沉降预测模型。郭小东等[213] 采用遗传算法和 SVM 方法建立建筑物液化沉降的预测模型。叶斌等[214] 对比了 Tokimatsu 和 Seed 的经验模型与 Ishihara 和 Yoshimine 的经验模型，发现分层计算的沉降趋势基本一致，但数值结果存在较大差异，造成这种差异的原因是两种模型的基础试验数据不一样，另外 Ishihara 和 Yoshimine 的经验模型可以进行地震液化的风险评估，相比 Tokimatsu 和 Seed 的经验模型要偏于安全。Wang 等[215] 采用最小二乘 SVM 法考虑 7 个液化沉降影响因素建立了预测模型。

表 1.14 列出了现有液化沉降经验公式和模型，其中所有参数见主要符号对照表。经验模型主要采用的是分层求解液化沉降，然后总和后得出液化的最后沉降，其计算结果主要依赖试验某些指标与土体变形的经验对比关系，预测结果的准确性不够。机器学习方法预测地震液化沉降时，常因选取的影响因素不统一和不全面，且未考虑不同土类和场地特性的影响，从而导致每次学习模型的不同、预测结果不理想和适用范围窄等问题。因此，需要进一步提高其综合泛化能力。

地震液化沉降经验公式或模型　　　　　　　　　　　表 1.14

模型类别	液化侧移计算公式或模型	文献
经验模型	$S = \sum\limits_{i=1}^{n} f(\varepsilon_{vi}, (N_{1,60})_{csi}, \mathrm{CSR}, \Delta z_i)$	[176]
	$S = \sum\limits_{i=1}^{n} f(\varepsilon_{vi}, (N_{1,60})_{csi}, F_L, D_r, \Delta z_i)$	[177]
	$S = \sum\limits_{i=1}^{n} f(\varepsilon_{vi}, (N_{1,60})_{csi}, \mathrm{CSR}, \Delta z_i)$	[204]
	$S = \sum\limits_{i=1}^{n} f(\varepsilon_{vi}, (q_{c1N})_{csi}, \Delta z_i)$	[205]
	$S = \dfrac{1}{\mathrm{NF}} \sum\limits_{i=1}^{n} \left(1.879\ln\left[\dfrac{780.416\ln(CSR_i) - N_{1,60,cs,i} + 2442.465}{636.613 N_{1,60,cs,i} + 306.732}\right] + 5.583\right) T_{si} DF_{\mathrm{D},i} \mathrm{e}^c$	[207]

续表

模型类别	液化侧移计算公式或模型	文献
经验模型	$$S = M\sum_{i=1}^{n}\varepsilon_{\mathrm{v}i}\Delta z_i IND_i$$	[210]
	$$S = \sum_{i=1}^{n}\frac{C_{\mathrm{c},i}(\log\sigma'_{\mathrm{v}0,i} - \log\sigma'_{\mathrm{a},i})}{1+e_{0,i}}\Delta z_i$$	[183]
贝叶斯模型	$S(t)=110.3[1-0.9695\exp(-0.00405t)]+0.5487$	[211]
回归模型	$S=\ln\left[1.879\ln\left[\dfrac{780.416\ln(CSR_i)-N_{1,60,\mathrm{cs},i}+2442.465}{636.613N_{1,60,\mathrm{cs},i}+306.732}\right]+5.583\right]\pm0.689$	[206]
ANN 模型	$S=f(I,F_{\mathrm{t}}L/H,p,B_{\mathrm{D}},D_{\mathrm{r}},T_{\mathrm{nl}},D_{\mathrm{w}})$	[212]
SVM 模型	$S=f(I,F_{\mathrm{t}}L/H,p,B_{\mathrm{D}},D_{\mathrm{r}},T_{\mathrm{nl}},D_{\mathrm{w}},D_{50})$	[213]
	$S=f(I,L/H,p,B_{\mathrm{D}},D_{\mathrm{r}},T_{\mathrm{nl}},D_{\mathrm{w}})$	[215]

（3）喷砂冒水及地表裂缝预测

地震液化引起喷砂冒水及地表裂缝是很容易被观测的液化宏观灾害，其研究成果相对液化侧移和液化沉降的研究成果较少，主要是通过现场调查和模型试验来探讨其发生的机理，目前数值模拟方法难以完全实现对液化引起喷砂冒水和地表裂缝的模拟应用。

最早是 Housner[216] 在 1958 年采用线性固结理论探讨了喷砂冒水的发生机理，并估算了喷砂冒水量。Bardet 和 Kapuskar[217] 通过调查 1989 年 Loma Prieta 地震中场地液化喷砂冒水现象，发现只要经历过液化侧移和沉降的场地都会存在喷砂冒水现象，且喷砂冒水不存在任何特别模式的分布，另外调查还发现喷砂冒水量达到 3.5m³ 也没直接导致结构物损害，但液化引起的地表开裂却严重影响了建筑物的地基稳定性，最后他们还给出了计算喷砂冒水量的表达式。Castilla 和 Audemard[218] 根据大量喷砂冒水的液化历史数据给出了喷砂冒水直径与震中距的关系式，但未考虑 PGA 和 t 的影响。Ninfo 等[219] 调查 2012 年 Emilia 地震液化灾害发现液化引起的地表裂缝几乎都会伴随喷砂冒水。

在国内，王锤琦[220] 通过我国邢台地震、海城地震和唐山地震的钻孔资料介绍了喷砂冒水的形成及其特征，发现地震液化后由于喷砂冒水作用会使上部土层明显变松，随后经过长时间的固结作用又逐渐增密。宿文姬等[221] 分析了产生喷砂冒水的条件，并给出了浅基础水平场地发生喷砂冒水的位置和最大喷砂冒水压力的确定公式，判断标准是当发生喷砂冒水所需要的最大压力大于上覆土层的有效自重应力和其不产生破坏的强度之和时，发生喷砂冒水现象，反之不发生。该公式的某些参数需要借助土工试验确定，且仅适用于浅基础的判别，其计算结果的准确性有待进一步验证。曹振中等[222] 通过调查德阳松柏村典型的液化震害现场发现液化产生裂缝的基本条件为地表较平坦（不应大于 3%）和液化土层水平分布不均，如果场地坡度较大，则会产生其他形式的液化破坏，如侧移和流滑。

3. 数值模拟研究

对于数值模拟预测液化后变形的研究主要是针对砂土的动力本构模型开发，目前已取得了丰硕成果，大致可以分为两类：等效线性分析法和非线性分析法，非线性分析法又可以分为直接非线性分析法和弹塑性分析法，各方法的特点和代表程序如表 1.15 所示。等效线性分析法是由 Seed 在 1968 年提出的，该方法是把土体视为黏弹性材料，不建立具体的动应力应变关系，而是建立等效弹性模量和等效阻尼比随剪应变幅值和有效应力状态变化的函数关系式。非线性模型是根据不同的加载、卸载和再加载条件直接给出动应力应变关系式。后续研究者都是在这两种方法的基础上做一些改进和完善工作，在此不做详细介绍。

动力反应分析方法分类[223]　　　　　　　　　　　　　表 1.15

本构模型	孔压方式	典型程序
等效线性分析	总应力分析	QUAD4、FLUSH
等效线性分析	拟有效应力分析	EFESD(沈珠江)
直接非线性分析	拟有效应力分析	TARA-3FL、DIANA、SWANDYNE Ⅱ&Ⅳ、DIANAFLOW
弹塑性分析	动力固结分析	DYSAC2、HOPDYNE、LIQCA

数值模拟方法不仅适用于自由场地的地震液化灾害评估，也适用于重要建筑物及土工结构的地基液化灾害评估。该方法相比室内试验方法而言要方便、成本低，但由于该方法计算所需土体参数需要由室内试验获得，而且对于大型实际工程项目而言其计算分析过程复杂且耗时长，计算结果的准确性对土的动力本构模型的依赖很大，而土的本构关系极其复杂，它在不同的动荷载特性、场地条件和土体性质下会表现出极不相同的动力本构特性，不可能建立一个适用于各种不同条件下的动力本构模型的普遍形式。目前存在的绝大多数动力本构模型都是根据具体的条件和要求进行简化，难以准确地反映实际情况，更关键的是无法正确地再现复杂循环荷载过程中砂土反复出现的剪胀现象以及不能正确地评价液化后引起的大变形和流滑破坏。因此，数值模拟方法在工程实际中未被广泛应用，这也是工程界难以接受数值模拟分析的一个重要原因之一。但由于数值模拟的精度要优于各种规范法和简化法，所以在一些重大工程的地震抗液化分析中常常采用数值模拟法。

1.2.5 地震液化减灾措施的研究现状及存在的问题

在工程领域对于地震液化的处理都是先对场地进行液化预测，然后针对可能液化的场地提出相应的抗液化措施。这种做法存在的一个问题是可液化场地因为液化程度不同造成的相应灾害也不相同，甚至发生液化后的场地不会造成灾害，但在工程中仅仅根据液化的预测发生或不发生结果直接采用抗液化措施势必会造成很大的工程成本浪费，而且由于抗液化的措施种类较多，工程费用不同，且相应的抗液化效果也不统一。对于可液化场地的处理措施选取其实是一个优化选择问题，应该根据不同的场地条件、地震发生等级、经济成本和抗液化效果等综合考虑，选出一个既能满足工程安全要求又能降低工程成本的最佳处理措施，但目前对于抗液化措施的研究都是直接对比其抗液化效果，并未考虑工程成本问题。抗液化的方法从本质上可以分为两种：改良砂土的性质和改善砂土的应力应变条件。其中改良砂土的性质有换填法、强夯法、注浆法、降低水位或饱和度法等，改善砂土的应力应变条件有振冲碎石桩法、地下连续墙法、增加盖重法等。这些处理方法的原理、特点、使用范围、成本和处理效果等将在本书第6章中做详细介绍，本节就其研究现状做一下介绍。

（1）改良砂土性质措施的研究

换填法处理可液化地基直观、简单、不留后患，但处理有效深度较浅，不适用于深厚的饱和砂土地基抗液化处理，其关键问题是确定垫层厚度。梅玉龙和陶桂兰[224]采用非线性方法对垫层厚度的确定进行了优化，可以根据不同的安全和场地条件要求较精确地找出最小垫层厚度。张平仓和汪稔[225]论述了强夯法抗液化的研究现状，基于梅纳强夯加固深度公式给出了强夯法的改进加固深度计算公式，并对其适用范围进行了探讨。缪林昌和刘松玉[226]从振冲动力原理出发，详细分析了强夯法的作用机理，研究发现孔隙水压力的增长与振动频率密切相关，利用这一成果可以计算抗液化的加固深度。蔡袁强等[227]考虑强夯法的大变形问题，采用大变形几何非线性有限元方法模拟了强夯的加固过程，对加固深度、应力分布和变形特征进行了分析，并验证了该大变形强夯分析方法的正确性。Tsukamoto等[228]采用灌入硅酸盐类浆液砂土试样进行三轴试验，发现其抗剪强度显著提高，验证了注浆法的抗液化有效性。雷金山等[229]在有限单元法基础上考虑大应变情形，采用套叠屈服面模型对振动注浆法的抗液化效果进行了数值模拟。降低地下水位或土层饱和度法的原理就是减小砂土的饱和度以达到抗液化效果，一般不会在工程中单独使用，会结合其他一些抗液化措施一起使用，但在一些工程中也不适用，例如滨海港口码头或近海人工岛等工程。

（2）改善砂土应力应变措施的研究

最早由Seed和Booker[152]采用有限单元法研究了在可液化地基中单纯径向排水碎石桩的孔隙水压力计算，建议$a/b=0.25$（a为排水桩的桩径，b为孔距的$1/2$），则地基可液化层不会发生液化。自他们之后很多学者针对该问题进行了研究，如Boulanger等[230]在Seed和Booker的成果基础上研究了竖向排水和径向排水共同作用对碎石桩抗液化能力提高的影响。Adalier和Elgamal[231]对振冲碎石桩法的抗液化效果进行了系统性总结，并指出碎石桩不仅因为排水性能好，而且其对于地基土的强度提高也起着一定作用。杨生彬等[232]采用大直径振冲碎石桩处理方法对某拟建电厂开展了大厚饱和砂土的液化治理现场试验研究，对桩体、桩间土和地基承载性能、变形参数以及抗液化效果行了分析和评估，取得了大量可靠的试验数据。何剑平和陈卫忠[233]采用FLAC3D对碎石桩法进行了数值模拟，分析了不同碎石排水层布置方案的抗液化处理效果，发现结构物周围设置碎石排水层的不会发生液化，相对较远处液化场地的超孔隙水压力显著降低，结构物未出现较大下沉、侧移等现象。卢之伟等[234]采用三维有限元程序模拟了疏松砂土层和中紧密砂土层中地下连续墙在地震液化中的响应分析，发现围封体内部的砂土最大水平位移会减小，中紧密砂土的最大水平位移减小效果明显好于疏松砂土，且其超孔隙水压力的增长速率也明显较慢。Juang等[235]通过分析1999年中国台湾集集地震灾害资料和室内试验发现有非液化覆盖层的地方要比无非液化覆盖层的地方液化发生的可能性要小，且液化灾害现象也相对较少。史宏彦和刘保健[236]探讨了不同边界排水条件对增加盖重法抗液化能力的影响。

（3）多种措施的减灾效果对比研究

Yasuda等[237]利用振动模型试验对砂桩挤密法、地下连续墙、连续带加密、钢筋排桩法等多种抗液化侧移措施进行了对比，结果发现地下连续墙抗液化侧移措施对液化引起的侧向流动抑制效果最好，钢筋排桩法采用两排布置比单排布置的抗液化侧移效果好。顾卫华和王余庆[238]采用二维有限元程序模拟了增加盖重和砾石排水桩对抗液化的效果,分析发现增加盖重法只对浅层孔隙水压力增长有抑制作用,砾石排水桩对其周围的孔隙水压力增长也有抑制作用,但影响范围有限,因此对于深层土的抗液化处理可以采用加密法,对于浅层土的抗液化处理可以采用增加盖重法,对于较薄的浅层可液化土可以采用换填法。陈国兴等[239]分析了从1989~2011年8次强地震中各种抗液化处理的成功案例,建议通过较低的经济代价(抗液化措施成本通常为工程总费用的7%~10%)去处理工程液化问题是有必要的,尤其是松软的海滨和填海工程的地基抗液化处理,可以有效避免强震液化造成的灾害损失,另外,对于地基的抗液化处理应采用多种措施联合使用,其效果往往要优于单一措施。刘洋等[240]基于冲击荷载作用下的孔压模型建立了强夯法和排水法联合的数值分析模型,探讨了"轻锤多夯"和"重锤少夯"的差异,并和工程实例做了对比分析,提出了强夯法和排水法联合处理地基抗液化的合理设计建议。

1.3 本书的主要内容与结构安排

本书的研究内容主要包括4个方面,分别是地震液化的重要因素筛选、地震液化的概念预测、液化后的灾害风险评估和减灾措施优选。下面就文章的章节顺序对本书的研究内容做具体介绍。

第1章主要介绍了本书的研究背景和意义,详细回顾了地震液化的影响因素选择、地震液化判别方法、地震液化后灾害评估和地震液化减灾措施的国内外研究现状,针对目前各问题的研究现状提出了相应的解决思路和方法,并给出了本书纲要。

第2章主要介绍了贝叶斯网络(BN)方法的原理以及BN的参数、结构学习方法,并简要介绍了BN在土木工程中的应用。

第3章首先详细分析了地震液化的众多影响因素;然后分别通过文献计量方法和最大信息系数方法筛选出了地震液化的重要影响因素,此外还详细介绍了地震的强度指标及其评价准则,并根据收集的台站加速度数据和相对应的液化数据对强度指标进行筛选,力求获得最适合地震液化预测的强度指标;最后分别基于解释结构模型和路径分析方法对筛选出来的影响因素建立其结构网络图,分析其层次结构关系,为后续地震液化的BN预测模型做准备。

第4章首先介绍了模型的预测性能评估指标;然后基于第3章筛选的重要影响因素,针对3种不同的原位试验(SPT、CPT和V_s)液化数据库,分别建立了3种BN模型,分别与其他液化判别方法(如传统的确定性判别法以及常用的LR、ANN、SVM等概率方法)进行了对比验证,同时也进行了因素的敏感性分析,随后将3种BN模型进行融合,建立了一个同时适用于不同原位试验的混合BN预测模型,并通过和该3种BN模型对比验证了混合BN模型的优势。

第5章首先探讨了模型不确定性(分类不均衡和抽样偏差)对液化概率模型预测结果的影响,给出了不同地震液化预测方法的最佳训练样本分类比例范围,并分析了改善模型不确定性技术(过采样)在各液化概率模型的效果;然后分析了样本量和模型复杂度对地震液化BN模型预测精度的影响,给出了保证模型具备一定预测精度前提下确定最小训练样本量的量经验公式。

第 6 章首先介绍了地震液化引起的灾害类型，在第 4 章地震液化多因素 BN 预测模型的基础上增加液化灾害节点，建立了地震液化灾害 BN 风险评估模型，采用地震液化灾害实例验证了该模型的有效性，并与 ANN 方法对比说明 BN 风险评估模型的鲁棒性和稳健性；然后对液化引起的各灾害类型进行了敏感分析，找出能减小液化灾害的敏感因素，为地震液化的防灾、减灾措施提供理论支持；最后将扩展的地震液化灾害 BN 风险评估模型应用于日本 311 大地震的液化灾害评估中说明了模型的准确性和实用性。

　　第 7 章首先介绍了贝叶斯决策网络和地震液化的各种常用抗液化措施；然后对某人工岛采用有限元法模拟了人工岛二维模型中不同地震条件、不同土体性质、不同场地条件和不同抗液化措施条件下其液化和液化后的灾害情况；最后基于数值模拟结果构建的数据库，建立了地震液化的 BN 减灾决策模型，并验证了模型的有效性。

　　第 8 章对本书研究成果做了全面的总结，并针对本研究的不足之处提出了后续研究工作的展望。

第2章

贝叶斯网络理论简介

2.1 本章引言

统计推理是通过不确定的观测数据进行推理的过程。随着概率图模型的发展，将传统的统计推理更高效地利用变量间的结构信息，极大地提高了数据分析的质量和效率。根据考虑的方式不同，统计推理可以分为频率论和概率论（以贝叶斯方法为代表），其中能进行不确定性分析和概率推理的贝叶斯方法是目前较为流行且最有力的不确定性推理手段之一。然而，此前人工智能学术界的主流认为，用概率论的方法来解决较大规模的不确定性问题是不切实际的，原因是计算太复杂。但随着几种概率近似变化方法的出现，特别是贝叶斯网络等概率模型在专家系统和故障诊断等方面的成功应用，基于概率论的贝叶斯方法引起了学界的极大重视。

贝叶斯网络是在贝叶斯方法的基础上，引入变量因果关系，形成一个带有概率的网络结构图，能进行不确定性知识表达和概率推理，发现隐藏在数据中的知识，已经发展成为表达、推理不确定知识的主流方法之一。贝叶斯网络在很多领域得以广泛的应用，是因为有如下优点：

（1）具有坚实的数学理论基础，本身就是一种不确定性因果关联的网络模型，具有强大的不确定性概率推理能力；

（2）对收集或调查的数据加以量化评价，而不像其他方法对历史数据完全相信或完全不信；

（3）能将先验知识或专家知识与历史数据巧妙地结合起来；

（4）能根据新数据直接更新模型变量的条件概率来不断改善模型的准确性，而不用改变模型的拓扑结构；

（5）能方便地处理不完备和带噪声的数据；

（6）能方便地和决策网联合便于做决策推理；

（7）能进行双向分析或双向推理（从原因推理结果或从结果反向推理原因）。

贝叶斯网络的研究领域主要集中在贝叶斯网络结构学习、参数学习、推理和变量选择等方面。本章就贝叶斯网络的原理、结构学习、参数学习和应用领域展开详细介绍。

2.2 贝叶斯网络概念及推理

贝叶斯网络（Bayesian Network，BN）又被称作信度网、因果网或概率网，是一种用于描述变量之间不确定性因果关系的有向无环图形网络（Directed Acyclic Graph，DAG）模型，是由美国 Judea Pearl 教授[241] 在贝叶斯决策方法的基础上发展起来的概念推理图形化方法。BN 模型由节点（表示随机变量）、有向连线（表示节点之间关联或者因果依赖关系）和条件概率表（定量表征节点间的关系强度）三个部分组成。

图 2.1 为地震液化预测的一个通用 BN 模型，模型包括 4 个变量：土体性质 X_1，地震参数 X_2，场地条件 X_3 和地震液化 Y，这 4 个变量由 5 根关系连线相互连接，箭头方向表示因果影响关系，即父子顺序，其中变量 X_1 和变量 X_3 是条件独立关系。例如，土体性质是地震参数和地震液化的父节点，地震参数又是地震液化的父节点，或者还可以说地震参数和地震液化是土体性质的子节点，地震液化又是地震参数的子节点，土体性质的不同会影响地震参数的变化，也会同时影响地震液化的发生，地震参数的变化也会影响地震液化发生。每一个变量都会有条件概率表，图 2.1 中只列出了地震液化的条件概率表，$Y=0$ 表示不液化，$Y=1$ 表示液化，如果知道土体性质 X_1，地震参数 X_2 和场地条件 X_3 各参数的状态概率值就可以推测液化发生的概率。BN 的推理共包括三个准则：贝叶斯公式、链规则和条件独立规则，其表达式分别如下：

$$P(Y|X=e)=\frac{P(Y)P(X=e|Y)}{P(X=e)} \tag{2.1}$$

$$P(x_1,x_2,\cdots,x_n)=P(x_1)P(x_2|x_1)\cdots P(x_n|x_1,x_2,\cdots,x_{n-1}) \tag{2.2}$$

$$P(x_1,x_2,\cdots,x_n)=\prod_{i=1}^{n}P(x_i\mid\pi(x_i)) \tag{2.3}$$

式中，$P(Y|X=e)$ 为后验概率，是已知 X 的某个新证据 e 或新观测值情况下 Y 发生的概率；$P(Y)$ 为先验概率，是考虑 X 的新证据 e 或新观测值之前变量 Y 的概率，可以根据历史数据学习获得；$P(X=e|Y)$ 为 Y 的似然度，也是一个条件概率，一般基于历史数据计算得到；$P(X=e)$ 为 X 的新证据 e 或新观测值发生的概率；$\pi(x_i)$ 为变量 x_i 的父节点集合。

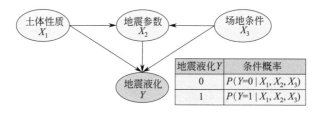

图 2.1　地震液化的通用 BN 模型

假设已有地震液化的历史数据，则可以根据历史数据得到先验概率 $P(Y=1)$ 和似然度 $P(X_1=e_1,X_2=e_2|Y=1)$、$P(X_2=e_2,X_3=e_3|Y=1)$。当要推理新的观测数据情况下液化发生的概率时，也就是知道新的土体性质 $X_1=e_1$，地震特性 $X_2=e_2$ 和场地条件 $X_3=e_3$ 各变量的概率值计算 $Y=1$ 的概率值，则根据式（2.1）～式（2.3）计算地震液化发生的概率为：

$$P(Y=1|X_1=e_1,X_2=e_2,X_3=e_3)$$
$$=\frac{P(Y=1)P(X_1=e_1,X_2=e_2,X_3=e_3|Y=1)}{P(X_1=e_1,X_2=e_2,X_3=e_3)}$$

$$
\begin{aligned}
&= \frac{P(Y=1)P(X_1=e_1,X_2=e_2,X_3=e_3 \mid Y=1)}{\sum\limits_{i=0}^{1} P(Y_i)P(X_1=e_1,X_2=e_2,X_3=e_3 \mid Y_i)} \\
&= \frac{P(Y=1)P(X_1=e_1,X_2=e_2, \mid Y=1)P(X_2=e_2,X_3=e_3 \mid Y=1)}{\sum\limits_{i=0}^{1} P(Y_i)P(X_1=e_1,X_2=e_2 \mid Y_i)P(X_2=e_2,X_3=e_3 \mid Y_i)}
\end{aligned}
\tag{2.4}
$$

如果又有新的观测数据土体性质 $X_1=e_1'$，地震特性 $X_2=e_2'$ 和场地条件 $X_3=e_3'$，那么之前的观测数据土体性质 $X_1=e_1$，地震特性 $X_2=e_2$ 和场地条件 $X_3=e_3$ 会并入到历史数据中，之前的先验概率和似然度也会随之更新，于是在最新的观测数据情况下地震液化的发生概率可以再按照式(2.4)重新进行计算。像这样不断有新观测数据并入到历史数据中，不断更新先验概率和似然度，地震液化的预测精度也会逐渐提高。

BN 推理是指在约定条件下利用网络的有向无环图和联合概率分布，通过概率计算回答查询问题的过程，通常包括正向推理、反向推理和支持推理[242]。其中，正向推理称为预测，也就是上述液化后验概率的计算，根据父节点的条件概率自上而下计算其他节点的条件概率，最后得到要预测节点的后验概率。反向推理也称为诊断，和正向推理刚好相反，是根据子节点状态自下而上地推理其产生的原因和条件概率，例如液化引起某种灾害的原因推理，这将在第5章中进行介绍。支持推理又称为辩解推理，即已知发生了某结果，分析其产生的可能因素，并阐明这些原因之间的相互影响。

BN 推理算法对比[242]　　　　表 2.1

类别	算法名称	网络类型	算法复杂度	精度	算法关键点	算法优点
精确算法	消息传递算法	单连通网络	网络节点的多项式	精确解	消息传递方案	计算简单、快速
	联结树算法	单、多连通网络	最大团节点的指数	精确解	寻找最大团节点最小的联结树	目前速度最快，尤其适用稀疏网络
	条件算法	单、多连通网络	条件节点集的指数	精确解	寻找最小条件节点集	对环路较少的网络效率很高
	弧反向/节点缩减算法	单、多连通网络	弧反向所涉及节点数的指数	精确解	进行弧反向计算	计算简单，与仿真算法结合更有效
	基于组合优化算法	单、多连通网络	因式分解中变量的指数	精确解	寻找最优因式分解	过程简单、应用广泛、效率较高
近似算法	微分算法	单、多连通网络	正比于微分运算的复杂度	精确解	运算电路获取与微分	方法快捷，适于同时解决多个问题
	随机抽样算法	单、多连通网络	与证据变量概率成反比	与样本量成正比	抽样算法	效果好、发展完善、应用广
	搜索算法	单、多连通网络	取决于网络概率分布的特征	与选择的状态有关	满足精度要求状态集合求解	多用于实时网络的计算
	模型化简算法	单、多连通网络	不同的化简方法有不同的复杂度	与化简方法有关	简化模型精度估计	简单、有效，多用于实时推理
	循环消息传递算法	单、多连通网络	网络中环的个数的指数	与迭代次数有关	算法收敛性	收敛情况下近似效果好

现有的 BN 推理算法很多，可以分为两类，即精确推理算法和近似推理算法。其中精确推理算法是精确地计算假设变量的后验概率，而近似推理算法是在不影响推理正确性的前提下，通过适当降低推理精度来达到提高计算效率的目的。精确算法包括消息传递算法、联结树算法、条件算法、弧反向/节点缩减算法、微分算法和基于组合优化算法等，近似算法包括随机抽样算法、搜索算法、模型简化算法和循环消息传递算法等，它们之间的对比如表 2.1 所示。由于这些算法不是本书的研究重点，因此他们的具体原理和在 BN 推理中的应用可以参考张连文和郭海鹏所著的《贝叶斯网引论》[13]。

2.3　贝叶斯网络的 D-分割准则

BN 中的节点除了相互依赖的概率关系外，还存在条件无关的情况，即 Judea Pearl[243] 提出的 D-分割准则。这一准则可以将联合概率分解为条件概率的乘积，从而简化网络的概率推理，可以大大降低计算复杂度。BN 的子结构包括三种形式，分别是顺连、分连和汇连，如图 2.2 所示，其信息传递情况如下。

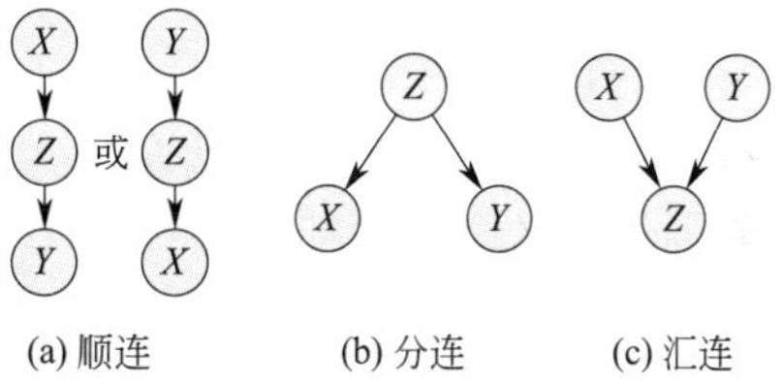

（1）顺连（间接因果或间接证据），如图 2.2(a) 所示。当 Z 未知时，信息可以从 X 和 Y 之间进行传递，反之当 Z 已知时，X 和 Y 之间的信息通道被阻断，即相互独立，X 和 Y 既不会相互影响，也无法影响 Z 的信度。那么，给定 Z 时，X 和 Y 同时发生的概率为：

图 2.2　BN 的子结构

（(a) 顺连　(b) 分连　(c) 汇连）

$$P(X,Y|Z)=\frac{P(X)P(Z|X)P(Y|X,Z)}{P(Z)}=\frac{P(X)P(Z|X)P(Y|Z)}{P(Z)}=P(X|Z)P(Y|Z)$$

（2）分连（共同原因），如图 2.2(b) 所示，属于一因多果。同顺连类似，当 Z 未知时，信息可以从 X 和 Y 之间进行传递，反之当 Z 已知时，X 和 Y 之间的信息通道被阻断。那么，给定 Z 时，X 和 Y 同时发生的概率同上。

（3）汇连（共同作用），如图 2.2(c) 所示，属于多因一果。同分连恰好相反，当 Z 未知时，X 和 Y 之间的信息通道被阻断，反之当 Z 已知时，信息可以从 X 和 Y 之间进行传递。那么，给定 Z 时，X 和 Y 同时发生的概率为：

$$P(X,Y|Z)=\frac{P(X)P(Y|X)P(Z|X,Y)}{P(Z)}或\frac{P(X)P(Z|X)P(Y|X,Z)}{P(Z)}$$

可以看到上式无法再进一步简化，原因是在给定 Z 时，X 和 Y 是相互关联的，与顺连及分连的情况不同。若变量 X、Y 和 Z 组成的三个节点集合中两两无交集，当从节点集合 X 中任意节点到节点集合 Y 中任意节点的所有路径中，无任何路径满足如下两个条件之一时，则称节点集合 Z 有向分割（D-分割）节点集合 X 和集合 Y，也就是说节点集合 X 中节点在给定节点集合 Z 中节点状态后，与节点集合 Y 中所有的节点条件独立，用数学语言可以表示为 $d(X,Z,Y)_B \Rightarrow P(X=x|Z=z,Y=y)=P(X=x|Z=z)$：

（1）条件 1：每个汇连节点为节点集合 Z 中节点，抑或其子节点在集合 Z 中；

（2）条件 2：每个顺连或分连节点都不在节点集合 Z 中。

BN 中节点存在很强的条件独立关系，当所有因节点相互独立，而只与果节点相关联时，BN 结构会退化成最常见的朴素贝叶斯模型。其基本思想是以各属性间两两互斥为前提，依据贝叶斯定理，计算待分类实例样本出现的条件概率，进而依照计算的结果值估计出新实例样本的类别分类，具体在地震液化中的应用参见第 1.2.3 节。

2.4 贝叶斯网络的结构学习

BN 的结构学习是贝叶斯网络研究的主要内容之一，是根据数据样本或先验知识，或者两者结合起来确定最优的网络拓扑结构。其研究难点在于找到一个与数据拟合度最高的模型，如果模型中有多余的变量关系连线（有向弧），则会增加需要学习的概率参数，同时也会揭示错误领域中变量的因果关系。经过近 20 年的发展，已经出现了比较成熟的结构建立方法[244]。

根据建模的方式不同可以分为：手工建模方法、数据驱动建模方法和融合专家知识（或经验）和数据的混合建模方法。在这三种方法中，手工建立的贝叶斯模型效果最不理想，因为它单纯依靠经验或专家知识建立，而在领域中某些知识理论的不完备和专家们的主观性容易造成贝叶斯模型的有效性和鲁棒性很低，尤其是在未知领域中，其效果更差。第二种依靠数据学习搜索最优网络的数据驱动方法又相对于第一种建模方法而言过于客观，很容易导致学习的模型中变量的因果关系紊乱或模型拟合过度，从而导致模型预测效果不理想。第三种混合建模方法既可以利用经验或专家知识提供主观的引导，又可以通过数据驱动获得变量之间隐藏的因果关系，从而能建立一个相对完美的 BN 模型。下面就这三种建立 BN 模型的方式分别进行详细介绍。

2.4.1 手工建模方法

手工建模方法就是对 BN 的节点依据达成共识的专家意见或经验依次连接起来形成一个网络模型。由于手工建立的贝叶斯模型效果往往不理想，在一般领域问题中较少采用，只有在数据不足的情况下才会选用手工建立 BN 模型，其建立过程如图 2.3 所示。首先，针对要解决的问题挑选随机变量。然后，根据经验知识对变量排序，并按照变量间的因果关系添加单向箭头，如果专家的意见不一致，则返回到变量选择和排序步骤，重新依次排序；反之，则 BN 结构图建立完毕。最后，根据收集的数据去验证模型的好坏，如果模型预测结果不理想，则返回到变量排序和有向无环图的建立步骤，重新建立模型直到模型预测结果达到满意为止。

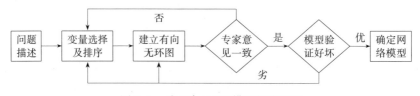

图 2.3　手工建立 BN 模型的流程图

在 BN 模型建立过程中要反复通过专家意见和模型验证最终确定一个相对较好的模型，在这个过程中变量顺序是建立模型的关键，也是研究难点。对于这个问题的研究主要有 3 种看法[244]：Howard 和 Matheson 在 1984 年认为变量顺序应该按照其条件概率评估的难易程度为标准，越容易计算的变量放在越前面；Smith 在 1989 年认为应该以模型的复杂度为标准，选取模型结构最简单的为最优模型；Pearl 在 2000 年提出了按照因果关系决定变量顺序的标准，原因在前，结果在后。

2.4.2　数据驱动建模方法

BN 的数据驱动建模方法就是通过算法自动学习数据获得变量的顺序和因果关系，寻找和数据样本拟合度最好的网络结构。在这个搜寻过程中，对于一个 n 节点的贝叶斯网络，需要进行大量的搜寻计算，Robinson[245] 在 1976 年给出了计算搜寻网络结构次数 $f(n)$ 的表达公式：

$$\begin{cases} f(1)=1 & n=1 \\ f(n)=\sum_{i=1}^{n}(-1)^{i+1}C_n^i 2^{i(n-1)}f(n-i) & n>1 \end{cases} \tag{2.5}$$

从上式可以看到，$f(n)$ 的值会随着变量个数 n 的增加呈指数倍增加，其网络结构的学习会是一个 NP 难题，这个已被证实[246]。因此，采用确定性的精确算法去求解最优网络通常是行不通的，一般采用启发式的搜索算法对其求解。根据算法思想不同可以分为评分搜索方法和条件独立性测试方法。虽然条件独立性测试方法比较直观，但它需要大量测试过程，且高阶测试往往会得到较大的误差，影响网络结构精确性，而评分搜索方法是一种统计驱动，虽然搜索空间大，但其结构的精度要相对偏高。

（1）评分搜索方法

评分搜索方法是采用评分函数对不同的网络模型进行评价，然后通过搜索算法在所有的评分中找出得分最高或最低的网络结构，即为最优模型。这个过程包括两个部分，一个是评分函数的选取，另一个是搜索算法的选取。根据评分准则不同可以分为最小描述长度准则[247]（Minimum Description Length，简称 MDL）和贝叶斯信息准则[248]（Bayesian Information Criterion，简称 BIC）。

最小描述长度准则源于编码思想，是对模型和数据集进行信息编码，保存这些信息的总长度为存储模型的拓扑结构 B 的长度 $DL(B)$、模型的条件概率表的长度 $DL(\theta)$ 和数据样本 D 的长度 $DL(D|B)$ 之和，找出描述总长度最短所对应的模型，即为最优模型，其计算表达式为：

$$Score_{MDI}(B,\theta|D)=DL(B)+DL(\theta)+DL(D|B,\theta)$$

$$=\sum_{i=1}^{n}k_i\log_2 n+\frac{\log N}{2}\sum_{i=1}^{n}(S_i-1)\pi(x_i)+N\sum_{i=1}^{n}H(X_i\mid\pi(x_i)) \tag{2.6}$$

式中，n 为变量节点的个数；k_i 为父节点个数；N 为数据样本大小；S_i 表示变量节点的取值数目；$\pi(x_i)$ 为变量的父节点集；$H(X_i|\pi(x_i))$ 为条件熵。基于这种思想的 BN 结构学习算法有 K3 算法、B&BMDL 算法等。

贝叶斯统计准则是充分结合拓扑结构 B 的先验知识，表示为 $P(B)$，在给定的训练数据集合 D 中利用贝叶斯公式计算拓扑结构的后验概率，从中寻找最大后验概率值对应的拓扑结构。计算公式为：

$$Score(B:D) = P(B|D) = \frac{P(D|B)P(B)}{P(D)} \qquad (2.7)$$

式中，$P(D)$ 是给定的，与拓扑结构无关，只需计算 $P(D|B)P(B)$ 的最大值。基于这种思想的 BN 结构学习算法有 K2 算法、HC 算法（Hill Climbing）等。

在评分准则给定后，需要选用选择搜索算法去选取最优评分对应的拓扑结构，这样 BN 模型就建立好了。由于 BN 的结构学习是一个 NP 难题，其搜索方式通常采用启发式搜索，有贪婪搜索法、模拟退火法、遗传算法等。

（2）条件独立性测试方法

条件独立性测试方法是通过条件独立性测试（如卡方检验）确定出不同节点间暗藏的条件对立关系，找出和这些条件独立关系一致的网络结构。这种算法的繁琐之处在于变量节点间的互信息和条件对立性测试的计算，随着变量的增加，测试的次数呈指数倍增加。在给定的 C 条件下，节点间的互信息计算为：

$$I(X_i, X_j|C) = \sum_{x_i, x_j, c} P(x_i, x_j, c) \log \frac{P(x_i, x_j|c)}{P(x_i|c)P(x_j|c)} \qquad (2.8)$$

式中，X_i 和 X_j 为节点；C 为多个节点的集合。通常给定某个阈值，当 $I(X_i, X_j|C)$ 小于这个阈值时，评判在给定 C 时 X_i 和 X_j 是条件独立的。基于这种思想的 BN 结构学习算法有 SGS（Sparse Graph Search）算法、三阶段分析算法等。

此外，当数据不完备时，上述方法都不再适用，评分准则无法对评分函数进行分解，也不能局部搜索。对于数据不完备情况通常采用的学习方法有 EM（Expectation Maximization）法、MCMC（Markov Chain Monte Carlo）法和梯度法等，其基本思想是首先对未知的数据先通过近似计算后填补，使其成为一个完备的数据集，然后再根据上述方法计算得到最优拓扑网络。

2.4.3 混合建模方法

混合建模方法是将领域知识中的变量关系、规则、次序等信息融合到数据学习算法中。由于该方法可以在数据学习之前确定参数的部分关系和简单的模型结构，并去掉无意义的因果关系，这样可以大大减小最优模型搜索的空间，从而提高学习效率，并提高最优模型和数据的拟合精度。因此，混合建模方法成为目前最受欢迎的方法。

Hecherman 等[249] 通过假定参数先验概率服从狄利克雷分布，结合领域知识和数据学习建立了 BN。后续的一些结合专家知识和数据学习的算法都是体现在将参数在该领域中的简单结构信息、因果先后顺序引入结构学习算法中，如张振海等[250]、杨善林等[251]、毕春光和陈桂芬[252] 采用证据理论中的 Dempster 合成法则得到变量的因果顺序并去除无意义的网络结构，然后提供给 K2 算法进行数据学习，有效提高了学习效率；莫富强等[253] 采用证据理论，将专家知识以禁忌表的方式嵌入到 SEM（Structure Expectation Maximization）算法中，限制和引导该算法的搜索路径，有效提高了结构学习精度和效率，在一定程度上避免了专家知识的主观性和数据噪声的干扰；Li 等[254] 将专家知识表示为变量间的规则，直接利用该规则对算法的搜索空间进行约束，提高搜索效率；Flores 等[255] 采用公共医疗数据开发了一套变量因果关系自动挖掘系统，使其在搜索过程中能融合多种类型的专家知识，并对比了客观搜索和基于这些不同的专家知识有偏向搜索的结果，验证了该算法的有效性。Masegosa 和 Moral[256] 采用交互式方法让专家通过交流，以引导搜索学习的过程，识别拓扑结构的边。这些混合建模方法各有利弊，需要结合待解决的实际问题来选择合适的方法，但大多数情况下，混合建模的性能要优于其他两种单一结构学习方法。

2.5　贝叶斯网络的参数学习

BN 的参数学习是贝叶斯网络研究的另一个主要内容，是在给定的 BN 拓扑结构之后，确定各节点的概率分布。在早期的 BN 参数学习中，各节点的条件概率是由专家知识确定的，由于这种方式过于主观，往往会与观测数据产生较大偏差，因此目前比较流行的方式是从数据学习中确定各个节点的条件概率。由于观测数据可以分为完备数据和不完备数据两种，针对这两种情况产生了不同的学习算法去获得节点的概率分布。

2.5.1　完备数据的参数学习

在完备数据情况下常用的参数学习方法有最大似然估计算法和贝叶斯估计算法，这两种方法都是基于独立分布假设前提提出的。最大似然估计算法属于频率学派方法，其思想是依据样本 D 和参数 θ 的似然度评估样本和模型的拟合程度，其中参数是在给定父节点集合时，节点不同取值出现的频率，也作为该节点的条件概率参数[257]。似然度的对数函数形式为：

$$\log L(\theta \mid D) = \log \prod_{l=1}^{N} P(D_l \mid \theta) = \sum_{l=1}^{N} \log P(D_l \mid \theta)$$

$$= \sum_{l=1}^{N} \sum_{i=1}^{n} \sum_{j=1}^{q_i} \sum_{k=1}^{r_i} \log P(D_l \mid \theta_{ijk}) = \sum_{i=1}^{n} \sum_{j=1}^{q_i} \sum_{k=1}^{r_i} N_{ijk} \log \theta_{ijk} \qquad (2.9)$$

式中，N 为样本数据；n 为节点 X_i 的个数；q_i 为 X_i 的父节点集 $\pi(x_i)$ 的状态组合数，若节点 X_i 无父节点集合，则 $q_i = 0$；r_i 为节点 X_i 的状态数；N_{ijk} 为节点 X_i 的第 k 个状态和 X_i 的父节点集 $\pi(x_i)$ 的第 j 个状态组合所对应的样本数量；θ_{ijk} 为节点 X_i 的第 k 个状态和其父节点集 $\pi(x_i)$ 的第 j 个状态组合所对应的参数，$\sum_{k=1}^{r_i} \theta_{ijk} = 1$。就式（2.9）中的对数函数的最大值，即对参数 θ 求导得到最大值 θ_{ijk}^*：

$$\text{数学表达：} \qquad \theta_{ijk}^* = \begin{cases} \dfrac{N_{ijk}}{N_{ij}}, & N_{ij} > 0 \\ \dfrac{1}{r_i}, & N_{ij} \leqslant 0 \end{cases} \quad \text{其中 } N_{ij} = \sum_{k=1}^{r_i} N_{ijk} \qquad (2.10)$$

$$\text{直观表达：} \qquad \theta_{ijk}^* = \frac{\text{样本 } D \text{ 中满足 } x_i = k \text{ 且 } \pi(x_i) = j \text{ 的样本数目}}{\text{样本 } D \text{ 中满足 } \pi(x_i) = j \text{ 的样本数目}}$$

贝叶斯估计算法属于贝叶斯学派，它不像最大似然估计算法那样将参数作为一个固定的未知量看待，而是将其视为一个随机参量，考虑其先验知识，然后利用贝叶斯公式计算其后验概率分布，得到的参数 θ 值会是一个概率分布 $P(\theta | D)$。在给定样本 D 的情况下，

参数 θ 的贝叶斯估计为：

$$P(\theta \mid D) = \frac{P(\theta)P(D \mid \theta)}{P(D)} = \frac{P(\theta)L(\theta \mid D)}{P(D)} \tag{2.11}$$

式中，$L(\theta \mid D)$ 为样本 D 的似然函数；$P(D)$ 为给定样本的先验概率，是一个固定值，这样求 $P(\theta \mid D)$ 的最大值，相当于求 $P(\theta)L(\theta \mid D)$ 的最大值。通常在贝叶斯估计算法中会认为先验概率近似服从某种分布（如狄利克雷分布），这样便于计算 $P(\theta)$。在贝叶斯估计算法中，当样本量很小时，参数 θ 的最大后验概率的计算主要依赖于先验知识；随着样本量的逐渐增加，先验知识对其影响会随之越来越小，最大后验概率越来越多地依赖于数据，并最终逼近最大似然估计值。

2.5.2 不完备数据的参数学习

在实际问题中，由于观测困难或人力所不能及等原因，导致获取的数据往往是缺失的。在这种情况下，通常是先对数据进行相应的修补，然后用修补后完备数据的学习方法进行结构学习或参数学习。对于不完备数据的参数学习，由于参数间不再相互对立，似然函数的计算会非常复杂，利用上述精确的计算方法获得极大值是几乎不可能，一般会借助近似计算方法求得似然函数极大值，如 EM 算法、MC 算法和 Gaussian 算法等，其中 EM 算法是最为经典、最常用的方法。本节主要对其进行介绍，其他方法可参阅文献[258-259]。

EM 的算法思想是从参数 θ 的某个随机初始值 θ^0 开始迭代，当迭代到 t 步时，得到估计值 θ^t，然后基于 θ^t 对数据进行修补，使之完整，再对修补后的数据计算参数 θ 的最大似然估计，得到 θ^{t+1}，并进行下一步迭代，直到达到局部极值时，算法收敛完成。在这个数据修补过程中，每个缺值都会被一系列完整的权样本（每个样本都有一个权重值）所替代。参数 θ 基于修补样本 D^t 的对数似然函数为：

$$L(\theta \mid D^t) = \sum_{l=1}^{N} \sum_{x_l \in \Omega X_l} P(X_l = x_l \mid D_l, \theta^t) \log P(D_l, X_l = x_l \mid \theta) \tag{2.12}$$

式中，N 为样本量；X_l 为任一样本 D_l 中所有缺值变量的集合，当 X_l 为空集时，$P(X_l = x_l \mid D_l, \theta^t) = 1$。在 EM 算法的迭代过程中，分为两步完成：第一步是 E-步骤，计算期望对数似然函数；第二步是 M-步骤，计算该似然函数最大值所对应的参数 θ 值。详细代码可参见文献[260]。

在上述参数学习过程中，如果给定每个节点 X_i 的离散区间个数为 $k(k=1,2,\cdots,r_i)$ 和父节点集 $\pi(X_i)$ 有 $j(j=1,2,\cdots,q_i)$ 种组合状态，那么在评估参数时，其计算量为 $\sum_{i=1}^{n} q_i \cdot r_i$，它与模型结构的节点数、边数、节点离散间隔数密切相关。

2.6 贝叶斯网络在土木工程中的应用

自美国加州大学 Pearl 教授在 1988 年首次完整提出贝叶斯网络概念后，BN 的研究开始引起广大研究者的兴趣。目前已在众多领域中有应用，如医疗诊断、工业应用、金融分析、计算机系统、军事应用、生态学、农牧业、生物信息工程、土木工程等领域，特别是工程领域的风险分析，得到了快速发展。原因是 BN 方法有众多其他方法不具备的优点，例如不确定性预测、逆向推理、诊断、优化、经验反馈数据的分析、偏差检验和模型更新等。图 2.4 为在 Web of Knowledge 数据库中以"Bayesian Network"为主题，检索 2001～2021 年 BN 在工程领域中发表的英文文献统计图，可以看到文献在该领域呈指数倍增长，这说明 BN 方法在工程领域有着快速的发展，已得到学者们的广泛关注和研究。

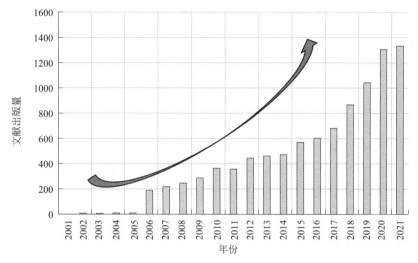

图 2.4　BN 在工程风险分析中应用的英文文献统计

在这 20 年间，BN 在土木工程领域中的建筑结构、道路与桥梁、岩土工程等多个研究方向得到了广泛应用，例如建筑结构方向中的结构安全检测评估[261-263]、建筑物火灾蔓延与灾害后果预测[264-266]、项目管理与施工风险评估[267-269] 以及基坑开挖与支护分析综合评估[270]；道路与桥梁方向中的道路网和道路损毁评估[271-272]、桥梁安全评估[273-276]；岩土工程中的地下结构安全评估[277]、土石坝的安全可靠性评估与溃坝预测[278-284]、隧道施工风险管理与安全评估[285-287]、边坡滑坡预警与安全评估[288-293]、海岸工程结构的安全与风险评估[294]、地震液化预测[121-122]。特别是 BN 在地震工程评估中的应用[295-301]，反映了概率论与数理统计和岩土地震工程领域的有效结合。

目前，国内外对工程灾害分析先后经历了确定性设计方法、半概率设计方法及近似概率极限状态设计方法三个阶段，其中，概率极限状态设计方法是该领域的一个发展趋势。BN 评估模型可以考虑场地土体参数本身的不确定性和时变性，并灵活地结合地震的随机性特点，能较全面地反映地震灾害随时间的变化和事件发展规律问题，为抗震设防以及震害评估提供理论支持，同时根据评估结果及时为各级政府部门的决策提供灾情信息支撑，从而将灾害损失尽可能地降到最小。

2.7　本章总结

本章重点介绍了 BN 的原理、推理、结构学习、参数学习和其在土木工程中的应用前景。BN 的推理原理就是基于贝叶斯公式、链规则和条件独立准则对新证据情况下某个变量或者多个变量的后验概率进行计算，并采用一个简单的例子作了说明。结构学习是 BN

建模的难点，通常根据建模的方式不同可以分为：手工（专家知识或经验）建模方法、数据学习建模方法和融合专家知识和数据的混合建模方法，其中混合建模的方式最为理想。最常用的混合建立 BN 结构的方法是 K2 算法，但该方法只适用于数据完备的情况，而数据不完备时，通常采用 EM 算法去获得最优网络结构。当 BN 的拓扑结构建立完毕后，需要对数据进行参数学习，获得各个变量节点的条件概率表，这样就形成了一个完整的 BN 模型。BN 的参数学习根据原理可分为最大似然方法和最大后验概率的贝叶斯方法，这两种方法的区别是前者是频度学习方法，后者是更新后验概率学习方法，当数据充分多时，这两种学习方法会收敛于同一概率值。

由于 BN 有其他机器学习方法不具备的优点，如巧妙地融合经验知识和数据于一体；根据新证据可以直接更新概率表来更新模型，而不用更新模型的结构；变量之间可以任意双向推理；可以和决策网络容易地联合起来，对问题做出最优决策等。所以 BN 在众多领域都有广泛应用，特别是土木工程领域，近 20 年得到了快速发展。

第 3 章

地震液化的重要因素筛选及其结构关系分析

3.1 本章引言

为了回答土体在什么条件下容易发生液化，首先需要全面考察地震液化的主要影响因素。由于地震液化的影响因素很多且很复杂，各因素对液化的影响程度又各不相同，仅通过几个因素去准确判别砂土液化是很难的，但如果所有因素都用来评估液化，会使液化判别变得很复杂，而且不一定会提高预测精度。另外，很多地震液化的影响因素是定性的或者是不易获取的，如果选择这些因素则又很难定量地预测液化。因此，为了能提高地震液化预测模型的准确性和简易性，某些不太敏感的影响因素或不易获取或无法定性、定量描述的因素可以在建立预测模型之前采取一些方法进行剔除，选出相对重要且易获取的影响因素，然后为建立地震液化预测模型做准备。

本章首先针对地震液化的影响因素做了全面分析，然后采用文献计量方法和最大信息方法分别从定性和定量两个角度筛选地震液化的重要因素，最后对最终确定的重要影响因

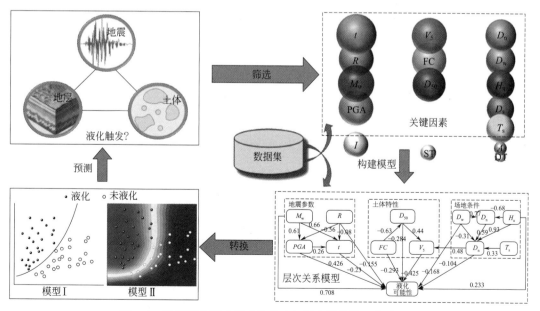

图 3.1　地震液化影响因素的筛选与层次结构模型构建思路

素基于解释结构模型方法和路径分析方法分别建立其结构层次关系模型，并分析各因素对液化触发的影响程度。此外，构建的结构关系可以直接作为机器学习中某些方法的模型结构，进而只用参数学习就可以对地震液化进行预测，研究思路示意如图 3.1 所示。

3.2 地震液化的影响因素统计分析

3.2.1 基于文献计量方法筛选地震液化重要影响因素

1. 文献计量方法简述

文献计量学是基于数学、统计学和文献学对搜集相关文献的数量、品质和问题本质进行定量地描述或分析其数据特点和变化规律[302]。其中，定量描述文献品质的指标是期刊的影响因子和文献的被引用频次，期刊的影响因子是国际上通用的期刊评价指标，可以客观反映该年期刊中所有文献的档次，而文献的被引用频次可以反映同一档次期刊中文章的水平。因此，将这两个指标融合在一起，可以直观且客观地反映单篇文献在该研究领域的品质高低。以往的文献计量研究只是对研究问题的影响因素在文献中出现的频次进行统计，然后从中筛选出频次较高的因素作为重要影响因素，而未考虑文献的品质问题。本研究将综合考虑统计频次和文献品质，从地震液化的众多影响因素中筛选出相对重要的因素。

自 1964 年地震液化问题引起学术界的广泛关注之后，关于地震液化影响因素研究的文献已有很多，但每篇文献的研究或提及的地震液化重要影响因素并不全面，而且不统一，从物理机理上去找出众多液化因素中相对重要的因素又不太可能。因此，文献计量法为筛选地震液化重要影响因素提供了一个途径。首先假设：

（1）文献对某一影响因素研究越多，则其越重要；

（2）出现在一篇文献中被探讨的影响因素的重要性是相同的。

然后，采用影响因素的权重 w_i 来表示其重要性，$\bar{w}$ 表示各影响因素的平均权重，当 $w_i \geqslant \bar{w}$ 时，则该因素为重要影响因素，反之，则不是。其计算公式如下：

$$\mathrm{SIF} = \mathrm{IF} \frac{\mathrm{SC}}{\Delta t} \tag{3.1}$$

$$w_i = \frac{\sum\limits_{j=1}^{n} \dfrac{SIF_j - SIF_{\min}}{SIF_{\max} - SIF_{\min}} S_{ij}}{n} \tag{3.2}$$

$$\bar{w} = \sum\limits_{i=1}^{m} w_i / m \tag{3.3}$$

式中，SIF 为单篇文献的影响因子；IF 为期刊的影响因子；SC 为单篇文献的被引用频次；Δt 为文献出版年份到目前的年份差值；$S_{ij} = 0$ 或 1，当影响因素出现在文献的研究中，则等于 1，反之等于 0；n 为搜集的文献总量；m 为影响因素的个数。

基于文献计量法筛选的因素往往存在有些无法定量描述或很难从历史数据中获取的情况，于是对于重要因素的筛选还应做进一步筛选，以便后续评估模型的计算。筛选原则为[303]：

（1）若为重要且直接的影响因素，不需要通过其他影响因素计算得到；

（2）可以直接从原位试验或历史数据中得到；

（3）容易获取且可以定量确定。

2. 文献检索

本研究以"地震""砂土液化"和"影响因素"为联合主题，在常用文献检索网站中检索 1994～2013 年的中英文文献，不考虑其他土质液化研究的文献，如粉土液化和砾石土液化。检索详细信息见表 3.1，共检索到相关文献 257 篇，去掉文献作者重复和期刊无影响因子的文献 54 篇，共 203 篇文献作为本次统计分析的文献库。经统计整理后，将地震液化的影响因素分为土体性质、地震特性和场地条件三大类一级因素，然后又将这 3 个一级因素分为多个二级因素，各影响因素和统计频次如表 3.2 所示，共包括 25 个二级影响因素。

检索信息

表 3.1

检索主题	年份	数据库	网址	总文献	有效文献
地震砂土液化影响因素	1994～2013	Web of Knowledge	http://pcs.webofknowledge.com/	257	203
		ASCE	http://ascelibrary.org/		
		Science Direct	http://www.sciencedirect.com/		
		Springer	http://link.springer.com/		
		中国万方数据库	http://www.wanfangdata.com.cn/		
		中国知网数据库	http://www.cnki.net/		

注：ASCE（The American Society of Civil Engineering）为美国土木工程师学会。

地震液化的影响因素汇总

表 3.2

地震液化的影响因素		指标	统计频次
第一级因素	第二级因素		
地震特性	地震震级	M_w	165
	地震烈度	I	59
	震中距	R	55
	作用方向	—	13
	地震频率	f	29
	地震持续时间	t	94
	峰值加速度	a_{max}	107
	动剪应力比	CSR	19
场地条件	可液化层厚度	T_s	66
	可液化层埋深	D_s	159
	上覆有效应力	σ'_{v0}	72
	地下水位	D_w	135
	应力或地震历史	—	47
	地层结构	—	11
	地形地貌	—	35
	地质年代	A	53

地震液化的影响因素		指标	统计频次
第一级因素	第二级因素		
土体性质	土体结构性	—	40
	细粒或黏粒含量	FC 或 ρ_c	126
	颗粒级配	D_{50}、C_u、C_c	115
	颗粒形状	—	11
	相对密度	D_r	161
	饱和度	S_r	20
	超固结比	OCR	60
	排水条件	k	78
	塑性指数	I_P	13

3. 统计结果与分析

期刊的影响因子和文献的被引用次数都来源于 JCR（Journal Citation Reports）平台和 CNKI（China National Knowledge Infrastructure）平台。通过式(3.1)～式(3.3) 计算得到地震液化的 25 个影响因素的权重值，如图 3.2 所示。从该图中很容易看出，震中距、地震震级、峰值加速度、地震持续时间、细粒或黏粒含量、颗粒级配、相对密度、排水条件、固结程度、可液化层厚度、可液化层埋深、上覆有效应力和地下水位超过了平均权重值，初步确定这 13 个影响因素为相对重要影响因素，其他为相对不重要影响因素。下面

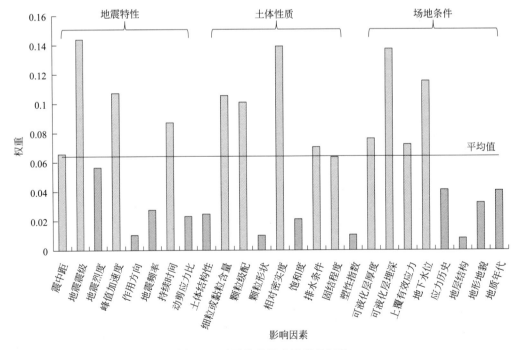

图 3.2 地震液化影响因素的权重

基于搜集的文献针对这 25 个地震液化影响因素分为相对重要影响因素和相对不重要影响因素分别进行分析和讨论。

（1）地震液化的相对重要影响因素

1）地震震级

地震液化程度会因为地震等级的不同而不同，地震等级越大，砂土发生液化的可能性也越大。大量的实际地震液化调查发现，当地震等级 M_w 大于等于 7 级时，液化通常会发生，而当地震等级 M_w 小于 5 级时，目前没有相关液化案例发生。Green 和 Bommer[304]通过场地调研和简化参数研究指出，触发极端条件下地基液化的最小地震等级 M_w 为 4.5 级，但能促使液化引起结构物破坏的最小地震等级 M_w 为 5 级。

2）震中距

地震液化的发生与震中距 R 也密切相关，随着震中距的增加，地震的强度会随着土体的耗能逐渐衰减，在离震中较远的场地，由于动荷载无法达到砂土液化时所需的剪切强度，因此不会发生液化。一般地震液化发生的场地都在地方震（$R<100km$）范围内，也有部分发生在近震（$100km \leqslant R \leqslant 1000km$）范围内，但目前历史液化场地调查均未发现远震（$R>1000km$）范围内发生砂土液化现象。Papadopoulos 和 Lefkopoulos[305]通过调查地震震级 5.8～7.2 的 30 次地震中的场地液化情况，拟合出液化发生的最大震中距与地震震级的关系式，以及发生液化破坏的震中距与震级的关系式。

3）地震持续时间

在同一地震震级情况下，地震的作用时间 t 越长，砂土受到的循环荷载次数越多，孔隙水压力的积累也会越多，发生液化的可能性也就越大。Youd 等[33]认为地震作用时间或荷载振动次数对砂土液化可能性评估的影响是显著的。黄雨等[306]采用数值模拟对比了不同持续时间特征的同一强震对堤坝液化的影响，结果显示地震持续时间对堤坝的超孔隙水压力、加速度响应、变形特性等液化特征有显著影响，地震作用时间越长，堤坝液化的变形越大。此外，在地震液化的简化预测方法中（如 Seed 简化法等），也考虑了地震持续时间的影响。

4）峰值加速度

地表峰值加速度（PGA）是在地震过程中加速度的最大值。在相同震中距、相同土体特性和场地条件的情况下，一般地震等级越大，加速度峰值越大，砂土越容易液化，此外对于一次地震，在相同震中距的场地，如果土体特性和场地条件不一样，加速度峰值也会有较大差别，液化的可能性也会完全不一样，所以峰值加速度是反映地震中场地的运动剧烈程度，可以作为确定烈度的依据。此外，早期的地震液化经验评估方法，如 Seed 简化法，是基于峰值加速建立的。因此，峰值加速度是地震液化的一个重要影响因素。

5）细粒或黏粒含量

当砂土中混入细粒或黏粒后，其土体的抗液化性能会发生明显的变化。对于细粒含量 FC 对砂土抗液化性能的影响研究很多，普遍认为细粒含量对砂土液化的影响存在一个临界值，目前这个界限值还没有统一答案，如 30％、35％或 44％，但都认为当细粒含量小于这个界限值时，砂土的抗液化能力主要是由砂骨架起作用，细粒在砂骨架中起到类似"滚珠"的作用，砂土的抗液化强度随着细粒含量的增加而减小；当细粒含量大于这个界限值时，细粒会吸附在砂骨架周围，起到土骨架的作用，和砂骨架一起抵抗剪切变形，从而提高砂土的抗液化能力[307-313]。对于黏粒含量 CC 对砂土抗液化性能的影响研究也很多，和细粒的影响规律类似，学者们也普遍认为黏粒含量对砂土液化的影响存在一个临界值，为 9% 左右[314-318]。

6）颗粒级配

颗粒级配是土中各个粒径组的相对百分含量，可以表征土的颗粒粗细、土质类别，包括平均粒径 D_{50}、不均匀系数 C_u 和曲率系数 C_c 三个参数。一般平均粒径大、级配好的砂土不容易发生液化，此外，通过大量试验发现不均匀系数大于 10 时，砂土很难液化。Tsuchida[319] 通过大量地震液化和不液化数据总结了液化和不液化土的粒径范围，粒径越大，超孔隙水压力的累积会越慢，砂土越不容易液化，但是也有很多地震液化调查发现大直径的砾石土也发生了液化[320-322]。

7）排水条件

排水条件直接影响地震过程中砂土超孔隙水压力的消散速率，如果场地中上覆土层的渗透系数 k 大、排水路径 D_n 短、排水边界畅通，则在地震作用时产生的超孔隙水压力会通过上覆土层很快消散，砂土内很难聚集达到发生液化所需的超孔隙水压力，因此砂土就不会发生液化。很多研究者[323-325] 通过循环三轴剪切试验或数值模拟发现排水性能微小的变化都会对超孔隙水压力的积累和消散产生显著影响。

8）固结程度

通常采用超固结比 OCR 反映土体的固结程度，它会影响砂土液化过程中的应力状态和应变发展，使孔隙水压力的累积发生改变，进而影响液化。随着固结比的增加，导致液化发生所需的动应力也越大，从而提高了砂土的抗液化强度。王星华等[326] 采用动三轴试验，研究了不同固结比条件下的砂土液化全过程，结果表明砂土的应力、应变和孔隙水压力发展会因固结比的不同而不同，正常固结比的试样会出现受拉破坏早于受压破坏，而其他固结比的试样，其受拉破坏和受压破坏的先后顺序与土的特性以及孔隙水压力的发展有密切关联，超固结比的试样先进入剪胀状态，会抑制砂土残余孔隙水压力的积累，起到抗液化的效果。

9）相对密实度

相对密实度 D_r 与土体的孔隙比 e 密切相关，孔隙比越小，土体越密实，抗液化性能越好。大量的室内试验和场地液化数据显示相对密实度或孔隙比是抗液化的一个重要因素，当纯净砂土和粉质砂土的相对密实度小于 0.5 时，强震中土体很容易发生液化。当相对密实度大于 0.75 时，土体一般不会发生液化，因为对于非常密实的砂土，在循环剪切中会出现剪胀现象，产生的负孔隙水压力会起到抗液化的效果[327]。此外，在实际工程中，相对密实度分别和现场原位试验中的 SPTN、q_c 和 V_s 值都有对应关系，也就是说它们之间可以在地震液化预测中进行近似等价替换。

10）可液化层厚度

日本土木工程协会根据地震液化调查资料发现当可液化砂土层厚度 T_s 大于 3m 时，在强震中砂土肯定会发生液化现象，而 1～3m 厚度的砂土层可能会发生液化。吴亚中[328] 通过对我国唐山地震液化资料的统计，发现砂土单层临界厚度为 2.5m，小于这个值的砂土层不会发生液化。砂土层的厚度会影响地震中孔隙水压力的聚集程度，厚度越小，砂土层中的含水量越少，地震时只有少量孔隙水在砂土层中聚集，很难达到液化发生所需要的超孔隙水压力。此外，砂土层厚度也会直接影响液化后喷砂冒水的发生，较厚的砂土层在液化后，会更容易聚集足够大的超孔隙水压力，抵抗上覆土的有效应力，当超孔隙水压力大于上覆土的有效应力时，液化土会冲破上覆土层，将土层的颗粒带出地表，发生喷砂冒水现象。另外，可液化层的厚度也会直接影响液化后地基的沉降，较厚液化层发生的地基沉降会明显大于较薄液化土层引起的沉降。

11）可液化层埋深

通常土层埋深越深，上覆有效应力越大，可液化层需要达到液化时的超孔隙水压力要越大，土层越难液化。此外，对于液化后的土层，其随着可液化土层埋深 D_s 的增加，地下结构的上浮和地基的沉降也会随之减小。大量的地震液化现场数据显示，当埋深大于 20m，砂土几乎不会发生液化。

12）上覆有效应力

上覆有效应力 σ'_v 与可液化层的埋深密切相关，随着埋深的增加，上覆有效应力也随之增加，土层的抗液化能力也就越强。大量的地震液化数据显示液化绝大部分发生在液化层的上覆有效应力为 100kPa 之内，即约 10m 以内，很少有在上覆有效应力超过 200kPa 时的液化案例[329]。

13）地下水位

地下水位 D_w 的变化会很大程度地影响地震中砂土层的液化势，随着水位的上升，土体的抗液化强度会随之减小，其液化的可能性就越大，另外，水位上升也会影响土层的密实程度，在一定程度上影响液化的发生。水位的下降会在一定程度上抑制液化的发生，当水位下降到可液化层之下时，这时无论多大地震等级，都不会发生液化，因为液化必须发生在饱和的土体中。周健[330] 通过计算分析地下水位埋深在 2m 左右时为影响地震液化的敏感区域，当水位从 2m 左右开始上升时，对砂土抗液化能力的削弱会更明显。

（2）地震液化的相对不重要影响因素

1）地震烈度

地震烈度 I 是反映地面振动的激烈程度或破坏程度。通常震中距越近，烈度越大，场地发生液化的可能性也就越大，但这个因素可以由地表峰值加速度近似确定，如果地震液化预测模型中同时采用烈度和峰值加速度，则需要考虑多重共性的影响，为了避免模型估计失真或难以预测准确，地震烈度无需再考虑。此外，地表峰值加速度相对于烈度而言比较容易获取。

2）作用方向

虽然很多室内试验结果显示多方向加载造成的砂土液化严重程度要大于单向加载，但对于地震而言，地震波是向四周辐射传播的，包括纵波和横波，对土体的作用是三向的，所以在地震液化评估时，作用方向这个因素可不予以考虑。

3）地震频率

地震频率 f 范围通常为 1～20Hz，在低频率范围内，地震频率对砂土抗液化的影响并不明显，对于更大的地震频率范围，砂土的抗液化强度随着地震频率的增高而略有减小[331]。此外，张建民和王稳祥[331] 还指出在振动荷载相近的情况下，只要振动次数不变，低频长持续时间和高频短持续时间的不同组合对于砂土抗液化强度的影响没有太大差别，这两种情况都会导致砂土液化发生，但当振动的持续时间一定时，较高频率比较低频率的动荷载导致砂土破坏变形的可能性会显著增大。郭莹和贺林[332]通过三轴试验研究了超低频（0.05～1Hz）对砂土液化强度的影响，发现振动频率由 0.05Hz 增加到 1Hz 时，砂土的抗液化强度相差达 25％以上，但这个频率范围已经超出地震的频率范围。秦朝辉等[333]采用三轴仪试验研究了高频振动频率对砂土液化的影响，通过试验结果拟合出了液化时间对数和振动频率对数的线性递减关系式，这只能说明在高频范围内，频率的增加会导致砂土发生液化的时间点提前，并不能确定频率增加，砂土的抗液化强度显著减小。因此，地震频率对实际场地抗液化强度的影响还有待研究。

4）动剪应力比

虽然动剪应力比 CSR 在很多液化评估方法中有考虑，如 Seed 简化法、LR 方法、ANN 方法等，但它是一个中间变量，可以通过峰值加速度和上覆有效应力计算得到，不应该作为地震液化预测模型的变量。如果液化模型中同时存在动剪应力比、峰值加速度和上覆有效应力，则需要考虑多重共性的影响，为了避免模型估计失真或难以预测准确，动剪应力比可以不用考虑。

5）应力或地震历史

通常认为遭受过地震但未液化的场地比未遭受地震的场地难于液化，但曾经发生过液化的场地由于在超孔隙水压力消散后再次沉积，所形成的结构不稳定，在下次地震中更容易发生液化，甚至是相对较小的地震都有可能引起再次液化[334]。应力或地震历史对场地抗液化能力的影响是一个复杂的过程，并不起决定性作用，先前液化的场地可能在后续地震中未液化，也有可能再液化，而且应力或地震历史属于一个定性变量，在实际中很难获取。

6）地层结构

不同的地层结构对砂土液化势有一定程度的影响，但表现出一种复杂多变的特性，并不起主要影响作用，其对砂土液化的影响很大程度依赖于不同土层的模量[335-336]。此外，实际场地中地层结构非常复杂，不是简简单单的两三层土的组合，很难用某一个指标去描述，因此在地震液化评估时可以不考虑此因素。

7）地形地貌

通常离江河湖海近的场地在地震中容易发生液化，因为这些地方的水资源丰富，水位相对其他地方较高，场地的抗液化能力相对较差，但此因素并不是导致地震液化的根本因素，根本原因在于地下水位的高低，因此地形地貌可不予考虑。

8）地质年代

通常来讲，地质年代 A 会影响地震液化的发生，我国抗震规范里初判时就考虑了这一因素，对于第四纪全新世 Q_4 的土质，特别是 Q_4 的新近沉积土质在地震中较容易发生液化。砂土层埋藏的年代越久，其固结程度和相对密实度越大，抗液化能力也就越好，但这个因素只是地震液化的间接影响因素，它是通过固结程度和相对密实度反映对地震液化的影响，因此在地震液化判别时是可以不考虑的。

9）土体结构性

土体结构性会因沉积环境和方式的不同而不同，也就是其内部颗粒的排列和胶结程度不同。结构性越好，土体的固结程度越好，抗液化强度越高。通常原状土的结构性要好于重塑土，所以其抗液化能力好；老土层的结构性要比新土层的结构性好，所以其抗液化能力要好。但是土的结构性属于微观因素，在实际场地液化评价中无法考虑，而且土体结构性对液化的影响是可以用固结程度表征出来的，因此土体结构性在地震液化中可不予考虑。

10）颗粒形状

圆润的土颗粒相对于不规则的土颗粒而言更容易被压缩，因此颗粒形状对砂土液化有一定的影响。Ashmawy 等[337] 通过离散元法模拟了不同颗粒形状情况下的砂土液化，发现颗粒形状对砂土液化势的影响并不敏感，而且在最大密实度的情况下，砂土的液化势与颗粒形状并不相关，只有当砂土的密实度相同时，颗粒形状才对液化势有一定影响。

11）饱和度

饱和度 D_r 对地震液化影响的相关研究鲜有。通常认为砂土的抗液化强度会随着饱和度的降低而增强，但由于目前试验技术手段的限制，现场场地的饱和度只能通过实测的含水量、相对密实度、孔隙比等物理指标进行换算得出，而且换算出来的值比实际值要偏大。在工程中普遍把地下水位以下的土体看作饱和土，所以对于实际场地的液化评估，地下水位以下的土体都作为饱和土看待，无需考虑饱和度的影响。

12）塑性指数

塑性指数 I_p 在一定程度上反映了土体的黏性，塑性指数对抗液化强度的影响规律和细粒含量的影响一样，随着塑性指数的增加，砂土的抗液化强度先减小后增大，存在一个界限值。根据工程经验，塑性指数小于 10 时，土体容易发生液化，但早期的场地调查数据中很少考虑塑性指数的测量，而是测量土体的细粒含量或黏粒含量，因此该参数难以在地震液化历史数据中获取，而且在地震液化评估中考虑了细粒含量或黏粒含量，可以不用再考虑塑性指数这一因素。

基于上述初步确定地震液化的重要影响因素后，再根据前述的筛选原则，将排水条件和固结程度从中剔除，原因是：在实际工程中，排水条件是个复杂的影响因素，会受土的渗透系数、排水路径和排水边界的影响，很难用一个单一指标去定量描述排水条件；虽然超固结比可以被定量描述，但这个指标一般只在室内试验和数值模拟中考虑，不容易从原位试验或历史液化数据中得到。此外，在文献检索中，未考虑土质类别这一因素，对于不同的土质，其液化难易程度不同，其中黏土、粉质黏土是无法液化的，砾石土、粉质土较难液化，纯净砂土和其他土质相比较容易液化，而且对于地震中场地的液化评估会涉及不同类型土质的评估，所以有必要将这一因素归纳到重要影响因素中。最后通过筛选适用于液化模型评估的重要影响因素为：震中距、地震震级、峰值加速度、持续时间、土质类别、细粒或黏粒含量、颗粒级配、相对密实度、可液化层厚度、可液化层埋深、上覆有效应力和地下水位，这 12 个因素的层次结构如图 3.3 所示。

3.2.2　基于最大信息系数方法筛选地震液化重要影响因素

上述从文献计量和文献分析的角度，定性地筛选出了地震液化的重要影响因素。本小节将基于 V_s 历史液化数据库，采用最大信息系数方法从定量的角度来筛选地震液化的重要影响因素，并分析这两种方法的结果差异。

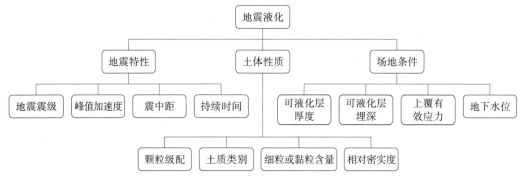

图 3.3　地震液化重要影响因素的层次结构

（1）最大信息系数方法简介

由于液化势（Liquefaction Potential，LP）与其因素之间的关系是高度非线性的，因此本小节引入了一种新的方法，即最大信息系数（Maximal Information Coefficient，MIC）关联性分析方法，来定量衡量各因素对液化势的贡献和非线性关系。MIC 方法是基于互信息理论建立的，最初由哈佛大学 Reshef 等[338] 在《Science》杂志上提出，并证明与互信息方法相比，MIC 方法能捕获更广泛的关联关系，并且不需要变量的分布函数和数据类型。

MIC 方法的计算过程如图 3.4 所示，其主要思想为：假设两个变量之间存在某种关联关系，则使用某种特定规模的网格来划分这两个变量联合样本的散点图，如图 3.4(a) 所示，可以划分成 2×2、2×3 或 $x \times y$ 等不同的网格，再利用网格的边际概率密度函数和联合概率密度函数计算这两个变量的互信息值；然后找出每个网络划分方式下的最大互信息，并利用归一化的结果来组成一个特征矩阵，如图 3.4(b) 所示；最后，将结果绘制为可视化的表面，识别出两个变量之间的最大关联性值，即最大 MIC 值，如图 3.4(c) 所示。具体计算公式如下：

$$MIC(x,y) = \max_{x \times y < B(n)} \frac{\max\{I(x,y)\}}{\log_2(\min\{x,y\})}$$

$$= \max_{x \times y < B(n)} \frac{\max \sum^{i} \sum^{j} P(x_i, y_j) \log_2 P(x_i, y_j) / \{P(x_i) P(y_j)\}}{\log_2(\min\{x,y\})}$$

$$(3.4)$$

式中，x 和 y 是两个随机变量，组成一个有限有序对的数据集；X 轴和 Y 轴分别被划分为 x 和 y 个网格，i 和 j 分别是网格的行号和列号；$I(x,y)$ 是网格中两个变量的互信息，若固定网格的划分数，则通过改变网格划分位置，会得到不同的互信息值；n 是数据集的样本量；$x \times y < B(n)$ 表示网格边界，通常 $B(n) = n^{0.6}$，$P(x_i)$ 和 $P(y_i)$ 分别是 x_i 和 y_i 处信息熵的概率；$P(x_i, y_j)$ 是两个变量的联合概率密度。

通常，如果 $MIC(x,y) \geqslant 0.9 \max MIC(X)$ 或 $MIC(y,x) \geqslant 0.9 \max MIC(Y)$，那么变量 x 和 y 是关联的。因此，MIC 方法可以获得变量之间的大部分正确连接关系[339]。$\max MIC(X)$ 和 $\max MIC(Y)$ 分别是给定行和列中的最大值。此外，如果 $MIC(x_1, y)$ 远小于其他 $MIC(x_i, y)$（$i \neq 1$），则变量 x_1 对 y 几乎没有影响，也就是说 x_1 和 y 没有关

联性。

与传统统计度量标准相比，MIC 方法具有两个优势，即普适性和均匀性这两个性质。其中，普适性是指当数据规模足够大的时候，MIC 方法能够捕捉大规模有意义的关系，并不仅仅局限于某种函数关系，如线性、指数型和周期型等，或者可以均衡覆盖所有函数关系；均匀性是指当样本量足够大时，对于不同类型函数关系，当给予相同噪声的时候，MIC 方法会计算得出相近或者相似的系数值。例如，对于具有相同噪声的线性关系和正弦关系，一个好的评估检测方法应该计算得出的相关系数值相差不大。

根据互信息的性质，可得到 MIC 方法的性质如下：

（1）MIC 值是最大互信息归一化后的结果，因此 MIC 值在 0～1 之间；

（2）由于互信息具有对称性，则 $MIC(x,y)=MIC(y,x)$；

（3）MIC 方法在保序变换下具有不变性，即当变量 x 和 y 的数据进行变换但排序位置不变时，其特征矩阵不会发生变化，则 MIC 值也不会发生变化。

MIC 值随着样本容量增加时，会具有以下性质：

（1）对常数噪声函数关系，MIC 值依概率收敛到 1；

（2）对无噪声函数关系，MIC 值依概率收敛到 1；

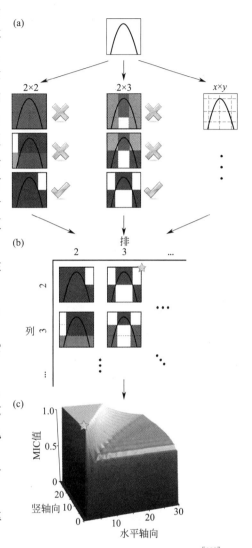

图 3.4　MIC 方法计算过程示意图[338]

（3）对于独立的两个变量之间的 MIC，MIC 值依概率收敛到 0。

对于 MIC 方法的计算过程，难点就在于怎样才能获得两个变量的所有网格划分中最大的互信息，即寻找 $I(x,y)$，这需要花费较多的时间，容易导致计算效率低。Reshef 等[338] 在他们的算法设计中并未给出 MIC 算法求解的精确解，但给出了一个多项式近似求解过程，其算法伪代码如表 3.3 所示。

MIC 算法伪代码

表 3.3

MIC 算法：
输入：变量 x 和 y 的数据集合 $D=\{(x_i,y_i),i=1,2,\cdots,n\}$
$B(n)$ 是大于等于 3 的整数

MIC 算法:
输出:特征矩阵 $\boldsymbol{M}_{x,y}$

令 $D^{\perp} \leftarrow \{(x_i, y_i), i=1,2,\cdots,n\}$

对所有 $y \in \{2,\cdots,[B/2]\}$

　令 $x \leftarrow [B/y]$

　等划分 y 轴

　按 x 值升序排列 D 中的点对,仍记为 D

　优化 x 轴分划,在每个最优分划下得到最大互信息,$(I_{2,y},\cdots,I_{x,y})$

　对 $D^{\perp}$ 重复以上过程,得到 $(I^{\perp}_{2,y},\cdots,I^{\perp}_{x,y})$

对满足 $xy \leqslant B$ 的 (x,y)

　取 $I^{\perp}_{x,y}$ 和 $I_{x,y}$ 中的较大者,仍记为 $I_{x,y}$

　标准化 $I_{x,y}$,令 $\boldsymbol{M}_{x,y} \leftarrow I_{x,y}/\min\{\log x, \log y\}$

（2）地震液化数据来源

影响地震液化的因素很多,第 3.2.1 节已经总结了这些因素。但有些因素很难用某种指标（如颗粒形状、土壤结构等）来表征或量化,或者它们的值难以在历史数据库中获得（例如,渗透系数、液塑极限指数、粒度分布等）。因此,本研究基于 V_s 历史液化数据库,考虑上述两个原则以及数据来源的限制,初步获得了如表 3.4 所示的 19 个因素组成的数据库,共 659 条数据。这些因素分别是 M_w、R、PGA、t、I、FC、D_{50}、ST、V_s、V_{s1}、D_w、D_s、H_n、D_n、σ_v、σ'_v、T_s、DT 和 A,其中 V_{s1} 是考虑覆盖应力校正的剪切波速度,它可以表征关键层的相对密实度[340]。这些数据来自于 40 次历史地震,其中最早的是 1906 年的旧金山地震,最近的是 2011 年的基督城地震。在 659 例中,有 29 例因数据缺失而被删除。在剩余的 630 例中,中国（含台湾）占 253 例,美国占 185 例,新西兰占 94 例,日本占 51 例,世界其他地区占 47 例。

对于每个样本,场地的液化行为都通过二元指标 LP 来表征,如果液化发生了,则 LP＝1,如果没有液化,则 LP＝0,并且被调查的场地仅限于水平和缓坡场地。表 3.4 显示了案例的统计特征,几乎每个变量在组间的比例都不均衡,尤其是对于 LP,液化样本量约为未液化样本量的两倍,并且存在采样偏差,这会影响液化预测模型的性能,但不影响后续路径分析模型的参数估计。收集到的数据几乎涵盖了所有可能的液化情况,例如 M_w 介于 5 到 9.2 之间、PGA 介于 $0.1g$ 到 $0.789g$ 之间、FC 介于 0 到 99％之间、D_{50} 介于 0.006mm 和 33.4mm 之间、V_s 介于 59m/s 到 380m/s 之间、D_w 介于 0 到 7m 之间、D_s 介于 1.1m 到 17.8m 之间等,这有利于后续构建可靠的因果分析模型。

（3）结果分析

首先,对各因素进行多重共线性分析,通常采用相关系数来分析。在本研究中,如果两个变量间的相关系数大于 0.9,那么认为它们之间存在多重共线性。在后续构建模型时,需要剔除存在多重共线性变量中一个变量,进而排除多重共性对后续因果模型结果的影响。对于不同的变量类型采用不同的相关性系数,如 Pearson 相关系数[341] 用于定量描述两个符合正态分布的连续变量之间的关系性;Spearman 相关系数[342] 用于定量描述任何连续变量和序列变量之间的秩相关关系;Kendall 相关系数[342] 用于定量描述两个分类变量之间或任何连续变量和分类变量之间的关联关系。然后，采用 MIC 方法计算因素与液化之间的非线性关系，并确定对 LP 贡献最大的因素。

地震液化历史数据中因素特征统计　　　　　　　　　　　　　　　表 3.4

变量	均值和方差	范围	样本比例(%)	变量	均值和方差	范围	样本比例(%)
M_w	7.05 0.48	$4.5 < M_w < 6$	6.5	$D_w(m)$	2.03 1.923	$0 \leq D_w < 1$	20.8
		$6 < M_w < 7$	40.5			$1 \leq D_w < 2$	36.3
		$7 < M_w < 8$	50.3			$2 \leq D_w < 3$	24.9
		$8 \leq M_w$	2.7			$3 \leq D_w$	17.9
$R(km)$	47.74 1281.51	$0 < R \leq 10$	23.5	$D_s(m)$	5.53 8.25	$0 < D_s < 3$	14.8
		$10 < R \leq 50$	35.1			$3 \leq D_s < 5$	36.2
		$50 < R \leq 100$	32.4			$5 \leq D_s < 10$	40.3
		$100 < R$	9.0			$10 \leq D_s$	8.7
$t(s)$	28.50 626.31	$0 < t \leq 10$	17.5	$\sigma'_v(kPa)$	67.69 1011.34	$0 < \sigma'_v < 30$	4.9
		$10 < t \leq 30$	45.4			$30 \leq \sigma'_v < 50$	30.5
		$30 < t \leq 60$	26.3			$50 \leq \sigma'_v < 100$	48.7
		$60 < t$	10.8			$100 \leq \sigma'_v$	15.9
$PGA(g)$	0.28 0.024	$0 \leq PGA < 0.15$	14.8	$\sigma_v(kPa)$	102.85 2827.78	$0 < \sigma_v < 60$	17.5
		$0.15 \leq PGA < 0.3$	45.4			$60 \leq \sigma_v < 100$	40.8
		$0.3 \leq PGA < 0.4$	13.8			$100 \leq \sigma_v < 200$	26.8
		$0.4 \leq PGA$	26.0			$200 \leq \sigma_v$	14.9
I	7.45 0.893	$I \leq 6$	8.4	$T_s(m)$	3.59 5.74	$0 < T_s < 2$	23.5
		$I = 7$	42.7			$2 \leq T_s < 4$	45.2
		$I = 8$	38.4			$4 \leq T_s < 6$	20.5
		$9 \leq I$	10.5			$6 \leq T_s$	10.4
$D_{50}(mm)$	1.36 12.54	$D_{50} \leq 0.075$	8.7	$D_n(m)$	0.79 1.12	$D_n = 0$	49.8
		$0.075 < D_{50} \leq 0.25$	59.7			$0 < D_n \leq 1$	18.3
		$0.25 < D_{50} \leq 2$	14.4			$1 < D_n \leq 2$	17.5
		$2 < D_{50}$	17.1			$2 < D_n$	14.4
$FC(\%)$	19.88 485.86	$0 < FC < 5$	36.2	$H_n(m)$	1.88 2.88	$H_n = 0$	29.4
		$5 \leq FC < 15$	24.4			$0 < H_n \leq 1$	9.2
		$15 \leq FC < 35$	18.9			$1 < H_n \leq 2$	20.2
		$35 \leq FC < 70$	14.9			$2 < H_n \leq 4$	30.3
		$70 \leq FC$	5.6			$4 < H_n$	11.0
$V_s(m/s)$	158.02 2175.27	$V_s \leq 120$	18.9	ST	—	粉质黏土至黏土质粉砂	5.6
		$120 < V_s \leq 140$	20.6			粉土至砂土混合物	13.3
		$140 < V_s \leq 160$	19.7			砂质粉土至粉质砂土	17.5
		$160 < V_s \leq 200$	26.0			砂土混合物至纯砂	19.0
		$200 < V_s$	14.8			纯砂(FC<5%)	21.9
$V_{s1}(m/s)$	177.22 2017.51	$V_{s1} \leq 140$	17.0			砾石混合物至砾石	2.9
		$140 < V_{s1} \leq 160$	21.9			砾石至砾性砂土	19.8
		$160 < V_{s1} \leq 175$	16.2	DT	—	回填土	1.6
		$175 < V_{s1} \leq 210$	26.0			液压的回填土	6.2
		$210 < V_{s1}$	18.9			倾倒的回填土	2.2
A	—	新生代	18.7			未压实的回填土	1.1
		全新世	70.6			改进的回填土	1.0
		更新世	10.6			冲积层	35.1
LP	—	0	33.5			冲积、河流	52.5
		1	66.5			火山泥石流	0.3

	M_w	R	PGA	t	t****	FC	D_{50}	ST**	V_s	V_{sl}	D_w	D_s	H_n	D_n	σ_v	σ_v'	T_s	DT***	A****	LP**
M_w	1.000	.453**	.213**	.685**	.205**	-0.040	.299**	.156**	.316**	.299**	.091*	.155**	.191**	0.003	.158**	.193**	0.003	.154**	.110**	.199**
R		1.000	.291**	.248**	.284**	-0.038	.134**	.032	.104**	0.067	.102*	.115**	0.025	.080*	.101**	.115**	.080*	-.067	.003	-.085*
PGA			1.000	.281**	.931**	0.033	.143**	.120**	0.038	0.049	0.071	-.121**	0.010	0.047	-.103**	-0.009	-0.052	0.008	.056	.317**
t				1.000	.241**	.080*	.478**	.112**	.396**	.422**	.102*	0.044	.225**	-.105**	0.054	.112**	-.100**	.289**	.354**	.159**
t****					1.000	-.082**	.227**	.177**	.022	.021	.095**	-.145**	-.044	.108**	-.131**	-.018	-.105**	-.023	-.034	.334**
FC						1.000	-.260**	-.792**	-.358**	-.351**	-.242**	-0.038	-.060	-.193**	-0.025	-.151**	0.005	-.204**	-.234**	0.046
D_{50}							1.000	.747**	.362**	.401**	.146**	-.080*	0.004	.079*	-0.069	0.028	-.109**	.135**	0.058	0.049
ST****								1.000	.395**	.404**	.297**	-.080**	-0.025	.176**	-.082*	.109**	.122**	.287**	.170**	.047
V_s									1.000	.917**	.374**	.442**	.250**	.205**	.454**	.536**	.154**	.254**	.324**	.229**
V_{sl}										1.000	.145**	.117**	0.022	.134**	.129**	.177**	0.038	.276**	.346**	.221**
D_w											1.000	.296**	.309**	.563**	.266**	.637**	0.038	0.058	-.037	-.118**
D_s												1.000	.588**	-0.035	.993**	.900**	.399**	-0.035	-.089*	-.164**
H_n													1.000	-.444**	.580**	-.610**	.092**	.090**	.186**	.105**
D_n														1.000	-0.020	.219**	-0.002	-0.011	-.158**	-.244**
σ_v															1.000	.900**	.396**	-0.021	.107**	-.159**
σ_v'																1.000	.307**	.057	.074	-.105**
T_s																	1.000	-.049	-.087*	-.121**
DT***																		1.000	.447**	-0.065
A****																			1.000	-0.041
LP***																				1.000

图 3.5 地震液化影响因素间的相关系数

注: **** 是 Spearman 相关系数; *** 是 Kedndall 相关系数; ** 表示 0.01 显著性水平下显著相关; * 表示 0.05 显著性水平下显著相关。

图 3.5 显示了所选变量的相关性系数，其中 PGA 与 I 之间的 Kendall 相关系数值和 V_s 与 V_{s1}、D_s 与 σ_v、D_s 与 σ'_v 之间的 Pearson 相关系数值均大于或等于 0.9，因此它们之间存在多重共线性。在 PGA 与 I 之间，I 应该被淘汰，因为它是一个主观变量，很难与液化的发生建立物理联系。在 V_s 与 V_{s1} 之间，应该剔除掉 V_{s1}，因为 V_{s1} 是考虑 σ'_v 影响时对 V_s 值的修正，所以如果不剔除掉 V_{s1} 会对液化产生复合影响。在 D_s、σ_v 和 σ'_v 之间，σ'_v 包含了 D_w 对液化的影响，而 D_s 是比其他两个变量更容易获得的常规变量。因此，σ_v 和 σ'_v 被删除。最后，通过这些分析，保留了 15 个因素，分别是 M_w、R、PGA、t、FC、D_{50}、ST、V_s、D_s、D_w、H_n、D_n、T_s、DT 和 A，以便后续使用 MIC 方法进一步定量地确定其对液化触发的贡献度。在这里需要注意的是，上述被剔除的变量并不意味着它们不重要，而是与其他变量存在多重共线问题，如果其他变量在后续的 MIC 方法分析中是重要因素，那么和它存在多重共线性的变量也属于重要因素。

图 3.6 显示了 LP 和上述初步筛选的 15 个因素间的 MIC 值，其中 ST、DT 和 A 的 MIC 值远小于其他因素的 MIC 值。因此，t、R、M_w、V_s、FC、PGA、D_{50}、D_n、D_w、H_n、T_s 和 D_s 被认为是关键因素。需要指出的是，多重共线性分析中排除的 I、V_{s1}、σ_v 和 σ'_v 因素对 LP 并非不敏感，它们的 MIC 值分别为 0.13、0.20、0.24 和 0.28，这表明它们也是关键因素。

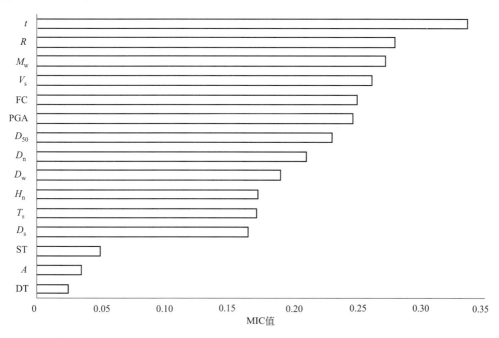

图 3.6　地震液化影响因素和 LP 的 MIC 值

图 3.7 显示了上述筛选的 12 个关键因素之间的 MIC 值。其中，MIC 值大于行或列中 0.9 倍最大 MIC 值的有 $MIC(M_w, t)$、$MIC(M_w, PGA)$、$MIC(R, t)$、$MIC(R, PGA)$、$MIC(PGA, t)$、$MIC(FC, D_{50})$、$MIC(V_s, D_{50})$、$MIC(D_w, D_n)$、$MIC(D_s, V_s)$、$MIC(H_n, D_n)$ 和 $MIC(T_s, D_s)$。因此，它们之间存在关联关系，如图 3.8(a) 所示。可以看出，这些变量之间的关系没有方向性，因为 MIC 方法只能识别变量之间的非线性相关。为了获得变量之间的因果关系，根据表 1.2 和第 3.2.1 节因素分析中的领域知识，可确定这些变量

的因果方向。例如，对于同一站点，M_w 越大，PGA 越大，因此 M_w 影响 PGA，而不是 PGA 影响 M_w，也就是说 M_w 指向 PGA。因此，知道因素间存在强关联性之后，再使用领域知识来确定因果方向就显得非常简单方便。当研究问题不包括领域知识时，可以使用其他数学方法计算因果方向[339]。特别地，FC 和 D_{50} 之间没有直接的物理关系，但通常 D_{50} 会随着 FC 的增加而降低，反过来，FC 增加后，土颗粒的 D_{50} 也会随之减小，它们之间存在一种互为因果的联系。因此，为了后续计算方便，本研究假设 FC 是 D_{50} 的原因。确定的因果模型如图 3.8(b) 所示，箭头方向表示因果关系。该因果模型既可以用于后续的因素效应分析，又可以直接作为某些方法的结构模型（如 BN 模型结构），用于液化的预测。

	M_w	R	PGA	t	FC	D_{50}	V_s	D_w	D_s	H_n	D_n	T_s
M_w		**0.628**	**0.504**	**0.817**	0.421	0.580	0.301	0.228	0.180	0.343	0.301	0.185
R	0.628		0.557	**0.715**	0.368	0.437	0.253	0.227	0.290	0.269	0.333	0.226
PGA	0.504	0.557		**0.558**	0.330	0.374	0.191	0.195	0.179	0.254	0.225	0.136
t	**0.817**	**0.715**	**0.558**		0.433	0.513	0.300	0.205	0.222	0.364	0.349	0.196
FC	0.421	0.368	0.330	0.433		**0.693**	0.287	0.264	0.219	0.249	0.244	0.189
D_{50}	0.580	0.437	0.374	0.513	**0.693**		**0.360**	0.266	0.184	0.206	0.273	0.218
V_s	0.301	0.253	0.191	0.300	0.287	**0.360**		0.248	0.298	0.197	0.173	0.196
D_w	0.228	0.227	0.195	0.205	0.264	0.266	0.248		0.233	0.191	**0.357**	0.169
D_s	0.180	0.290	0.179	0.222	0.219	0.184	0.298	0.233		0.289	0.211	**0.326**
H_n	0.343	0.269	0.254	0.364	0.249	0.206	0.197	0.191	0.289		**0.604**	0.191
D_n	0.301	0.333	0.225	0.349	0.244	0.273	0.173	**0.357**	0.211	**0.604**		0.221
T_s	0.185	0.226	0.136	0.196	0.189	0.218	0.196	0.169	**0.326**	0.191	0.221	

图 3.7　12 个液化重要因素间的 MIC 值

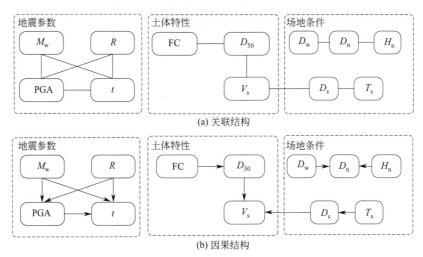

图 3.8　12 个液化重要因素间的连接关系

综上，除排水条件 D_n、H_n 和土质类别外，本小节研究确定的 12 个关键因素与第 3.2.1 节得出的结论几乎相同。对于未选择的因素，如渗透系数 k、颗粒级配中的 C_u 和 C_c、地层结构等，如果能获取到它们的数据，并计算得到它们的 MIC 值较大，则可将其确定为显著因素，反之亦然。此外，值得注意的是，在多重共线性分析中被剔除的 I、σ_v、σ'_v 和 V_{s1} 也是重要影响因素，因为和它们存在多重共线性的 PGA，D_s 和 V_s 被筛选为关键因素，所以在预测液化问题时，可以根据数据库和具体问题酌情考虑和挑选这些因素。

3.3　基于解释结构模型的地震液化重要因素层次结构分析

地震液化是一个包含了多种类型影响因素的复杂系统，使其形成了一个高度非线性的复杂问题。本节将基于文献计量方法筛选的地震液化重要影响因素结果，采用解释结构模型对这些重要因素进行分析，从中找出地震液化的直接影响因素、中层影响因素和深层根本影响因素，并分析其结构层次关系。

3.3.1　解释结构模型方法的原理

解释结构模型是 1973 年美国 John Warfield 教授在分析复杂的社会经济系统问题时提出的一种结构模型化方法。该方法通过专家知识或实践经验将复杂不清晰的系统问题分解成若干个子系统要素，利用有向图、逻辑运算和计算机技术帮助，对要素间的相互关系或信息进行处理，将系统问题转化成一个多级递阶的层次结构图，并加以文字说明，明确系统的层次结构和要素间的联系。该方法特别适用于关系复杂、变量众多、结构不清晰的系统问题分析，其建模过程主要包括如下几个步骤[343]：

（1）选取与描述问题或系统有关的变量或要素。

（2）通过领域知识、实践经验或者专家咨询等方式确定变量间的因果关系。

（3）把变量之间的因果关系图转化成邻接矩阵 A。例如系统 S 含有 n 个变量，$S = \{s_i | i = 1, 2, \cdots, n\}$ 或 $\{s_j | j = 1, 2, \cdots, n\}$，则系统的邻接矩阵

$$A = \begin{array}{c} \\ s_1 \\ s_2 \\ \vdots \\ s_i \\ \vdots \\ s_n \end{array} \begin{array}{cccccc} s_1 & s_2 & \cdots & s_j & \cdots & s_n \\ \left[\begin{array}{cccccc} a_{11} & a_{12} & \cdots & a_{1j} & \cdots & a_{1n} \\ a_{21} & a_{22} & \cdots & a_{2j} & \cdots & a_{2n} \\ \vdots & \vdots & & \vdots & & \vdots \\ a_{i1} & a_{i2} & \cdots & a_{ij} & \cdots & a_{in} \\ \vdots & \vdots & & \vdots & & \vdots \\ a_{n1} & a_{n2} & \cdots & a_{nj} & \cdots & a_{nn} \end{array}\right] \end{array}$$

，其中 a_{ij} 为邻接矩阵 A 中变量 s_i 与 s_j 之间的

关系，$a_{ij} = 1$ 表示 s_i 对 s_j 有影响，$a_{ij} = 0$ 表示 s_i 对 s_j 没有影响。

（4）生成可达矩阵 M。可达矩阵是表示系统中要素或变量间通过任意次传递二元关系或有向图上任意两个节点之间可以通过任意长的路径达到的方阵。可达矩阵 M 计算公式为：

$$M = (A + I)^{n+1} = (A + I)^n \neq \cdots \neq (A + I)^2 \neq (A + I) \tag{3.5}$$

式中，幂运算采用布尔代数运算法则进行计算，n 为可达矩阵的路径长，表示无回路情况下最大的传递次数；I 为单位矩阵。

（5）对可达矩阵 M 进行层次化处理获得骨架矩阵。在可达矩阵 M 中找到第 i 行值为 1 的列所对应的要素或变量组成一个集合，称之为可达集 $R(s_i)$。同理，在可达矩阵 M 中找到第 j 列值为 1 的行所对应的要素或变量组成一个集合，称之为前因集 $A(s_i)$。求解变量集合 L_1 为最高级变量集合的充要条件是：

$$R(s_i) = R(s_i) \bigcap A(s_i) \tag{3.6}$$

求得集合 L_1 后，把原来 M 中与 L_1 对应要素或变量的行和列剔除，得到新矩阵 M'。

再对 $\boldsymbol{M}'$ 按上述方法继续获得次高级因素集合 L_2，同样再把 $\boldsymbol{M}'$ 中与 L_2 对应的变量的行和列剔除，以此类推得到 $L_3,\cdots,L_n$，形成一个多层次的骨架矩阵结构。

（6）在骨架矩阵的基础上根据同级或相连级别中变量的关系一一连线，绘制成多级递阶有向图，忽略跨级变量的关系，最终建立解释结构模型。

3.3.2　地震液化重要因素的解释结构模型构建

在第 3.2.1 节中，已经确定了适用于地震液化评估模型的 12 个具有代表性的主要影响因素，分别是：地震等级 s_1、震中距 s_2、地震持续时间 s_3、峰值加速度 s_4、细粒或黏粒含量 s_5、土质类别 s_6、颗粒级配 s_7、相对密实度 s_8、上覆有效应力 s_9、地下水位 s_{10}、可液化层埋深 s_{11} 和可液化层厚度 s_{12}。根据领域知识和专家咨询对上述 12 个影响因素和地震液化势 s_{13}（作为地震液化判别的一个指标）确定各变量间的相互影响关系，如图 3.9 所示。V 表示横排因素影响纵排因素，A 表示纵排因素影响横排因素，O 表示两个因素之间没有关系，X 表示两个因素相互影响。

s_1	s_2	s_3	s_4	s_5	s_6	s_7	s_8	s_9	s_{10}	s_{11}	s_{12}	s_{13}	
	O	V	V	O	O	O	O	O	O	O	O	V	s_1
		V	V	O	O	O	O	O	O	O	O	V	s_2
			O	O	O	O	O	O	O	O	O	V	s_3
				O	A	O	O	O	O	O	O	V	s_4
					A	V	V	O	O	O	O	V	s_5
						V	V	V	O	O	O	V	s_6
							V	V	O	O	O	V	s_7
								A	A	A	O	V	s_8
									A	A	O	V	s_9
										O	V	V	s_{10}
											O	V	s_{11}
												V	s_{12}

图 3.9　地震液化重要影响因素的相互关系

将上述影响关系图转换成邻接矩阵为：

$$\boldsymbol{A}=\begin{array}{c}\\s_1\\s_2\\s_3\\s_4\\s_5\\s_6\\s_7\\s_8\\s_9\\s_{10}\\s_{11}\\s_{12}\\s_{13}\end{array}\!\!\begin{array}{c}\begin{array}{ccccccccccccc}s_1&s_2&s_3&s_4&s_5&s_6&s_7&s_8&s_9&s_{10}&s_{11}&s_{12}&s_{13}\end{array}\\\left[\begin{array}{ccccccccccccc}0&0&1&1&0&0&0&0&0&0&0&0&1\\0&0&1&1&0&0&0&0&0&0&0&0&1\\0&0&0&0&0&0&0&0&0&0&0&0&1\\0&0&0&0&0&0&0&0&0&0&0&0&1\\0&0&0&0&0&0&1&1&0&0&0&0&1\\0&0&0&0&0&0&1&1&1&0&0&0&1\\0&0&0&0&0&0&0&1&0&0&0&0&1\\0&0&0&0&0&0&0&0&0&0&0&0&1\\0&0&0&0&0&0&0&0&0&0&0&0&1\\0&0&0&0&0&0&0&1&1&0&0&0&1\\0&0&0&0&0&0&0&1&1&0&0&0&1\\0&0&0&0&0&0&0&0&0&0&0&0&1\\0&0&0&0&0&0&0&0&0&0&0&0&0\end{array}\right]\end{array}$$

根据式（3.4），通过 MATLAB 软件计算可达矩阵为：

$$\boldsymbol{M}=\begin{array}{c} \\ s_1 \\ s_2 \\ s_3 \\ s_4 \\ s_5 \\ s_6 \\ s_7 \\ s_8 \\ s_9 \\ s_{10} \\ s_{11} \\ s_{12} \\ s_{13} \end{array}\overset{\begin{array}{ccccccccccccc} s_1 & s_2 & s_3 & s_4 & s_5 & s_6 & s_7 & s_8 & s_9 & s_{10} & s_{11} & s_{12} & s_{13} \end{array}}{\left[\begin{array}{ccccccccccccc} 1 & 0 & 1 & 1 & 0 & 0 & 0 & 0 & 0 & 0 & 0 & 0 & 1 \\ 0 & 1 & 1 & 1 & 0 & 0 & 0 & 0 & 0 & 0 & 0 & 0 & 1 \\ 0 & 0 & 1 & 0 & 0 & 0 & 0 & 0 & 0 & 0 & 0 & 0 & 1 \\ 0 & 0 & 0 & 1 & 0 & 0 & 0 & 0 & 0 & 0 & 0 & 0 & 1 \\ 0 & 0 & 0 & 0 & 1 & 0 & 1 & 1 & 0 & 0 & 0 & 0 & 1 \\ 0 & 0 & 0 & 1 & 1 & 1 & 1 & 1 & 1 & 0 & 0 & 0 & 1 \\ 0 & 0 & 0 & 0 & 0 & 0 & 1 & 0 & 1 & 0 & 0 & 0 & 1 \\ 0 & 0 & 0 & 0 & 0 & 0 & 0 & 1 & 0 & 0 & 0 & 0 & 1 \\ 0 & 0 & 0 & 0 & 0 & 0 & 0 & 1 & 1 & 0 & 0 & 0 & 1 \\ 0 & 0 & 0 & 0 & 0 & 0 & 0 & 1 & 1 & 1 & 0 & 0 & 1 \\ 0 & 0 & 0 & 0 & 0 & 0 & 0 & 1 & 1 & 0 & 1 & 0 & 1 \\ 0 & 0 & 0 & 0 & 0 & 0 & 0 & 0 & 0 & 0 & 0 & 1 & 1 \\ 0 & 0 & 0 & 0 & 0 & 0 & 0 & 0 & 0 & 0 & 0 & 0 & 1 \end{array}\right]}\begin{array}{c} 驱动力 \\ 4 \\ 4 \\ 2 \\ 2 \\ 4 \\ 7 \\ 3 \\ 2 \\ 3 \\ 4 \\ 4 \\ 2 \\ 1 \end{array}$$

依赖性　　1　1　3　4　2　1　3　6　5　1　1　1　13

按照第 3.2.1 节中的步骤（5）进行层次级别划分，划分过程如表 3.5 所示。划分结果为：第 1 级 $L_1=\{s_{13}\}$，第 2 级 $L_2=\{s_3,s_4,s_8,s_{12}\}$，第 3 级 $L_3=\{s_1,s_2,s_7,s_9\}$，第 4 级 $L_4=\{s_5,s_{10},s_{11}\}$ 和第 5 级 $L_5=\{s_6\}$。根据级别和变量关系建立地震液化重要影响因素的解释结构模型，如图 3.10 所示。

可达集和前因集关系　　　　　　　　　　　　　　　　　　　　表 3.5

变量 s_i	可达集 $R(s_i)$	前因集 $A(s_i)$	交集 $R(s_i)\bigcap A(s_i)$	层次
s_1	s_1、s_3、s_4、s_{13}	s_1	s_1	
s_2	s_2、s_3、s_4、s_{13}	s_2	s_2	
s_3	s_3、s_{13}	s_1、s_2、s_3	s_3	
s_4	s_4、s_{13}	s_1、s_2、s_4、s_6、s_{10}	s_4	
s_5	s_5、s_7、s_8、s_{13}	s_5、s_6	s_5	
s_6	s_4、s_5、s_6、s_7、s_8、s_9、s_{13}	s_6	s_6	
s_7	s_7、s_8、s_{13}	s_5、s_6、s_7	s_7	
s_8	s_8、s_{13}	s_5、s_6、s_7、s_8、s_9、s_{10}、s_{11}	s_8	
s_9	s_8、s_9、s_{13}	s_6、s_9、s_{10}、s_{11}	s_9	
s_{10}	s_8、s_9、s_{10}、s_{13}	s_{10}	s_{10}	
s_{11}	s_8、s_9、s_{11}、s_{13}	s_{11}	s_{11}	
s_{12}	s_{12}、s_{13}	s_{12}	s_{12}	
s_{13}	s_{13}	s_1、s_2、s_3、s_4、s_5、s_6、s_7、s_8、s_9、s_{10}、s_{11}、s_{12}、s_{13}	s_{13}	1
s_1	s_1、s_3、s_4	s_1	s_1	
s_2	s_2、s_3、s_4	s_2	s_2	
s_3	s_3	s_1、s_2、s_3	s_3	2
s_4	s_4	s_1、s_2、s_4、s_6、s_{10}	s_4	2
s_5	s_5、s_7、s_8	s_5、s_6	s_5	

变量 s_i	可达集 $R(s_i)$	前因集 $A(s_i)$	交集 $R(s_i)\bigcap A(s_i)$	层次
s_6	s_4、s_5、s_6、s_7、s_8、s_9	s_6	s_6	
s_7	s_7、s_8	s_5、s_6、s_7	s_7	
s_8	$\boldsymbol{s_8}$	s_5、s_6、s_7、s_8、s_9、s_{10}、s_{11}	$\boldsymbol{s_8}$	2
s_9	s_8、s_9	s_6、s_9、s_{10}、s_{11}	s_9	
s_{10}	s_8、s_9、s_{10}	s_{10}	s_{10}	
s_{11}	s_8、s_9、s_{11}	s_{11}	s_{11}	
s_{12}	$\boldsymbol{s_{12}}$	s_{12}	$\boldsymbol{s_{12}}$	2
s_1	$\boldsymbol{s_1}$	s_1	$\boldsymbol{s_1}$	3
s_2	$\boldsymbol{s_2}$	s_2	$\boldsymbol{s_2}$	3
s_5	s_5、s_7	s_5、s_6	s_5	
s_6	s_5、s_6、s_7、s_9	s_6	s_6	
s_7	$\boldsymbol{s_7}$	s_5、s_6、s_7	$\boldsymbol{s_7}$	3
s_9	$\boldsymbol{s_9}$	s_6、s_9、s_{10}、s_{11}	$\boldsymbol{s_9}$	3
s_{10}	s_9、s_{10}	s_{10}	s_{10}	
s_{11}	s_9、s_{11}	s_{11}	s_{11}	
s_5	$\boldsymbol{s_5}$	s_5、s_6	$\boldsymbol{s_5}$	4
s_6	s_5、s_6	s_6	s_6	
s_{10}	$\boldsymbol{s_{10}}$	s_{10}	$\boldsymbol{s_{10}}$	4
s_{11}	$\boldsymbol{s_{11}}$	s_{11}	$\boldsymbol{s_{11}}$	4
s_6	$\boldsymbol{s_6}$	s_6	$\boldsymbol{s_6}$	5

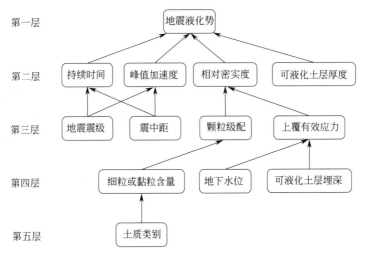

图 3.10　地震液化重要影响因素的解释结构模型

3.3.3　地震液化的重要因素的结构关系分析

根据图 3.10 中的解释结构模型，地震液化的影响因素被分为 5 个层次，这 5 个层次中的因素是逐层影响，最后通过第一层中的地震液化势来判别液化的发生。土质类别在模型的最底层，是地震液化的最根本影响因素，不同土质的液化难易程度相差甚远，黏土和黏质粉土不可能液化、粉土和砾石很难发生液化、纯净砂土和其他土质类型相比较容易液化。如果场地土层为黏土或黏质粉土，可直接判别为不液化，如果场地为其他土质，则需要再考虑第四层中的黏粒含量、地下水位和埋深的影响，作进一步判别。如果土体的细粒或黏粒含量超过阈值，或者土层在地下水位以下，又或者埋深在 20m 以下，则可以直接判别为不液化，反之则需要再继续考虑其他因素，如第三层中的地震震级、震中距、颗粒级配和上覆有效应力，这 4 个因素为间接影响因素，是通过其他因素（如第二层中的因素）影响土体液化的发生。第二层中的地震持续时间、峰值加速度、相对密实度和可液化层厚度是地震液化的最直接影响因素，地表峰值加速度和地震持续时间直接反映了作用于土体荷载的大小和循环次数，是砂土发生液化的必要条件，也是直接条件，而相对密实度和可液化层厚度反映了地震作用过程中砂土层的超孔隙水压力聚集难易度和程度，也属于直接条件。第一层中的地震液化势是用来度量液化发生的概率，是地震液化发生的判别指标，不算是影响因素。

上述从解释结构模型的直观角度分析了各因素对地震液化的影响，下面通过计算地震液化影响因素的驱动力与依赖性大小来进一步分析各因素的影响程度。根据可达矩阵 M 中各个因素的驱动力值和依赖性值可绘制地震液化因素的驱动力与依赖性关系图，如图 3.11 所示。地震液化因素被分成了 4 个集群：I 表示独立群，在这个集群中因素的驱动力和依赖性较弱。地震等级 s_1、震中距 s_2、地震持续时间 s_3、峰值加速度 s_4、细粒或

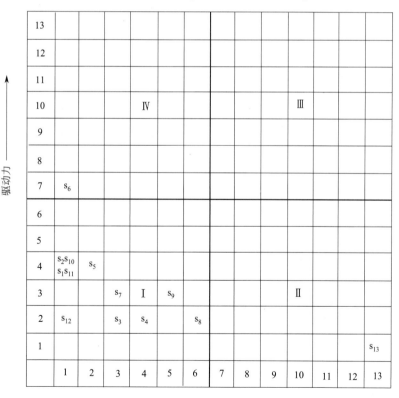

图 3.11　地震液化重要因素的驱动力与依赖性关系图

黏粒含量 s_5、颗粒级配 s_7、相对密实度 s_8、竖向有效应力 s_9、地下水位 s_{10}、可液化层埋深 s_{11} 和可液化层厚度 s_{12} 都落在了该集群中，其中地震等级、震中距、细粒或黏粒含量、地下水位和可液化层埋深的驱动能力要强于其他因素，可不依赖于其他因素去判别砂质土的液化，如果在地震液化数据因素考虑较少的情况下，可采用这几个因素去预测液化也可以得到不错的效果。Ⅱ表示依赖群，在这个集群中的因素有很弱的驱动力，但有较强的依赖性，液化势 s_{13} 落在了这个集群，该因素不是地震液化的影响因素，而是一个判别指标，恰好验证了其驱动力差，需要依赖于其他因素对液化进行判别。Ⅲ表示联动群，在这个集群中的因素有很强的驱动力和依赖性，因素间既相互影响又直接影响液化系统，所以这个集群的因素是不稳定的。本模型中没有任何因素落在这个集群中，这说明本模型中的液化影响因素都是相对稳定的。Ⅳ表示驱动群，在该集群中的参数有很强的驱动力，但依赖性很弱，常常为系统的最关键因素，也是本质因素。土质类别 s_6 落在了这个集群，为液化的最本质因素。

3.4　基于路径分析方法的地震液化因果模型分析

上一节采用解释结构模型对地震液化重要因素进行分析，从中识别了地震液化的直接影响因素、中层影响因素和深层根本影响因素，并分析其结构层次关系。但由于地震液化的影响因素相互关联、相互制约，所以因素对液化触发的影响会存在直接和间接作用（也叫中介作用）。因此，本节将基于 V_s 数据库，采用路径分析方法进一步定量分析重要因素对液化触发的影响，厘清因素间的因果关联程度和对液化的直接和中介效应。研究思路如图 3.12 所示，首先，由于路径分析方法缺乏对因素关系的主观假设，所以在收集到的数据和因素的基础上，根据第 3.2.2 节的 MIC 方法定量筛选出相对重要的变量，并确定它们的非线性关系；然后，利用领域知识确定因果影响的方向，得到初始路径结构，这样

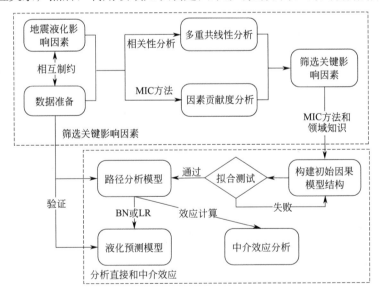

图 3.12　地震液化重要因素筛选与路径分析模型构建流程图

可以大大减少对模型结构的人工调整次数；最后，通过显著性和多重测量指标验证初始结构的拟合效果，当拟合不好时，可以适当增加因子之间的联系，提高模型性能，得到修正后的影响路径模型，直到最终模型通过检验。

3.4.1　路径分析方法的原理及中介效应

路径分析是 Wright[344] 首先提出的一种因果关系分析方法。路径分析模型构建流程图如图 3.13 所示，可以帮助研究人员清楚地理解变量之间的影响路径（图中箭头方向）和因果影响的程度与性质（图中系数的大小和正负性），分析自变量对因变量的直接、中介和总效应。值得注意的是，路径分析是一种检验因果关系的技术，但不能用于发现或搜索因果关系。路径分析方法在心理学、社会学、经济学等领域得到广泛应用，但在土木工程领域应用较少。迄今为止，路径分析方法尚未应用于地震液化分析。由于路径分析不包含潜在变量，因此它是结构方程建模的特例。路径分析包括以下四个步骤：

（1）假设变量之间的因果关系。

（2）收集足够的数据并计算路径系数。Kline[345] 建议样本量应为参数数量的 10 倍（或理想情况下为 20 倍）。路径系数的计算是为了求解多个回归方程的回归系数而设计的，通常可以通过某些专业软件来计算，如 SPSS、Amos、Mplus 等商业软件。

（3）模型的检查和修改。回归系数的估计值需要检验统计显著性和 C.R. 的临界比值。如果系数不具有统计显著性（通常大于 0.05）或 C.R. 的绝对值小于 1.96，上述步骤应重复，即重新定义假设并计算路径系数，直到模型的显著性和 C.R. 值满足要求。通过上述测试后，需要使用多个统计拟合指标（后续会介绍）来检验模型的拟合优度。如果测试失败，则需要手动对模型进行修正，例如添加一些新的连接，以提高模型的拟合优度。

（4）效应分析：研究人员可以确定任何自变量对因变量的直接效应和中介效应。例如，在图 3.13(b) 中，直接效应为 c'，中介效应为 $a \cdot b$，其总效应为 $c' + a \cdot b$。

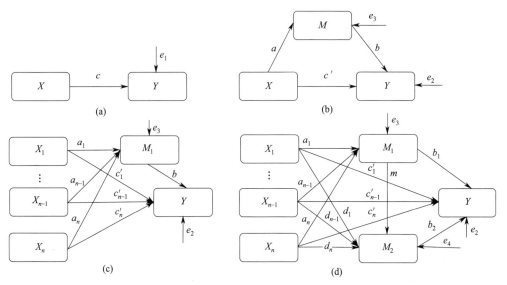

图 3.13　路径分析模型构建流程图

路径分析中用到的统计拟合指标包括：拟合优度的绝对指标、比较指标和简约指标。其中，绝对指标包含似然比值与自由度值的比值 χ^2/df、近似均方根误差（root-mean-square error of approximation，RMSEA）、拟合优度指数（goodness of fit，GIF）和调整后的拟合优度指数（adjusted goodness of fit，AGIF）；比较指标包括比较拟合指数（comparative fit index，CFI）、标准化拟合指数（normed fit index，NFI）、相对拟合指数（relative fit index，RFI）、增量拟合指数（incremental fit index，IFI）和 Tucker-Lewis 拟合指数（Tucker-Lewis fit index，TLI）；简约指数包括简约拟合优度指数（parsimony goodness of fit index，PGFI）、简约范数拟合指数（parsimony normed fit index，PNFI）和简约调整比较拟合指数（parsimony-adjusted comparative fit index，PCFI）。所有这些指标的计算公式及其表示良好拟合模型的标准值（表 3.6）可在参考文献[345-348]中找到。一般来说，一个模型很难满足所有拟合指标的要求。因此，只要大多数指标都能满足其标准值范围，则该模型具有良好的拟合度。此外，Akaike 信息准则（Akaike information criteria，AIC）、贝叶斯信息准则（Bayesian information criteria，BIC）和 Browne-Cudeck 信息准则（Browne-Cudeck criterion，BCC）的值越小，模型拟合越好。

路径分析中的统计拟合指标　　　　表 3.6

统计拟合指标	绝对指标					比较指标				简约指标		
	χ^2/df	P 值	RMSEA	GFI	AGFI	NFI	IFI	TLI	CFI	PGFI	PNFI	PCFI
标准值	<5	<0.05	<0.08	>0.9	>0.9	>0.9	>0.9	>0.9	>0.9	>0.5	>0.5	>0.5

中介效应主要用于研究自变量通过中介变量间接作用于因变量的影响路径和机制。图 3.13(b) 显示了一个简单的中介模型。自变量 X 除了直接影响因变量 Y 外，还可以通过一个变量 M 影响到 Y。因此，M 被认为在 X 和 Y 之间起到了中介作用，称为中介效应。然而，在图 3.13(a) 中，X 对 Y 只产生直接影响，而不存在中介效应。因此，如果 X 对 Y 的影响存在中介效应，但不考虑这个影响，则无法充分解释 X 对 Y 的影响。

在大多数中介效应模型的研究中，当自变量、中介变量和因变量都是连续变量时，可以直接使用线性回归分析来构建模型。但对于因变量为二元变量（如地震液化触发）而自变量是连续变量（如 PGA 等）的情况，这样的研究相对较少。一种常见的方法是在自变量和因变量的分析以及中介分析中使用 LR 来代替线性回归[349]。计算公式如下：

$$M=\beta_3+aX+e_3 \tag{3.7}$$

$$Y'=LogitP(Y=1\,|\,X)=\ln\frac{P(Y=1\,|\,X)}{P(Y=0\,|\,X)}=\beta_1+cX+e_1 \tag{3.8}$$

$$Y''=LogitP(Y=1\,|\,M,X)=\ln\frac{P(Y=1\,|\,M,X)}{P(Y=0\,|\,M,X)}=\beta_2+c'X+bM+e_2 \tag{3.9}$$

式中，M 是一个中介变量；X 是一个自变量；Y 是一个二元因变量（$Y=0$ 或 1）。a、b、c 和 c' 是回归分析中的拟合参数或叫作回归系数，其中 a 表示变量 X 对变量 M 的直接影响；b 表示变量 M 对变量 Y 的直接影响；c 和 c' 分别表示考虑和不考虑变量 M 的影响

情况下变量 X 对变量 Y 的直接影响。$P(Y|X)$ 和 $P(Y|M,X)$ 分别是给定变量 X 或 X 和 M 的条件下 Y 的概率。e_1 和 e_2 分别是图 3.13 中模型（a）和模型（b）中 Y 的残差；e_3 是 M 的残差，β_1、β_2 和 β_3 分别是式(3.7)、式(3.8) 和式(3.6) 中的回归常数项。

在图 3.13(b) 中的路径模型，计算中介效应大小的方法一般有两种；一种是系数差法，即 $c-c'$；另一种是系数乘积法，即 $a \cdot b$。MacKinnon 等[349] 发现与 $c-c'$ 相比，$a \cdot b$ 更接近中介效应的真实值，具有较好的鲁棒性，更能代表中介效应。因此，在本研究中用 $a \cdot b$ 来表示中介效应。但是，LR 模型中 b，c 和 c' 的单位是对数，它们在尺度上与线性回归中的 a 不一致。此外，两个模型中的 c 和 c' 由于对应的自变量也不同，尺度也不一样。因此，不能简单地将 a 和 b 相乘。为了解决不同回归方程的不同尺度问题，MacKinnon 和 Dwyer[350] 提出了一种标准化回归系数的方法。计算公式如下：

$$a^{\mathrm{std}} = a \cdot SD(X)/SD(M) \tag{3.10}$$

$$b^{\mathrm{std}} = b \cdot SD(M)/SD(Y'') = b \cdot SD(M)/\sqrt{c'^2 var(X) + b^2 var(M) + 2c'b \cdot cov(X,M) + \pi^2/3} \tag{3.11}$$

$$c^{\mathrm{std}} = c \cdot SD(X)/SD(Y') = c \cdot SD(X)/\sqrt{c^2 var(X) + \pi^2/3} \tag{3.12}$$

$$c'^{\mathrm{std}} = c' \cdot SD(X)/SD(Y'') = c' \cdot SD(X)/\sqrt{c'^2 var(X) + b^2 var(M) + 2c'b cov(X,M) + \pi^2/3} \tag{3.13}$$

式中，上标 std 表示 LR 系数的标准化；$SD(\cdot)$ 是变量的标准差；$var(\cdot)$ 是变量的方差；$cov(X,M)$ 是变量 X 和变量 M 的协方差。因此，变量 X 的中介效应变为 $a^{\mathrm{std}} b^{\mathrm{std}}$。总效应等于直接效应和中介效应之和，即 $c'^{\mathrm{std}} + a^{\mathrm{std}} b^{\mathrm{std}}$。当 c'^{std} 和 $a^{\mathrm{std}} b^{\mathrm{std}}$ 具有相同符号时，中介效应互补，中介效应比为 $a^{\mathrm{std}} b^{\mathrm{std}}/(c'^{\mathrm{std}} + a^{\mathrm{std}} b^{\mathrm{std}})$。但是，如果它们的符号不同，例如，$c'^{\mathrm{std}}$ 为正，而 $a^{\mathrm{std}} b^{\mathrm{std}}$ 为负，则中介效应是竞争性的，即存在 MacKinnon 等[351] 提出的抑制效应，抑制效应比为 $|a^{\mathrm{std}} b^{\mathrm{std}}/c'^{\mathrm{std}}|$。

由于中介效应模型包含一个二元因变量，并且其中介效应等于 $Z_a \times Z_b$，因此本研究使用 Iacobucci[352] 提出的 Sobel 方法来检验系数乘积 $a^{\mathrm{std}} b^{\mathrm{std}}$ 的显著性。计算公式如下：

$$Z = a^{\mathrm{std}} b^{\mathrm{std}}/SE(a^{\mathrm{std}} b^{\mathrm{std}}) = a^{\mathrm{std}} b^{\mathrm{std}}/\sqrt{(a^{\mathrm{std}})^2 (SE(b^{\mathrm{std}}))^2 + (b^{\mathrm{std}})^2 (SE(a^{\mathrm{std}}))^2} \tag{3.14}$$

$$SE(a^{\mathrm{std}}) = SE(a) SD(X)/SD(M) \tag{3.15}$$

$$SE(b^{\mathrm{std}}) = SE(b) SD(M)/SD(Y'') \tag{3.16}$$

式中，$SE(\cdot)$ 表示回归系数的标准误差；$|Z|$ 大于 1.96 表示变量 X 对变量 Y 的间接影响显著；否则，不存在中介效应。

当存在多个自变量和中介变量时，模型变得非常复杂，如图 3.13(c) 和图 3.13(d) 所示。图 3.13(c) 是单步多重中介模型，图 3.13(d) 是多步多重中介模型。在图 3.13(d) 中，除了自变量 X_1，X_2，$\cdots$，X_n 对因变量 Y 的直接影响外，还有两个平行的中介效应通过 M_1 和 M_2 影响变量 Y，以及通过一个从 M_1 到 M_2 的链式中介效应影响变量 Y。因此，这两个图中模型的回归方程如下：

$$M_1 = \beta_3 + \sum_{i=1}^{n} a_i X_i + e_3 \tag{3.17}$$

$$M_2 = \beta_4 + mM_1 + \sum_{i=1}^{n} d_i X_i + e_4 \tag{3.18}$$

$$Y'' = \begin{cases} \text{图 } 3.13(c): Logit P(Y=1 \mid M_1, X_i) = \ln \dfrac{P(Y=1 \mid M_1, X_i)}{P(Y=0 \mid M_1, X_i)} \\[2mm] \qquad\qquad\qquad\qquad\qquad = \beta_2 + \sum_{i=1}^{n} c'_i X_i + b_1 M_1 + e_2 \\[4mm] \text{图 } 3.13(d): Logit P(Y=1 \mid M_1, M_2, X_i) = \ln \dfrac{P(Y=1 \mid M_1, M_2, X_i)}{P(Y=0 \mid M_1, M_2, X_i)} \\[2mm] \qquad\qquad\qquad\qquad\qquad = \beta_2 + \sum_{i=1}^{n} c'_i X_i + \sum_{j=1}^{2} b_j M_j + e_2 \end{cases}$$

$$\tag{3.19}$$

式中，n 是自变量的数量；$i=1,2,\cdots,n$；$j=1,2$；M_1 和 M_2 是中介变量；e_4 是 M_2 的残差；β_2，β_3 和 β_4 是方程中的回归常数项。图 3.13(c) 和图 3.13(d) 中任何变量的总效应分别等于 $c_i'^{\text{std}} + a_i^{\text{std}} b^{\text{std}}$ 和 $c_i'^{\text{std}} + a_i^{\text{std}} b_1^{\text{std}} + d_i^{\text{std}} b_2^{\text{std}} + a_i^{\text{std}} m^{\text{std}} b_2^{\text{std}}$，它们的中介效应分别是 $a_i^{\text{std}} b^{\text{std}}$ 和 $a_i^{\text{std}} b_1^{\text{std}} + d_i^{\text{std}} b_2^{\text{std}} + a_i^{\text{std}} m^{\text{std}} b_2^{\text{std}}$。对于图 3.13(d) 中的多重中介效应有 3 项，分别是[353]：一项代表特定中介效应（例如，$a_i^{\text{std}} b_1^{\text{std}}$，$d_i^{\text{std}} b_2^{\text{std}}$ 或 $a_i^{\text{std}} m^{\text{std}} b_2^{\text{std}}$），一项代表总中介效应（例如，$a_i^{\text{std}} b_1^{\text{std}} + d_i^{\text{std}} b_2^{\text{std}} + a_i^{\text{std}} m^{\text{std}} b_2^{\text{std}}$），一项代表对比中介效应（例如，$a_i^{\text{std}} m^{\text{std}} b_2^{\text{std}} - d_i^{\text{std}} b_2^{\text{std}}$，$a_i^{\text{std}} b_1^{\text{std}} - d_i^{\text{std}} b_2^{\text{std}}$ 或 $a_i^{\text{std}} m^{\text{std}} b_2^{\text{std}} - a_i^{\text{std}} b_1^{\text{std}}$）。特定中介效应比等于特定中介效应除以每个特定中介效应的绝对值之和，即 $|a_i^{\text{std}} b_1^{\text{std}}| / (|a_i^{\text{std}} b_1^{\text{std}}| + |d_i^{\text{std}} b_2^{\text{std}}| + |a_i^{\text{std}} m^{\text{std}} b_2^{\text{std}}|)$。与图 3.13(b) 中的中介效应比类似，如果直接效应 $c_i'^{\text{std}}$ 和总中介效应具有相同的符号，则中介效应比为 $(a_i^{\text{std}} b_1^{\text{std}} + d_i^{\text{std}} b_2^{\text{std}} + a_i^{\text{std}} m^{\text{std}} b_2^{\text{std}}) / (c_i'^{\text{std}} + a_i^{\text{std}} b_1^{\text{std}} + d_i^{\text{std}} b_2^{\text{std}} + a_i^{\text{std}} m^{\text{std}} b_2^{\text{std}})$。但是，如果它们的符号相反，表示存在抑制作用（即遮掩效应），它们的遮掩效应比为 $|(a_i^{\text{std}} b_1^{\text{std}} + d_i^{\text{std}} b_2^{\text{std}} + a_i^{\text{std}} m^{\text{std}} b_2^{\text{std}}) / c_i'^{\text{std}}|$。此外，$Z$ 检验 $a_i^{\text{std}} m^{\text{std}} b_2^{\text{std}}$ 可更改为：

$$Z = a_i^{\text{std}} m^{\text{std}} b_2^{\text{std}} / SE(a_i^{\text{std}} m^{\text{std}} b_2^{\text{std}})$$

$$= \frac{a_i^{\text{std}} m^{\text{std}} b_2^{\text{std}}}{\sqrt{(a_i^{\text{std}})^2 (SE(m^{\text{std}}) \cdot SE(b_2^{\text{std}}))^2 + (m^{\text{std}})^2 (SE(a_i^{\text{std}}) \cdot SE(b_2^{\text{std}}))^2 + (b_2^{\text{std}})^2 (SE(a_i^{\text{std}}) \cdot SE(m^{\text{std}}))^2}}$$

$$\tag{3.20}$$

当有两个以上的中介变量时，读者可以根据 Sobel[354] 提出的公式自行推导。用于计算 $SE(a^{\text{std}})$ 和 $SE(b^{\text{std}})$ 的 $SD(Y'')$ 可以表示为：

$$SD(Y'') = \sqrt{\begin{aligned} &\sum_{i=1}^{n} c_i'^{2} var(X_i) + \sum_{j=1}^{2} b_j^2 var(M_j) + 2 \sum_{i=1}^{n} \sum_{j=1}^{2} c'_i b_j cov(X_i, M_j) \\ &+ 2 \sum_{i=1}^{n} \sum_{k=1, i\neq k}^{n} c'_i c'_k cov(X_i, X_k) + \pi^2/3 \end{aligned}} \tag{3.21}$$

3.4.2 地震液化重要因素的路径分析模型构建

路径分析是多个回归方程的组合，可以分析因素之间的因果关系，以及它们对 LP 的直接和间接影响，得到更准确的因果贡献。但由于路径分析需要提前通过假设确定因果关系，具有主观性，假设错误会导致模型多次修正，最终确定模型结构需要做大量工作。因此，本研究在已识别的地震液化关键因素的基础上，在没有任何因果假设的情况下，利用路径分析方法分析各因素对 LP 的直接和中介效应，进一步确定它们的综合贡献。

路径分析法通常用于分析变量之间的线性因果关系。然而，地震液化的大部分因素都表现出非线性关系。因此，本研究首先对部分变量根据其已有的函数关系，例如自然对数关系（表 3.7），再在路径分析中将其转化为线性方程。此外，处理后的变量也近似服从正态分布。

部分因素间的函数关系　　　　　　　　　　　　　　　　　表 3.7

函数关系形式	文献
$\ln Y = a + b \cdot M_w + c \ln R$	[355]
$\ln D_{50} = a + b \cdot FC$	[356]
$\ln V_s = a + b \cdot D_s$	本研究
$D_n = D_w - H_n$（需要注意的是 D_n 是负值时，D_n 取 0）	[27]

注：a、b 和 c 是待评估参数；Y 是地震参数，如 PGA、t 等。

根据图 3.8 中的因果结构构建初始路径分析模型，如图 3.14 所示。图中箭头上的值为标准化路径系数，变量右上角的值为因变量的回归确定系数。图中的路径系数和统计指标值是用 Amos 软件（版本 27）计算得出的，如表 3.8 所示。可以看出，所有路径的 C. R. 绝对值都大于 1.96，P 值都小于 0.05。因此，MIC 方法结合领域知识构建的因果关系路径是有效的。但除简约指标外，其他统计拟合指标几乎达不到表 3.6 中的标准范围值。因此，需要在初始模型中增加一些新的链接，重新计算路径系数，直到检测拟合指标达标为止。

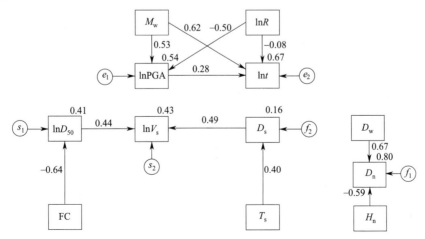

图 3.14　地震液化的初始路径分析模型

地震液化初始模型的路径和统计测试结果　　　　　　　　　　表 3.8

路径	未标准化的系数	SE	C.R.	P 值	统计拟合指标
$M_w \rightarrow \mathrm{PGA}$	0.576	0.029	19.630	* * *	
$M_w \rightarrow t$	0.906	0.043	21.223	* * *	
$R \rightarrow \mathrm{PGA}$	−0.420	0.023	−18.512	* * *	绝对指数：
$R \rightarrow t$	−0.095	0.032	−2.940	0.003	$\chi^2/df=20.914$；P 值=0.000；RMSEA=0.166
$\mathrm{PGA} \rightarrow t$	0.378	0.046	8.268	* * *	GFI=0.801；AGFI=0.717
$D_{50} \rightarrow V_s$	0.081	0.005	14.787	* * *	比较指数：
$\mathrm{FC} \rightarrow D_{50}$	−0.046	0.002	53.959	* * *	NFI=0.689；IFI=0.699；TLI=0.638；CFI=0.697
$D_w \rightarrow D_n$	0.590	0.016	37.962	* * *	简约指数：
$H_n \rightarrow D_n$	−0.426	0.013	−33.532	* * *	PGFI=0.565；PNFI=0.574；PCFI=0.582
$T_s \rightarrow D_s$	0.478	0.044	10.904	* * *	信息指数：
$D_s \rightarrow V_s$	0.049	0.003	16.281	* * *	AIC=1196.285；BIC=1298.510；BCC=1197.229

注：SE 表示估计参数的标准误差；C.R. 指临界比率的绝对值；* * * 表示 P 值小于 0.001。

　　根据用于提高模型性能的修正指数（Modified Index，MI），将对应于大 MI 值的变量之间的联系添加到初始模型中。修正后的模型如图 3.15 所示。与图 3.14 相比，图 3.15 增加了三个变量之间的新连接（即 D_s 和 D_w、D_s 和 D_n，以及 D_s 和 H_n 之间的关联）和残差项之间的六个相关性（例如，M_w 和 R 两个变量之间的相关系数为 0.44 等）。残差项之间的相关性可能是由于排除了某些其他因素造成的，也可能表明这些变量在数学上是相关的。这个问题需要在未来进一步研究。但是，添加残差项的相关性不会影响模型的

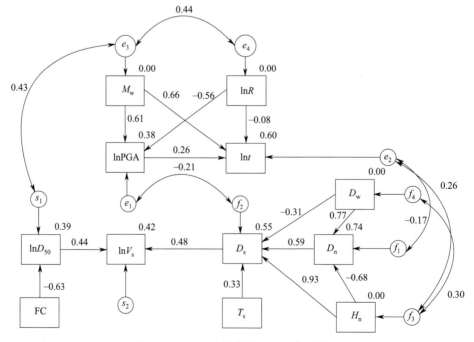

图 3.15　地震液化的修正路径分析模型

路径因果关系。通过重新计算路径系数后发现，路径系数的所有统计指标值均显著变化，如表 3.9 所示，除 χ^2/df、RMSEA 和 AGFI 外，大部分模型适应度指标均通过检验，但这三个指标都接近其标准范围值。此外，与初始模型相比，修改后模型中的信息指标值有大幅下降。因此，改进后的模型拟合效果尚可，适合进行后续的因果效应分析。

地震液化修正模型的路径和统计测试结果　　表 3.9

路径	未标准化的系数	SE	C. R.	P 值	统计拟合指标
$M_{\mathrm{w}} \to \mathrm{PGA}$	0.569	0.032	17.851	＊＊＊	
$M_{\mathrm{w}} \to t$	0.897	0.043	20.351	＊＊＊	
$R \to \mathrm{PGA}$	−0.405	0.025	−16.365	＊＊＊	
$R \to t$	−0.087	0.033	−2.668	0.008	绝对指数：
$\mathrm{PGA} \to t$	0.378	0.043	8.723	＊＊＊	$\chi^2/df = 5.926$；P 值 $= 0.000$；RMSEA $= 0.088$
$D_{50} \to V_{\mathrm{s}}$	0.081	0.006	14.582	＊＊＊	GFI $= 0.937$；AGFI $= 0.893$
$\mathrm{FC} \to D_{50}$	−0.045	0.002	23.073	＊＊＊	比较指标： NFI $= 0.926$；IFI $= 0.938$；
$D_{\mathrm{w}} \to D_{\mathrm{n}}$	0.592	0.016	36.700	＊＊＊	TLI $= 0.910$；CFI $= 0.938$
$H_{\mathrm{n}} \to D_{\mathrm{n}}$	−0.426	0.013	−31.895	＊＊＊	简约指标：
$T_{\mathrm{s}} \to D_{\mathrm{s}}$	0.384	0.031	12.522	＊＊＊	PGFI $= 0.553$；PNFI $= 0.646$；PCFI $= 0.653$
$D_{\mathrm{s}} \to V_{\mathrm{s}}$	0.049	0.003	15.846	＊＊＊	信息指标： AIC $= 336.609$；BIC $= 478.872$；
$D_{\mathrm{w}} \to D_{\mathrm{s}}$	−0.629	0.098	−6.442	＊＊＊	BCC $= 337.959$
$H_{\mathrm{n}} \to D_{\mathrm{s}}$	1.535	0.074	20.884	＊＊＊	
$D_{\mathrm{n}} \to D_{\mathrm{s}}$	1.561	0.136	11.508	＊＊＊	

上述构建了液化因素的路径模型。但由于本研究中 LP 是一个二元变量，不能直接用 Amos 软件对其及其影响因素进行计算。因此，首先采用逐步 LR 方法构建 LP 与其因素之间的模型，并消除一些对 LP 影响不显著的联系（例如，T_{s} 和 D_{n} 的系数没有通过显著性检验）。因此，这两个因素与 LP 没有直接联系，但它们对液化的影响可以通过 D_{s} 间接产生影响。然后，再结合确定的 LR 模型和修正的因果模型，可以构建地震液化的多重中介模型，如图 3.16 所示。多重中介模型也是递归因果模型，因为它可以反映因素对液化的影响以及因素之间的相互作用。LR 函数和路径函数如下：

$$P_{\mathrm{L}} = 1 \left/ \left[1 + \exp \left(\begin{array}{l} 3.406 M_{\mathrm{w}} - 0.576 \ln R + 2.169 \ln \mathrm{PGA} - 0.816 \ln t \\ -0.044 \mathrm{FC} - 0.593 \ln D_{50} - 4.901 \ln V_{\mathrm{s}} - 0.402 D_{\mathrm{w}} \\ -0.12 D_{\mathrm{s}} + 0.454 H_{\mathrm{n}} + 10.159 \end{array} \right) \right] \right. \tag{3.22}$$

$$\ln \mathrm{PGA} = 0.576 M_{\mathrm{w}} - 0.42 \ln R - 4.013 \tag{3.23}$$

$$\ln t = 0.906 M_{\mathrm{w}} - 0.095 \ln R + 0.378 \ln \mathrm{PGA} - 2.512 \tag{3.24}$$

$$\ln V_{\mathrm{s}} = 0.049 D_{\mathrm{s}} + 0.081 \ln D_{50} + 4.846 \tag{3.25}$$

$$\ln D_{50} = -0.046 \mathrm{FC} - 0.305 \tag{3.26}$$

$$D_{\mathrm{s}} = 1.565 H_{\mathrm{n}} + 1.608 D_{\mathrm{n}} - 0.695 D_{\mathrm{w}} + 0.393 T_{\mathrm{s}} + 1.324 \tag{3.27}$$

$$D_{\mathrm{n}} = 0.59 D_{\mathrm{w}} - 0.426 H_{\mathrm{n}} + 0.392 \tag{3.28}$$

式中，P_{L} 是 LP 的概率；回归函数中的所有估计值都是显著的。此外，可以明显看出，构建因果模型既可以作为 BN 模型的结构，用于地震液化预测，也可以直接提路径分析中的公式作为 LR 模型来预测液化或其他中间变量。

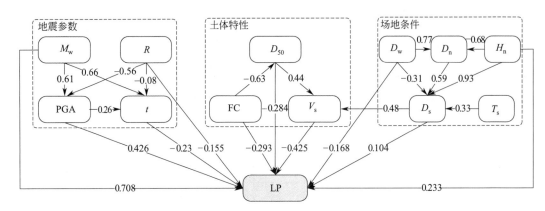

图 3.16　地震液化触发的路径分析模型

3.4.3　地震液化因素的中介效应分析

　　图 3.17 显示了各因素对液化触发的直接和总的影响效应。可以看出，某些因素的直接效应和总效应存在较大差异，例如 D_n 和 T_s 的总效应分别为 -0.18 和 -0.1（负数表示抑制），而它们的直接效应为零；H_n 和 FC 的直接效应分别为 0.233 和 -0.293，而它们的总效应分别为 0.072 和 0.003（正数表示促进）。因此，仅考虑因素对液化触发的直

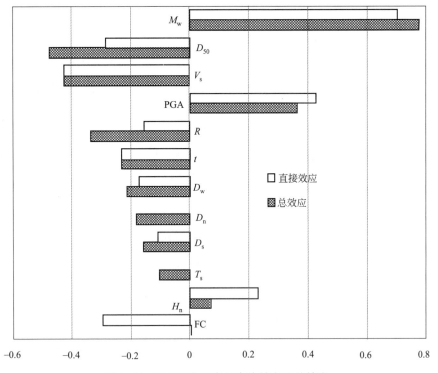

图 3.17　地震液化因素的直接效应和总效应

接影响（即 LR 模型中的回归系数），而忽略其中介效应，会导致影响贡献度偏差较大，甚至出现错误的结论。

对于因素的总影响，M_w、PGA、FC 和 H_n 对液化产生积极影响，而 D_{50}、V_s、R、t、D_w、D_n、D_s 和 T_s 对液化产生消极影响。结果与表 1.2 中的影响规律接近，H_n 和 t 将在后面进行讨论。这些因素总影响的绝对值由高到低的排序为 M_w、D_{50}、V_s、PGA、R、t、D_w、D_n、D_s、T_s、H_n 和 FC，这些因素的排序和 LP 之间 MIC 值的顺序不同，尤其是 FC 的排序。这是因为在计算 MIC 值时没有考虑这些因素之间的影响关系（即中介效应）。但是，在不考虑中介效应的情况下，直接效应和 MIC 值的排名相差不大。此外，比较地震参数、土体性质和场地条件的直接或总影响，地震参数（M_w、PGA、t 和 R）对大多数因素的影响远大于其他两类因素的影响，这些发现与文献[357] 中的结论一致。

表 3.10 显示了液化因素的多重中介效应。可以看出，所有中介路径都通过了 Z 检验，因为它们的绝对值大于 1.96。对于除 t 和 V_s 之外的所有因素，它们对液化的影响至少包括一个中介路径，例如，R 对 LP 的中介作用不仅可以通过 PGA 或 t（$R{\to}$PGA${\to}$LP 或 $R{\to}t{\to}$LP），而且可以通过 PGA 到 t 再到 LP（$R{\to}$PGA${\to}t{\to}$LP），形成多链中介效应。对于具有多重中介效应的因素，其特定中介效应的大小和符号是不同的。例如，$R{\to}$PGA${\to}$LP 的特定中介效应等于 -0.236（负值表示抑制，即遮掩效应），而 $R{\to}t{\to}$LP 的特定中介效应等于 0.019（正值表示促进），并且其特定中介效应的比例远小于路径 $R{\to}$PGA${\to}$LP 的比例。因此，PGA 作为中介变量的中介作用远强于 t，也就是说，对于 R 而言，PGA 在预测液化中比 t 更重要。

此外，由于中介效应包括间接的中介效应（例如，T_s 和 D_n，中介效应比率为 100%）和部分中介效应（例如，R、M_w、PGA、D_{50}、D_s 和 D_w）。比较这些中介效应比，R、T_s 和 D_n 的中介效应大于它们的直接效应。如果在分析它们的重要性时忽略它们的中介效应，结果就会有偏差。此外，有两个因素 FC 和 H_n 会产生遮掩效应，在分析它们对液化的影响时，除了考虑它们的中介作用外，还应考虑它们的抑制作用。例如，FC 的遮掩效应比高达 101.2%，即抑制效应大于直接效应的绝对值，反转了其对液化的影响，这一机制与表 1.2 中 FC 的影响规律是一致的。因此，分析中介作用的影响有助于进一步了解液化机理。除了 FC 和 H_n 之外，T_s 也可能会表现出遮掩效应，但 T_s 在因果模型中被认为没有直接影响。因此，T_s 在本研究中被认为仅存在间接的中介效应，这一结果与收集的数据有关，需要收集更多的数据进行验证或更新结果。

地震液化因素的多重中介效应　　　　　　　　　　　　　表 3.10

中介影响路径	$\lvert Z\rvert$ 值	特定中介效应	特定中介效应比（%）	总中介效应	总中介效应比（%）	遮掩效应比（%）
$R{\to}$PGA${\to}$LP	6.03	-0.236	81.8			
$R{\to}t{\to}$LP	2.07	0.019	6.6	-0.183	54.2	—
$R{\to}$PGA${\to}t{\to}$LP	25.42	0.034	11.6			
$M_w{\to}$PGA${\to}$LP	6.10	0.256	58.0			
$M_w{\to}t{\to}$LP	3.28	-0.149	33.7	0.071	9.1	—
$M_w{\to}$PGA${\to}t{\to}$LP	25.99	-0.036	8.3			

续表

中介影响路径	$\|Z\|$ 值	特定中介效应	特定中介效应比(%)	总中介效应	总中介效应比(%)	遮掩效应比(%)
PGA→t→LP	3.13	0.061	100.0	0.061	16.6	—
D_{50}→V_s→LP	6.36	−0.190	100.0	−0.190	40.1	—
FC→D_{50}→LP	4.50	0.178	59.9	0.296		101.2
FC→D_{50}→V_s→LP	80.45	0.119	40.1			
D_s→V_s→LP	2.09	−0.051	100.0	−0.051	32.9	—
T_s→D_s→LP	2.08	−0.033	33.3	−0.100	100	—
T_s→D_s→V_s→LP	67.11	−0.067	66.7			
D_n→D_s→LP	2.07	−0.060	33.3	−0.180	100	
D_n→D_s→V_s→LP	63.66	−0.120	66.7			
H_n→D_s→LP	2.10	−0.094	23.2	−0.161		69.0
H_n→D_s→V_s→LP	89.23	−0.189	46.5			
H_n→D_n→D_s→LP	22.76	0.041	10.1			
H_n→D_n→D_s→V_s→LP	1134.09	0.082	20.2			
D_w→D_s→LP	2.00	0.032	13.5	−0.044	20.7	—
D_w→D_s→V_s→LP	4.79	0.063	27.1			
D_w→D_n→D_s→LP	2.10	0.046	19.8			
D_w→D_n→D_s→V_s→LP	1171.06	0.093	39.6			

　　综上，本研究提出了一种量化因素重要性的方法，并使用多重中介效应模型来证明液化的许多因素不仅会产生直接影响，还会产生显著的中介效应。此外，因果模型还可以比较 R→PGA→LP 和 R→t→LP 等不同路径的中介效应，有助于更清晰地理解多因素耦合的液化机理。因此，多重中介效应因果模型可以有效避免像 LR 模型那样只能分析因素直接影响而导致因素贡献度评估存在严重偏差的问题。但由于因果模型忽略了场地条件对地震参数的影响，这可能导致因果模型中地震参数对液化的间接影响存在一定偏差。此外，有些其他重要因素未在因果模型中考虑，如果在模型中增加了新的变量，对图 3.16 中的因果模型结构会有轻微的影响，但不会影响其他因素的中介效应，有可能会略微增加相关因素的总效应。但是，由于在历史数据库中很难获得这些因素的值，所以在因果模型中未考虑。

　　比较图 3.17 中因果模型的因素总效应和图 3.4 中的相关系数可以发现，除了 t 和 D_{50} 之外，大多数因素对液化的影响特征相同。在这两种方法中获得的结果不同或出现"错误"的情况是一种普遍现象[358]。例如，t 在因果模型中对 LP 产生负面影响，而在相关分析中产生正面影响。这是因为相关性分析只考虑了 t 与 LP 之间的相关性，而回归分析既可以考虑 t 对 LP 的影响，也可以考虑与 t 相关的其他变量对 LP 的影响。当其他变量的抑制作用过大时，回归系数表现出反常现象。McGuire 和 Barnhard[359] 以及 Trifunac 和 Brady[360] 分别提出了 t、M_w 和 R 之间的关系，即 $\ln t = 0.19 + 0.15 M_w + 0.35 \ln R$ 和 $t = 2.33 M_w + 0.149 R$。两个方程中 R 的正回归系数说明了这种情况。但是，从物理角度来看，R 越大，t 应该越小。因此，回归系数违反了物理定律，但在统计上是正确的。此外，如前所述忽略场地条件对 t 的影响可能会导致内生性问题，从而导致回归系数异常。同样，H_n 对因果模型中液化的异常影响原因与 t 类似。因此，与相关分析方法相比，因果模型可以通过考虑中介效应来反映因素的真实影响。

此外，在使用 MIC 方法确定因素之间关系时，本研究选择 0.9 倍的 maxMIC 作为筛选阈值可能会导致少量变量之间的因果关系被遗漏。例如，在初始结构中，H_n 和 D_s 没有连接，但在随后修改的结构中它们互为因果关系。所以阈值的选择会影响模型的构建效率（即修改次数），但不影响最终模型的结构。因此，使用 MIC 方法构建路径分析图的结构，可以快速客观地确定一个初始路径图，大大减少后续的修改次数，并且可以直接将其结构作为 BN 的结构。

3.5　本章总结

地震液化是一个高度非线性的复杂问题，包含了众多影响因素，如果考虑所有因素，其判别会变得很困难，而且判别过程也会很繁琐。本章分别采用文献计量方法和最大信息系数方法从定性和定量两个角度筛选出地震液化触发的关键影响因素，随后采用解释结构模型和路径分析方法分别构建了地震液化的层次结构模型和因果模型。研究结论如下：

（1）通过文献计量方法和筛选原则定性筛选出 12 个关键因素，分别是 M_w、R、PGA、t、ST、FC 或 CC、颗粒级配（如 D_{50}）、D_r 或 e（和原位试验的 SPTN、q_c 和 V_s 有对应的经验关系）、D_w、D_s、σ'_v 和 T_s。此外，本章又基于 V_s 数据库，采用最大信息系数方法，定量地确定了 12 个关键因素，分别是 M_w、R、PGA、t、FC、D_{50}、V_s、D_w、D_s、H_n、D_n 和 T_s，而 I 和 PGA，V_s 和 V_{s1}，以及 σ_v、σ'_v 和 D_s 分别是多重共线性，但它们也是重要因素。对比这两种角度的筛选结果，发现关键影响因素的差异不大，间接相互验证了结果的正确有效性。研究结果可为构建液化预测模型时的因素选择提供参考。

（2）基于定性筛选结果中的 12 个液化关键因素，采用解释结构模型法建立了地震液化影响因素的层次结构图，并深入分析各因素间的结构关系和对液化势的影响强弱关系。发现土质类别是地震液化的最根本因素；t、PGA、D_r 和 T_s 是地震液化的最直接影响因素；M_w、R、FC 或 CC、D_w 和 D_s 对地震液化的影响相对较强，可不依赖于其他因素对砂质土进行判别，如果在地震液化数据因素考虑较少的情况下，可采用这 5 个因素去预测地震液化的发生，也可以得到不错的效果。另外，对于各个因素敏感程度在液化预测模型（如 BN 模型）中的定量描述需要进一步基于液化数据定量计算得到，这一研究将在下一章中重点介绍。

（3）本章提出了一种结合 MIC 等关联分析方法和领域知识构建地震液化因果路径结构的简单有效方法。该方法可以大大降低模型的复杂性和样本量要求，并且在构建因果路径模型时也可以省略大量因果假设和检验假设的过程。构建的地震液化因果模型结构与采用解释结构模型法构建的地震液化层次结构大致相似，相互验证了其可靠性。此外，通过因果模型中的中介效应分析发现，地震液化触发是多种因素综合控制的结果，在考虑这些因素对液化的影响时，只关注它们的直接影响会导致其贡献的重要性出现很大偏差。

（4）在确定的 12 个关键因素中，除 t 和 V_s 外，其他因素具有多种影响液化的中介路径；在这些因素中，T_s 和 D_n 是两个仅有间接作用的因素，FC 和 H_n 对液化的触发会产生遮掩效应，在液化分析时需要着重考虑。澄清这些发现可以减少某些因素在分析重大贡献时的敏感性偏差，并帮助研究人员更清楚地了解液化机理。此外，所构建的因果模型还可以提供 LR 模型和 BN 结构来预测液化。

第4章

基于原位试验数据的地震液化 BN 概率预测

4.1 本章引言

在第 2 章中介绍了 BN 已在众多领域中得到了广泛应用，其中在土木工程领域中的结构安全检测评估、建筑物火灾后果评估、项目管理与施工风险评估、道路与桥梁的安全评估、地下结构的安全评估、土石坝的安全可靠性评估与溃坝预测、边坡滑坡预警与安全性评估等问题也有一定研究，但是对于 BN 在地震液化预测中的应用却鲜有研究，这已经在第 1.2.3 节中做了详细介绍。已有 BN 液化模型考虑的地震液化重要影响因素并不全面，且建模方法、模型的不确定性、准确性和适用性均未进行系统研究。因此，有必要针对这些问题进一步研究，建立一个精确且通用的 BN 液化预测模型，为地震液化的评估提供一个新路径。

本章将基于标准贯入试验（SPT）数据、静力触探试验（CPT）数据和剪切波速试验（V_s）数据，选择在第 3 章中通过两种途径筛选出来的地震液化关键因素，分别采用不同的方法建立多个 BN 模型，与已有的确定性方法和概率方法进行对比，说明所建 BN 模型的有效性，并定量分析各个因素的敏感性，找出地震液化的最敏感因素，为抗液化风险评估提供科学依据。随后，将上述三种不同试验类型的 BN 模型进行融合，建立一个可用于多种原位试验的地震液化混合 BN 模型，扩展 BN 模型的适用范围，而且提高了其预测精度。此外，针对地震液化 BN 预测模型中采用的强度指标是否为最佳、土体性质的变量选取是否理想、模型结构是否依赖于液化物理机制等问题，进一步优化模型的变量节点及结构，并采用 K 折交叉试验方式与已有方法进行了对比验证。

4.2 模型的预测性能评估指标

构建模型的好与坏是通过性能评估指标来反映的。对于地震液化模型的预测性能评估，以往的研究成果通常仅单纯地采用总体精度（预测结果的准确率）来评估模型的有效性。地震液化数据通常存在分类不平衡现象，即液化样本量明显多于未液化样本量，这是由于在实际工程中工程师们更多地注重液化场地的勘探。另外，模型训练样本的特征和总样本的特征往往会存在一定误差，也就是抽样偏差。分类不均衡和抽样偏差都会对模型预测性能的评估造成一定影响，例如某个液化预测模型的训练样本是 100 个，包含 90 个液化样本和 10 个未液化样本，如果该模型对所有样本都预测为液化，则其回判的总体精度为 90%，这只能说明模型的整体预测效果很好，但并不能说明该模型分别对于液化样本和未液化样本的预测效果同时都好。因为该训练样本存在严重的分类不均衡问题，模型对未液化样本预测能力为零。像这样有很高预测精度的模型，其性能也一样很差，所以单纯地采用总体精度评判模型的好坏是不妥的。

因此，本研究选用总体精度（Overall Accuracy，简写为 OA 或 Acc）、准确率（Precision，简写为 Pre）、召回率（Recall，简写为 Rec）、F_1 值和 ROC（Receiver Operating Characteristic）曲线下面积（Area Under the Curve ROC，简写为 AUC）5 个指标同时对模型的训练效果和预测效果进行综合评估来验证液化模型的准确性、有效性和鲁棒性。其中，OA 或 Acc 是表示预测的总体精确度，是模型性能评估最常用的一个指标。Pre 和 Rec 是信息检索分类中常用的两个指标，准确率 Pre 也叫作查准率，表示模型预测正确的某一类样本量（True Positive，简写为 TP）占该类识别样本量（Predicted Positive，简写为 PP）的比例；召回率 Rec 也叫作查全率，是模型预测正确的某一类样本量（TP）占该类真实样本量（Actual Positive，简写为 AP）的比例。这些指标可由表 4.1 中的参数计算得到，计算公式如下：

$$Acc = (TP+TN)/(AP+AN) \tag{4.1}$$

$$Prec = TP/(TP+FP) \tag{4.2}$$

$$Rec = TP/(TP+FN) \tag{4.3}$$

$$F_1 = 2Prec \cdot Rec/(Prec+Rec) \tag{4.4}$$

式中，TP 表示在真样本（液化样本）中预测正确的样本数量；FN（False Negative）表示在真样本中预测错误的样本数量；AP 表示在真样本的数量；FP（False Positive）表示在假样本（未液化样本）中预测错误的样本数量；TN（True Negative）表示在假样本中预测正确的样本量的比例；AN（Actual Negative）表示在假样本的数量；PP 表示模型预测为真样本的数量；PN（Predicted Negative）表示模型预测为假样本的数量。

混淆矩阵　　　　　　　　　　　　　　　表 4.1

真实值	预测值		总数
	真	假	
真	真阳性(TP)	假阴性(FN)	AP=TP+FN
假	假阳性(FP)	真阴性(TN)	AN=FP+TN
总数	PP=TP+FP	PN=FN+TN	TP+FN+FP+TN

在地震液化预测中，理想情况下是希望模型的准确率和召回率都高，既能完美地区分哪些是液化样本，哪些是未液化样本，又能做出百分之百对的预测，但是 Pre 和 Rec 是相互制约的，一般情况下准确率高时，召回率就相对较低，因此需要找到一个融合准确率和召回率的指标。F_1 就是一个准确率和召回率的平均调和指标，用来综合反映模型的分类预测效果，当 F_1 较高时，说明准确率和召回率都相对较高，则模型的预测效果很好。

此外，ROC 曲线称为受试者工作特征曲线，是以假阳性率 FPR（1−特异度，FP/AN）为横轴，真阳性率 TPR（灵敏度，TP/AP）为纵轴所绘制的曲线图，如图 4.1 所示。图中有两条 ROC 线和一条虚线，其中虚线为参考线，其线下面积 AUC 为 0.5；

ROC2 曲线的 AUC 值要比 ROC1 曲线的大，说明 ROC2 曲线相对应的模型性能要好。ROC 曲线除区分模型性能好坏外，还可以确定模型的最佳分类阈值，即通过计算灵敏度＋特异度－1 的最大值确定。ROC 曲线下的面积 AUC 值一般介于 0.5～1.0，AUC 越大，模型的预测效果越好。AUC 通常会受训练样本分类不均衡的影响，但不受样本偏差的影响，而 F_1 对于分类不均衡和样本偏差都很敏感[361]。当训练样本只存在样本偏差时，相同 AUC 的模型预测的 F_1 值可以差别很大，而当训练样本只存在分类不均衡时，较高 F_1 值的模型也可能有较差的 AUC 值。一个好的模型既要有较高的预测准确率，又要有较好的可靠性或有效性。由于分类不均衡和样本偏差在地震液化预测中常常存在，而且很难避免，因此在评估模型性能时应该同时考虑上述多个指标，避免单一考虑某个或某几个指标就说明模型性能好的假象出现，使测试者能更清楚、更全面地分析模型性能，做出综合评估。

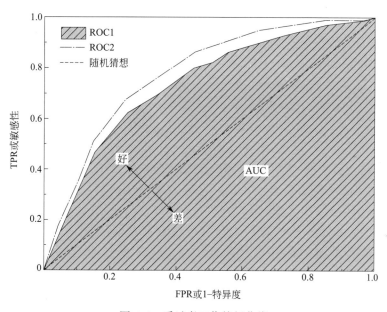

图 4.1 受试者工作特征曲线

模型性能对比除了上述的混淆矩阵评估指标外，还有其他性能指标，如提升度（Lift）、平均绝对误差（Mean Absolute Error，MAE）和均方根误差（Root Mean Square Error，RMSE）。其中 Lift 是来衡量使用模型比不使用模型预测性能提升了多少。例如，在地震液化预测中，当不利用模型时，只能通过先验概率来估计液化发生的比例，即为真样本的比例(TP+FN)/(AP+AN)，而当使用模型后，就可以从模型预测为液化的样本中命中概率，即为 Prec。显然，Lift 和 Prec 的统计意义相似，其值越大，模型的性能越好，如果模型的 Lift 值为 1，表示模型没有任何"提升"。MAE 和 RMSE 是误差分析的两个常用统计指标，只适用于概率模型评估中。其中，MAE 是模型预测值与实际值之间差值之和的平均值，RMSE 是差值的标准差。这三个指标的计算表达式如下：

$$\text{Lift}=\text{Prec} \cdot (\text{AP}+\text{AN})/(\text{TP}+\text{FN}) \tag{4.5}$$

$$\mathrm{MAE} = \frac{1}{n} \sum_{i=1}^{n} |y_i - \hat{y}_i| \qquad (4.6)$$

$$\mathrm{RMSE} = \sqrt{\frac{1}{n} \sum_{i=1}^{n} (y_i - \hat{y}_i)^2} \qquad (4.7)$$

式中，y_i 是观测值，$\hat{y}_i$ 是预测值，n 是样本总数。MAE 和 RMSE 的值越小，则模型的性能越好，模型的预测偏差越小。与 MAE 相比，RMSE 对模型的极端误差更敏感。

上述评估指标只适用于模型在一次样本训练或预测中的性能评估。若总样本被等分成 n 份，其中 $n-1$ 份样本用于模型学习，剩余的那一份样本用于模型预测，像这样反复进行 n 次试验，以至于每一份样本都能参与到模型的训练和验证中，这种做法叫作 n 折交叉试验。在 n 次交叉试验中，可以得到 n 次模型性能的评估结果，然后对 n 次结果分别计算各性能指标的平均值，其计算公式如下：

$$\mathrm{Macro\text{-}Acc} = \frac{1}{n} \sum_{i=1}^{n} Accuracy_i \qquad (4.8)$$

$$\mathrm{Macro\text{-}Prec} = \frac{1}{n} \sum_{i=1}^{n} \frac{TP_i}{TP_i + FP_i} \qquad (4.9)$$

$$\mathrm{Macro\text{-}Rec} = \frac{1}{n} \sum_{i=1}^{n} \frac{TP_i}{TP_i + FN_i} \qquad (4.10)$$

$$\mathrm{Macro\text{-}}F_1 = \frac{2 \times \mathrm{Macro\text{-}Prec} \times \mathrm{Macro\text{-}Rec}}{\mathrm{Macro\text{-}Prec} + \mathrm{Macro\text{-}Rec}} \qquad (4.11)$$

$$\mathrm{Macro\text{-}AUC} = \frac{1}{n} \sum_{i=1}^{n} AUC_i \qquad (4.12)$$

$$\mathrm{Macro\text{-}Lift} = \frac{1}{n} \sum_{i=1}^{n} Lift_i \qquad (4.13)$$

式中，Macro 表示宏指标，即 n 次交叉试验结果的平均。

4.3 基于 SPT 的地震液化预测模型

4.3.1 基于 BN 的地震砂土液化五因素预测模型

在第 3.3 节中，对地震液化的 12 个重要影响因素进行结构关系分析后发现 M_w、R、FC、D_w 和 D_s 对地震液化势的驱动相比其他因素要更强，如果在地震液化数据包含因素较少的情况下，也可采用这五个因素去预测地震液化。由于早期很多地震液化 SPT 或 CPT 现场试验数据未包含土层的细粒含量或黏粒含量，但有标准贯入锤击数或桩尖阻力的数据，另外 SPT 现场试验比 CPT 现场试验在地震液化勘探的使用要早很多年，积累的数据很多。因此，本节将标准贯入锤击数 N 加到上述因素中，这样选取 M_w、R、N、D_w 和 D_s 这五因素建立一个适合砂土液化预测的五因素简易模型。

选取的这五个因素和我国《建筑抗震设计规范》GB 50011—2010（后面简称规范法）的液化因素相比，不同的是规范法除了考虑 SPTN、D_w 和 D_s 外，还考虑了烈度、地质年代和黏粒含量这三个因素对地震液化进行初判，但未考虑地震等级和震中距的影响，而美国 NCEER 规范考虑了震级的影响，这也是我国规范法存在的一点不足。单纯从选取因素来看，无法判断哪种方法更好。下面将详细介绍这个简易的五因素 BN 模型的建立，并与规范法及其他数据学习的地震液化预测模型对比，验证 BN 砂土液化模型的准确性和有效性。

（1）地震液化 SPT 数据收集

本节所有的地震液化数据来源于文献 Zhang[303] 和赵倩玉[362]，统计信息如表 4.2 所示，具体数据参见附录 A。共收集 212 个地震液化样本，剔除 20 个数据缺失的样本后，剩余样本量为 191，其中包括 120 个液化样本和 71 个未液化样本，比值约为 1.7，说明总样本存在严重的分类不均衡现象。随机抽取 151 个样本进行 BN 学习，剩余 40 个样本用于预测评估模型的预测能力验证。数据中 M_w 的范围为 5.5～8.4，R 的范围为 5～172km，D_w 的范围为 0～6m，D_s 的范围为 0.5～20m，SPTN 的范围为 1～73。先对样本中的因素进行离散处理，各指标根据参考文献[289] 和领域知识标准来离散化，结果如表 4.3 所示。

地震液化样本统计信息　　　　　　　　　　　　　　　　　　　表 4.2

地震名称	时间	震级 M_w	样本量
Alaska 地震	1964	8.3	5
Chile 地震	1960	8.4	3
EI Centro 地震	1940	7.0	3
Fukui 地震	1948	7.2	4
海城地震	1975	7.3	8
河间地震	1967	6.3	1
河源地震	1962	6.4	1
Mino Owari 地震	1891	8.4	4
Niigata 地震	1802	6.6	3
	1887	6.1	1
	1964	7.5	4
San Francisco 地震	1957	5.5	1
Santa Barbara 地震	1925	6.3	1
唐山地震	1976	7.8	95
渤海地震	1969	7.4	2
Tohnankai 地震	1944	8.3	2
Tokachioki 地震	1968	7.8	4
通海地震	1970	7.8	32
邢台地震	1966	6.7	6
		7.2	7
阳江地震	1969	6.4	4
总计			191

地震液化参数的离散化

表 4.3

参数	等级			
	Level 1	Level 2	Level 3	Level 4
震级 M_w	$M_w \leqslant 5$	$5 < M_w < 7$	$7 \leqslant M_w < 8$	$M_w \geqslant 8$
震中距 R(km)	$R > 100$	$100 \geqslant R > 45$	$45 \geqslant R > 10$	$R \leqslant 10$
地下水位 D_w(m)	$D_w \geqslant 4$	$4 > D_w > 2.5$	$2.5 \geqslant D_w > 1$	$D_w \leqslant 1$
砂土埋深 D_s(m)	$D_s \geqslant 15$	$15 > D_s > 10$	$10 > D_s \geqslant 5$	$D_s < 5$
标准贯入锤击数 N	$N > 30$	$30 \geqslant N > 15$	$15 \geqslant N \geqslant 10$	$N < 10$

（2）地震液化五因素 BN 模型构建

在第 2 章中的 BN 介绍中，详细介绍了 BN 的拓扑结构建立方法，包括基于专家知识的手工建立方法、数据学习建立方法以及融合专家知识和数据学习的混合建立方法。本小节分别采用这 3 种方法建立五因素地震液化的简易模型。其中混合建模方法的思路见图 4.2，结构学习采用最常用的 K2 算法。

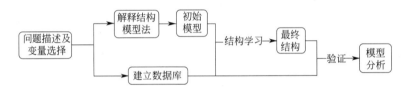

图 4.2　联合解释结构模型法和数据学习建立 BN 的研究框架

K2 算法是由 Cooper 和 Herskovits[363] 在 1992 年提出来的，是一种打分方法，主要用于解决未知结构和完备数据情况下的 BN 拓扑结构学习问题，从大量的打分模型中搜索出一定条件下的最优模型。其评分函数为：

$$\max[P(B_s, D)] = P(B_s) \prod_{i=1}^{n} \max \left[\prod_{j=1}^{q_i} \frac{(r_i - 1)!}{(N_{ij} + r_i - 1)!} N_{ij} \prod_{k=1}^{r_i} N_{ijk}! \right]$$

$$= P(B_s) \max \left[\prod_{i=1}^{n} g(x_i, \pi_i) \right] \tag{4.14}$$

式中，$P(B_s, D)$ 为模型的评分值，需要找出该值最大时对应的模型，也就是寻找 $\prod_{i=1}^{n} g(x_i, \pi_i)$ 的最大值对应的模型，即为最优模型；B_s 为 BN 拓扑结构；D 为数据；$P(B_s)$ 为模型的先验概率；n 表示变量个数；q 表示变量父节点的所有可能取值个数；r 表示变量的所有状态取值个数；N_{ijk} 是数据中变量 x_i 的父节点集 π_i 为 j 时，该变量状态为 k 的数据样本量。

K2 算法的思想是：先确定一个初始网络，可以是空网络，不存在父节点，也可以是存在关系的简易网络，然后通过不断为每个节点添加父节点来增加局部网络结构的评分，如果添加一个父节点，通过式（4.14）计算的打分函数值增加，则确定为该节点父节点，反之则剔除，直到所有节点可能的父节添加完毕，打分函数值不再增加为止。算法流程如图 4.3 所示。该算法有如下五点要求：①节点或变量必须是离散的；②事件是独立的；③数据是完备的；④节点是有次序的；⑤节点的最大父节点集是可以被确定的。

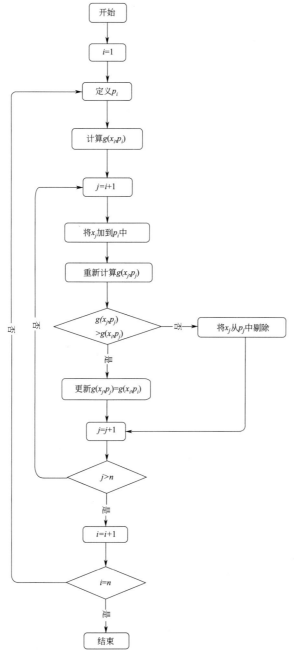

图 4.3 K2 算法的流程图

　　基于所选地震液化的五个影响因素，先利用专家知识（解释结构模型法）建立初始网络模型，如图 4.4 所示，定义为主观贝叶斯网络模型（主观 BN 模型）。然后在此模型提供的信息基础之上，结合 K2 结构学习算法建立最终的地震液化网络模型。本节的地震液化数据是完备的、因素是离散的、液化的发生是独立的，而且通过解释结构模型建立的初始网络结构层次恰好可以提供节点的次序以及节点可能的最大父节点数。在初始解释结构模型中，节点的最大父节点数为 2，但由于解释结构模型法存在跨级层次间的节点不许有关联，例如，地震液化分别和震中距、地下水位、砂土层埋深没有连接，因此将节点的最大父节点数定为5。采用 MATLAB 软件中的 BNT 工具对收集的数据采用融合解释结构模型和 K2 算法进行建模，获得的地震液化 BN 模型如图4.5所示，定义为混合贝叶斯网络模型（混合 BN 模型）。此外，单纯基于数据学习建立的 BN 模型如图4.6所示，定义为客观贝叶斯网络模型（客观 BN 模型）。对比这三个模型可以发现：主观模型存在跨级变量无关联现象，客观模型可以弥补主观模型的缺点，但其存在一些错误的变量关联连接和因果顺序，如震中距和震级存在关系、液化影响震级等，而混合模型可以有效避免上

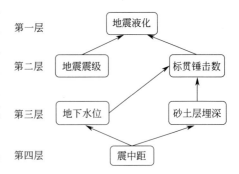

图 4.4　地震液化的五因素解释
结构模型（主观 BN 模型结构）

述问题。三个 BN 模型各节点的条件概率表采用 Netica 软件[364]计算得到，然后再利用该软件进行推理。

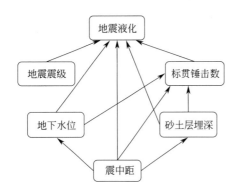

图 4.5　地震液化的五因素混合 BN 模型结构

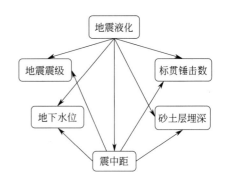

图 4.6　地震液化的五因素客观 BN 模型结构

（3）其他地震液化判别方法简介

本节采用的对比方法有优选法、规范法、LR、RBF-ANN 和 SVM。其中，规范法、LR、ANN 和 SVM 已经在第1章绪论中详细介绍，在此不赘述，下面重点介绍优选法。优选法是一种较快、较精确地寻找函数极值的数学方法。单因素的优选法通常包括黄金分割法（0.618法）和 Fibonacci 序列法。其思想是将问题描述结果作为目标函数，通过数据寻找预测值 Pre. 与实际值 Pra. 的误差总和 y 最小所对应的判别式就为最优预测模型，其表达式为：

$$y = \sum_{i=1}^{n} |\text{Pre.} - \text{Pra.}| \tag{4.15}$$

式中，n 为样本量；Pra. 为实际值，例如在地震液化预测中，液化为1，不液化为0；Pre. 是预测值，由下式计算得到：

$$\text{LP} = x_1 \cdot G_1 + x_2 \cdot G_2 + \text{L} + x_m \cdot G_m \tag{4.16}$$

式中，m 为描述问题的影响因素个数；x 为影响因素的状态值，例如在地震液化中，地

震等级分为 4 个状态（等级），如果地震等级为 7，则 x 取值为 3（第三个状态）；G 为方程系数，通过数据学习获得；LP 为判别指标，通常会通过数据学习找到一个阈值，然后与 LP 对比，判别属于哪个类别。Zhang[303] 通过 Fibonacci 序列法得出了地震液化五因素的判别公式：

$$LP = 19x_1 + 13x_2 + 5x_3 + 10x_4 + 18x_5 \tag{4.17}$$

$$Pre. = \begin{cases} 0 & LP < 116.5 \\ 1 & LP > 116.5 \end{cases} \tag{4.18}$$

式中，x_1、x_2、x_3、x_4、x_5 分别为地震等级、震中距、地下水位、砂土层埋深和标准贯入锤击数的状态值；116.5 为判别阈值，当 LP > 116.5 时，表示液化，反之为不液化。

地震液化预测方法的特性对比　　　　　　　　　　　　　　　　表 4.4

类型	方法	描述	变量类型
非概率模型	优选法	可以用较少的样本数量快速找出一个最优方程来描述问题	离散
	规范法	规范法是一种基于现场试验数据统计得出的经验判别方法，简单且适用性广	连续
概率模型	LR 方法	逻辑回归模型是一种广义的线性回归分析方法	离散或连续
	RBF-ANN 方法	由输入层、隐含层和输出层组成，隐含层采用高度非线性的高斯转化函数，输出层为线性变换，可以充分逼近复杂的非线性关系	离散或连续
	SVM 方法	特别适用于小样本的非线性关系问题的处理，具有坚实的理论基础，适用性强	离散或连续
	BN 方法	是基于贝叶斯理论建立的一种解决大规模不确定性问题的概率推理模型，通过计算变量的后验概率来做出预测，可以进行正向推理和反向分析预测	离散或连续

此外，逻辑回归模型（LR 模型）采用二元逻辑回归的进入方法，5 个液化因素必须全部包括在模型中；径向基神经网络模型（RBF-ANN 模型）的最优隐含层数采用手工多次试验确定，最终确定为 18 层隐含层；支持向量机模型（SVM 模型）采用常用的径向基核函数，其中的相关核参数值也是采用手动多次试验后确定，训练停止标准设为 1×10^{-6}，回归精度为最小值 0.05，为了避免过度拟合规则化参数设为 15，RBF 伽马取 1.2，因为训练样本的输入参数为 5。本节采用的各方法的特性对比如表 4.4 所示。

（4）各地震液化预测方法的性能对比分析

1）各模型的回判结果对比分析

将上述构建的三个 BN 模型分别与表 4.4 中的其他液化判别方法（除了规范法，因为规范法不需要训练样本）进行了液化回判预测对比分析，采用混淆矩阵相关的 5 个评价指标来对比，结果如表 4.5 所示。由于训练样本（液化样本与未液化样本比值为 87：64 与总样本 120：71 相差较大）存在抽样偏差，但不存在分类不均衡现象，ROC 曲线下面积（AUC）会不敏感，因此对比模型性能时，应重点对比 F_1 值。

首先，可以看到这 7 个模型中混合 BN 模型的总体精度 OA 值最高，而主观 BN 的总体精度最差，但不能仅通过对比总体精度来评判模型性能的优劣，还应该对液化样本和未液化样本分别采用准确率（Pre）、召回率（Rec）、F_1 值和 AUC 进行对比分析。在液化样本中，混合 BN 模型的 Rec 值最高，而 RBF-ANN 模型的 Rec 值最低，但 RBF-

ANN 模型的 Pre 值却最高，混合 BN 模型的 Pre 值次之，这说明虽然 RBF-ANN 模型的分类能力最差，会漏掉或误判很多的液化样本，但其在识别出来的液化样本中能有很高的预测准确率，而混合 BN 模型在保证一定精度的前提下，其分类能力大大超过其他模型。

为了更直观评估模型的好坏，用 F_1 值和 AUC 对模型进行评判，可以明确看到 SVM 模型的 AUC 最大，RBF-ANN 模型次之，优选法模型最小。重点对比 F_1 值，混合 BN 模型的 F_1 值最高，RBF-ANN 模型次之，优选法模型最低。因此，对于液化样本，混合 BN 模型的预测性能最好，而优选法模型的性能最差。在未液化样本中，混合 BN 模型的 Rec、Pre、F_1 值和 AUC 几乎都优于其他模型，其中主观 BN 模型的各指标值相对最小，这说明混合 BN 模型对于未液化样本的预测性能最好，而主观 BN 模型的性能最差。最后，综合考虑所有的 OA、F_1 值和 AUC，混合 BN 模型的分类能力和预测精度相比其他模型较好，而主观 BN 模型最差。

地震液化模型的回判结果对比　　表 4.5

模型类别	模型	OA	液化				未液化			
			Rec	Pre	F_1 值	AUC	Rec	Pre	F_1 值	AUC
非概率模型	优选法模型	0.801	0.885	0.794	0.837	0.663	0.688	0.815	0.746	0.619
概率模型	LR 模型	0.814	0.885	0.811	0.846	0.756	0.719	0.821	0.767	0.822
	RBF-ANN 模型	0.867	0.874	**0.894**	0.884	0.854	**0.859**	0.833	**0.846**	0.847
	SVM 模型	0.841	0.874	0.854	0.864	**0.867**	0.797	0.823	0.810	0.909
	主观 BN 模型	0.755	0.885	0.740	0.806	0.719	0.578	0.755	0.667	0.573
	客观 BN 模型	0.808	0.908	0.790	0.845	0.746	0.672	0.843	0.748	0.676
	混合 BN 模型	**0.874**	**0.920**	0.870	**0.894**	0.781	0.813	**0.881**	**0.846**	**0.915**

2）各模型的预测结果对比分析

为了进一步评估本节所选的 8 个地震液化评估模型性能的优劣，对剩余的 40 个样本进行了预测分析。预测样本的液化样本量和未液化样本量的比值为 33：7，和总体样本 120：71 相比，预测样本同时存在严重的分类不平衡和抽样偏差，在模型评估时，应综合看待各项指标进行评估模型的性能。预测结果如表 4.6 所示，可以明显看到混合 BN 模型和客观 BN 模型的 OA 值最大，同样这在此预测样本中不能单一凭这个指标来判断模型的好坏，必须进一步对液化样本和未液化样本分别进行分析。

在液化样本中，优化法模型、客观 BN 模型和混合 BN 模型的 Rec 值都达到了 1，说明其把所有液化样本都识别出来了，但预测准确率 Pre 值却不是最大，Pre 值最大模型是规范法。综合看 F_1 值和 AUC 值，混合 BN 模型的 F_1 值和 AUC 值都最大，因此混合 BN 模型对于液化样本的预测性能最好。在未液化样本中，可以看到规范法的 Rec 值最大，其对未液化样本的识别能力要好于其他模型，但其预测准确率 Pre 却最小，而优化法模型、客观 BN 模型和混合 BN 模型的 Pre 值最大，达到了 1，其对于未液化样本能完全预测准确。

综合看 F_1 和 AUC，客观 BN 模型和混合 BN 模型的 F_1 值最大，RBF-ANN 模型的 F_1 值最小。优选法、客观 BN 模型和混合 BN 模型的 AUC 没有值，这是因为预测未液化的精确率为百分之百，不存在漏判问题。因此，对于未液化样本，客观 BN 模型和混合 BN 模型的预测性能最好，RBF-ANN 模型的性能最差。最后，综合考虑所有的 OA、F_1 和 AUC，混合 BN 模型的分类能力和预测精度相比其他模型较好，客观 BN 模型的性能略次于混合 BN 模型，RBF-ANN 模型和规范法的预测性能都相对较差。

地震液化模型的预测结果对比　　　　　　　　　　　　　　　　表 4.6

模型类别	模型	OA	液化				未液化			
			Rec	Pre	F_1 值	AUC	Rec	Pre	F_1 值	AUC
非概率模型	规范法	0.750	0.758	**0.926**	0.834	0.660	**0.714**	0.385	0.500	0.825
	优选法模型	0.875	**1.000**	0.870	0.930	0.630	0.286	**1.000**	0.445	—
概率模型	LR 模型	0.850	0.909	0.909	0.909	0.613	0.571	0.571	0.571	0.625
	RBF-ANN 模型	0.800	0.909	0.857	0.882	0.687	0.286	0.400	0.334	0.667
	SVM 模型	0.800	0.848	0.903	0.875	0.774	0.571	0.444	0.500	0.625
	主观 BN 模型	0.850	0.903	0.886	0.912	0.794	0.429	0.600	0.500	0.833
	客观 BN 模型	**0.900**	**1.000**	0.892	**0.943**	0.792	0.429	**1.000**	**0.600**	—
	混合 BN 模型	**0.900**	**1.000**	0.892	**0.943**	**0.814**	0.429	**1.000**	**0.600**	—

注："—"表示值不存在，因为 Pre 为 1 时，无法获得 ROC 面积值。

无论是模型的回判结果还是预测结果，混合 BN 模型的性能都是最好，明显好于其他模型。这说明 BN 方法应用于地震液化预测是有效的，而且本节采用的融合专家知识和结构学习的混合方法要好于手工建立模型和纯结构学习建立模型两种方式。由于本节收集的地震液化数据是针对含砂土的自由场地液化，因此所建立的地震液化 BN 模型仅适用于自由场地的砂土液化预测，对于含黏粒含量或细粒含量的砂土或者其他类型土质无法进行准确预测，特别是对于有建筑物或上部其他结构的场地液化预测是无法适用的，因为五因素 BN 模型中未考虑上覆有效应力这一因素，对于有上部结构物的场地，其下卧砂土层的有效应力要远大于自由场地中相应位置砂土层的上覆有效应力，这将会很大程度上影响液化发生的可能，另外五因素简易模型还未考虑其他一些重要因素，如地震持续时间、土颗粒粒径等，因此，如果想进一步提高模型的预测精度和扩展模型的适用范围，可以在五因素 BN 模型的基础上增加其他一些重要影响因素，这将在本章第 4.5 节中进行详细介绍。

数据挖掘方法与传统规范方法对比，它们都属于经验判别方法，不同的是数据挖掘是采用各种数据学习算法建立因素间的关联模型，可以根据数据的积累不断完善模型，提高模型的预测精度。而规范法是采用经验和统计手段拟合的数学表达式，该表达式是一个固定公式，通常情况下是不会重新更新公式的表达式，当数据缺失部分信息时规范法等确定性判别方法是无法对场地进行预测的，而数据挖掘等概率分析方法却依然可以对数据缺失情况进行预测。另外，由于岩土参数的空间变异性、时变性、离散性和误差以及地震参数的随机性，采用确定性计算公式来预测地震液化的发生往往会和实际结果造成一些差异，而且规范法的基础数据全部来自我国的历史地震液化数据，其数据中大部分是浅层（埋深小于 10m）砂土液化数据，只适合于国内场地中浅层砂土的地震液化判别，对于深层土的液化判别还有待改进。因此，从发展前景来看，基于数据挖掘的不确定性地震液化预测方法要明显优于规范法，特别是 BN 法，因为其有着其他数据挖掘方法不具备的优势，如即使丢失了液化样本的部分信息，也不会影响 BN 模型对未知参数的推理；能将收集液化数据的不确定性和估计或预测误差引起的不确定性有效结合起来等优点。

BN 模型的预测能力除了与拓扑结构有关外，学习样本量对 BN 模型的预测性能也有很大影响。选用地震液化的混合 BN 预测模型，针对 8 个不同样本量（50、70、90、110、130、150、170 和 190）模拟计算了训练样本对 BN 模型预测结果的影响，如图 4.7 所示。可以看到随着训练样本量的逐渐增加，模型的预测误差随之呈指数减小，最后趋向一个稳定值。这说明对于一个 BN 模型而言，当数据量积累到一定程度时，模型的预测性能就能趋近最优，但对于样本量具体达到多大时模型性能趋近于所需要的精度，这将在第 5 章进行详细研究。

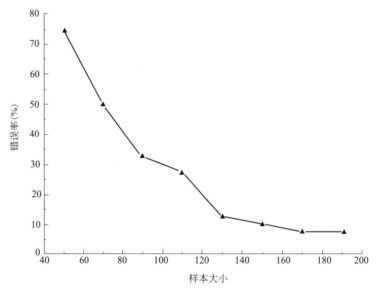

图 4.7　样本量对 BN 模型预测性能的影响

4.3.2　基于 BN 的地震液化多因素预测模型

上一节基于地震液化的常规因素，采用三种建模方法分别构建三个地震液化五因素 BN 模型，而第 3 章中通过文献计量法筛选出 12 个地震液化的重要影响因素，因此本节将在上一节的基础上，考虑这 12 个因素，扩展第 4.3.1 节中的五因素 BN 模型，进一步提高模型的预测精度和扩展模型的适用范围。在这 12 个重要因素中，针对细粒含量或黏粒含量，根据液化数据收集限制选用细粒含量；针对颗粒级配，由于液化数据不完善，仅选用平均粒径表示；针对相对密实度，选用现场 SPT 试验中的标准贯入锤击数与之对应。

（1）地震液化数据收集及算例设计

针对这 12 个变量收集了 1987 年美国 California Whittier Narrows M_w 5.9 级地震、1978 年日本宫城县冲 M_w 6.7 级地震、1999 年中国台湾集集 M_w 7.6 级地震和 2011 年

日本东北地区太平洋近海 M_w 9.0 级地震等 13 次地震中的 1385 组 SPT 液化数据，部分数据来自文献[365-367]，其中，液化样本 570 组，未液化样本 815 组。相关液化数据汇总和统计特征信息分别如表 4.7 和图 4.8 所示，可以看到本节液化数据基本涵盖了各变量的历史可能取值，数据质量可靠，特别是液化数据中包含了 40 组中强地震场地液化数据，其中只有 1 组数据属于液化样本，发生在 1957 年 California Daly 的 5.3 级地震中，而以往的研究中都是考虑 6 级以上的强震液化。此外，液化数据还包括了砾石土液化样本（约占砾石土样本的 11.6%）和埋深在 20 m 左右的深层液化样本（约占深层土样本的 8.2%）。

地震液化数据中变量的最小值、平均值和最大值　　　　表 4.7

变量	最小值	平均值	最大值
地震等级	5.3	6.7	9.0
震中距(km)	13.90	335.63	456.38
地震持续时间(s)	2	71.7	140.3
地表峰值加速度(g)	0.077	0.24	0.836
细粒含量(%)	0	26.7	94
土质类别	—	—	—
平均粒径(mm)	0.015	0.514	33
标准贯入锤击数	1	19	125
上覆有效应力（kN/m²）	12.6	103.7	318.2
地下水位(m)	−0.3	2.35	12.9
可液化层厚度(m)	0.15	5.28	23.5
可液化层埋深(m)	1.25	9.56	29.25

本节同样将采用融合专家知识（解释结构模型）和数据学习（K2 算法）的混合 BN 建模方法。由于 K2 算法需要对模型中的各变量进行离散化，根据工程标准、领域知识和液化数据中变量值的范围，使变量划分尽量符合：①变量本来固有的界限值作为划分参考；②划分后的各等级中液化数据比例应尽量均匀。

各变量离散化后的结果如表 4.8 所示，其中又对表 4.3 的部分变量做了微调，例如地震等级，严格按照地震等级范围界限划分，但由于历史地震液化数据中未曾发现地震等级小于 4.5 级的场地液化现象，因此只考虑 4.5 级以上的地震等级，根据《建筑抗震设计规范》GB 50011—2010 中的中强震、强震、大地震和超级大地震的划分等级将地震等级变量划分为 4 个等级。震中距小于 100km 被称为地方震，100~1000km 被称为近震，由于历史地震中很少有离震中超过 100km 的场地液化（除了 2011 年的东日本近太平洋地区巨大地震之外），因此根据之前表 4.3 的划分范围分为 4 个等级。大多数中强震和强震的持续时间一般不会超过 30s，而大地震的持续时间通常在 30~60s，超级大地震的持续时间一般超过 60s，因此以此为划分依据，将地震持续时间分为 3 个等级。地表峰值加速度与地震等级、震中距和土体性质有关，依据地表峰值加速度与地震等级级别的经验对应关系，共划分为 4 个等级。

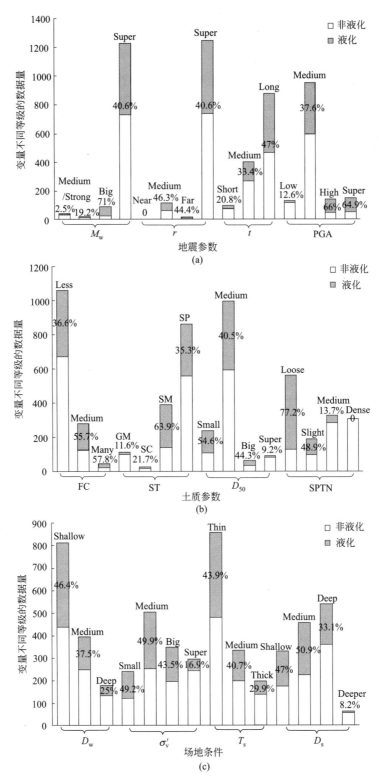

图 4.8　地震液化数据中变量不同等级的数据量和比例

地震液化影响因素的等级划分   表 4.8

类别	变量	等级总数	级别	范围值
地震参数	地震震级 M_w	4	超大	$8 \leqslant M_w$
			大	$7 \leqslant M_w < 8$
			强	$6 \leqslant M_w < 7$
			中强	$4.5 \leqslant M_w < 6$
	震中距 R（km）	4	超远	$100 < R$
			远	$50 < R \leqslant 100$
			中	$10 < R \leqslant 50$
			近	$0 < R \leqslant 10$
	地震持续时间 t（s）	3	长	$60 \leqslant t$
			中	$30 < t < 60$
			短	$0 < t \leqslant 30$
	地表峰值加速度 PGA(g)	4	超大	$0.40 \leqslant PGA$
			大	$0.30 \leqslant PGA < 0.40$
			中	$0.15 \leqslant PGA < 0.30$
			小	$0 \leqslant PGA < 0.15$
土体参数	细粒含量 FC(%)	3	多	$50 < FC$
			中	$30 < FC \leqslant 50$
			少	$0 < FC \leqslant 30$
	土质类别 ST	4	纯砂土	—
			粉质砂土	—
			黏质砂土	—
			砾石土	—
	平均粒径 D_{50}（mm）	4	超大	$2 \leqslant D_{50}$
			大	$0.425 \leqslant D_{50} < 2$
			中	$0.075 \leqslant D_{50} < 0.425$
			小	$0 < D_{50} < 0.075$
	标准贯入锤击数 N	4	密实	$30 < N$
			中密	$15 < N \leqslant 30$
			稍密	$10 < N \leqslant 15$
			松散	$0 < N \leqslant 10$
场地条件	地下水位 D_w（m）	3	深	$4.0 \leqslant D_w$
			中	$2 < D_w < 4.0$
			浅	$D_w \leqslant 2$
	上覆有效应力 σ_v'（kN/m²）	4	超大	$150 \leqslant \sigma_v'$
			大	$100 \leqslant \sigma_v' < 150$
			中	$50 \leqslant \sigma_v' < 100$
			小	$0 \leqslant \sigma_v' < 50$
	可液化层厚度 T_s（m）	3	厚	$10 \leqslant T_s$
			中	$5 \leqslant T_s < 10$
			薄	$0 < T_s < 5$
	可液化层埋深 D_s（m）	4	超深	$20 \leqslant D_s$
			深	$10 \leqslant D_s < 20$
			中	$5 \leqslant D_s < 10$
			浅	$0 \leqslant D_s < 5$
输出变量	地震液化 LP	2	是	1
			否	0

细粒含量对抗液化的影响趋势是一个开口向上的抛物线，当细粒含量少于 30% 时，抗液化强度会随着细粒含量的增加略有降低，而当细粒含量大于 30% 时，抗液化强度会随着细粒含量的增多逐渐增强，直到细粒含量超过 50% 时，土体性质转变为砂质粉土或粉土，土体会很难发生液化，因此将细粒含量划分为 3 个等级。此外，如果选择黏粒含量作为变量时，黏粒含量对液化的影响和细粒含量类似，临界值为 9% 左右，当黏粒含量小于 9% 时，抗液化强度会随着黏粒含量的增加而降低；当黏粒含量大于 9% 时，抗液化强度随着黏粒含量的增加逐渐增强；当黏粒含量达到 15% 以上时，砂土会很难发生液化，也可以此作为黏粒含量的划分依据。液化土的类别与细粒含量或黏粒含量有密切关系，根据实际液化数据中的土质类别分为纯砂土、粉质砂土、黏质砂土和砾石土 4 个类别。平均粒径和标准贯入锤击数根据 USGS（United States Geological Survey）规范划分为 4 个等级。

场地条件中的 4 个变量主要依据液化数据中对应变量值的范围划分，例如上覆有效应力的平均值约为 $100kN/m^2$，那么将小于这个平均值的范围分为两个等级，又由于大于 $150kN/m^2$ 的土层液化数据相对较少，将该值作为一个分界点，于是上覆有效应力被划分成 4 个等级。其他 3 个变量的划分和上覆有效应力的划分思想基本类似，如果当领域知识里没有相关标准或者规范作为变量的等级划分依据，那么就只能依赖数据来划分，Li 等[368] 提出了一种单纯依据数据学习划分变量等级的算法，可供参考。

本节将采用 K 折交叉试验方式，检验液化模型的准确性和可靠性。1385 组液化数据（液化样本与未液化样本比例为 570:815）被随机分成 5 等份，保证每一份小样本的液化样本与未液化样本比例为 114:163，力图减小分类不均衡对模型的影响。在本次模型验证中，4 份小样本先作为训练样本，然后用剩下的 1 份小样本来验证模型的准确性和可靠性，也就是 80% 的样本作为训练样本，20% 的样本作为验证样本。训练和验证过程重复 5 次，保证每个样本都参与到模型的训练和验证中，如图 4.9 所示。

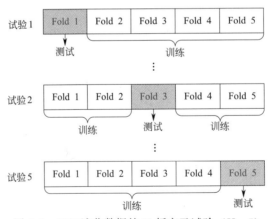

图 4.9　SPT 液化数据的 K 折交叉试验（$K=5$）

（2）地震液化多因素 BN 模型的建立

由于实际工程中，地震液化的场地调查经常会出现大量数据缺失的情况，对于这种情况，已有的少量数据不完备的 BN 结构学习算法无法适用，因此有必要寻找一种适用于这种情况的 BN 模型结构建立方法。本节基于上述 12 个地震液化因素分别介绍大量液化数据缺失和数据完备两种不同情况下的 BN 建立方法。

1）大量数据缺值的地震液化 BN 模型建立

第 3 章中已经基于解释结构模型建立了地震液化的层次结构模型，实际上该模型就是一个 BN 模型，但由于解释结构模型存在忽略级与级之间的反馈和变量跨级关系等不足，容易导致某些变量间重要的关系被遗漏。因此，在第 3 章中 12 因素的层次结构图基础上，参照文献[369] 中的因果图法，对其进行修正，弥补遗漏的变量因果关系和多余的连接关系，将其转换成更简洁、更完善的地震液化 BN 模型，如图 4.10 所示，虚线箭头为新增关系。因果图法的修正原则为：

①检查变量间的条件独立关系。土质条件与场地条件、地震参数与土质条件并不是完全独立的，它们中的某些变量存在直接或间接的影响关系，图 4.10 中的土质类别与上覆有效应力以及土质类别与峰值加速度，它们是条件独立关系，因此，应该在它们之间添加两条关系连接线。

②区分变量间的直接或间接关系。虽然土质类别可以通过平均粒径和黏粒含量对标准贯入锤击数产生间接影响，但土质类别对标贯击数是直接影响关系，不同的土质类别对应的标准贯入锤击数差异很大，因此，在这两个变量之间应添加一条关系连接线；同样，上覆有效应力、土质类别和黏粒含量对地震液化的影响属于直接影响关系，应该在它们之间添加关系连接线。

③检查变量间的因果关系顺序，即箭头方向。图 4.10 中不存在因果关系逆序的问题。

④删除回路关系。图 4.10 中显然不存在回路关系。

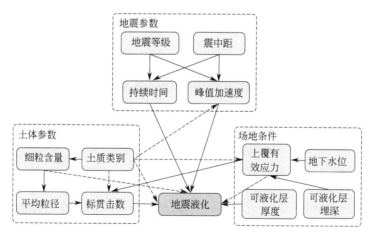

图 4.10　地震液化多因素主观 BN 模型结构

2）完备数据的地震液化 BN 模型建立

根据收集的地震液化完备数据，采用第 4.3.1 节中的方法，建立地震液化多因素混合 BN 模型，如图 4.11 所示。与图 4.10 中的主观模型相比，混合 BN 模型增加了一些新的因果关系线，同时也删掉一部分因果关系线，例如地下水位分别和峰值加速度、标准贯入锤击数建立了连接关系，土质类别和细粒含量、可液化层厚度和地震液化的关系线被删掉。此外，混合 BN 模型被分成两个独立部分，因为可液化层厚度与其他变量没有任何关系，这也说明该变量可以从模型中删除。地震液化的主观 BN 模型和混合 BN 模型的性能将在后面采用模型性能指标评估其预测效果，并与其他概率方法，如 ANN 方法和 SVM 方法进行对比，验证这两种建立地震液化 BN 模型方式的有效性。其中 BN 模型都采用 MLE 算法计算变量的条件概率，ANN 方法和 SVM 方法的核函数都采用 RBF 函数。

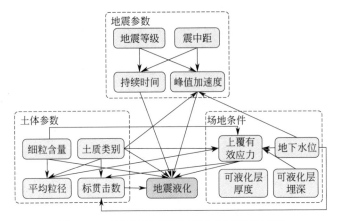

图 4.11　地震液化多因素混合 BN 模型结构

通过上述两种方式分别建立了地震液化的多因素 BN 模型，为了验证提出的建立 BN 模型方法的有效性和新建模型预测性能的准确性，下面将新模型和前面的混合五因素模型以及常用的 ANN 和 SVM 概率预测方法进行对比验证。

（3）地震液化的概率预测模型的结果对比分析

通过 $K = 5$ 折交叉试验后，各模型的性能指标取五次预测结果的平均值，与混淆矩阵相关的评价指标结果如表 4.9 所示。首先通过对比模型的 OA 和 AUC 平均值，可以发现混合 BN 模型的 OA 和 AUC 平均值都是最大的，而 ANN 模型的最小。再进一步分析液化样本和未液化样本中的 Rec、Pre 和 F_1 值。在液化样本预测中，主观 BN 模型的召回率 Rec 平均值最大，说明其对液化样本的识别能力最好，但预测精确度 Pre 平均值却不是最大，而混合 BN 模型的 Pre 平均值最大，对识别的液化模型预测精确度最好。综合对比各模型的 F_1 平均值，混合 BN 模型最大，而 ANN 模型最差。在未液化样本中，五因素混合 BN 模型的 Rec 平均值最大，而主观 BN 模型的 Pre 平均值最大，但综合对比 F_1 值，发现混合 BN 模型的最大。

五个模型在五次交叉试验中的平均预测结果　　　　　　　　　　　　　表 4.9

模型	Macro-OA	Macro-AUC	液化样本			未液化样本		
			Macro-Rec	Macro-Pre	Macro-F_1	Macro-Rec	Macro-Pre	Macro-F_1
混合 BN 模型	**0.917**	**0.989**	0.974	**0.848**	**0.906**	0.877	0.979	**0.925**
主观 BN 模型	0.886	0.979	**0.979**	0.795	0.877	0.821	**0.983**	0.894
五因素混合 BN 模型	0.876	0.946	0.812	0.879	0.844	**0.921**	0.875	0.898
ANN 模型	0.789	0.861	0.723	0.756	0.738	0.836	0.812	0.823
SVM 模型	0.864	0.932	0.823	0.842	0.832	0.892	0.879	0.885

最后，综合考虑 OA、AUC 和 F_1 值，明显可以看到三个 BN 模型的性能都比其他方法的模型性能要好，这说明了 BN 方法在地震液化预测中应用的有效性。此外，在这三个

BN 模型中，可以看到扩展的两个新 BN 模型要比原来五因素混合 BN 模型的性能好，这说明扩展的新 BN 模型的预测性能得到了一定程度的提高，而且由于增加了土质类别、黏粒含量、上覆有效应力等，因此新 BN 模型的适用范围也得到很大程度上的扩展，其中混合方法建立的新 BN 模型的预测性能要略好于主观 BN 模型。

为了进一步验证这两个新建 BN 模型的鲁棒性，对 5 次试验分别对比各模型的预测结果，如图 4.12 所示。由图 4.12 可以发现两个 BN 模型的 5 次预测结果中 OA、AUC 和 F_1 值几乎都要比 ANN 模型和 SVM 模型的要高，这再次验证了 BN 模型在地震液化预测中的有效性和鲁棒性。此外，还可以看到各模型对于未液化样本的 F_1 值都要比液化样本中的 F_1 值略好，这是因为训练样本存在分类不均衡，未液化样本比液化样本多。

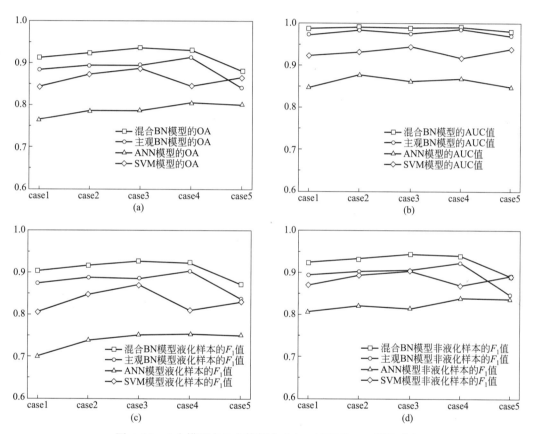

图 4.12 4 个模型在 5 个算例中 OA、AUC 和 F_1 值的对比

（4）地震液化因素的敏感性分析及反演分析

虽然通过文献计量手段筛选的 12 个地震液化因素都属于重要因素，但这些因素对地震液化的影响程度是不同的，特别是对于岩土这种复杂的离散性材料和地震参数的随机性，参数误差往往会导致计算结果和数值模拟结果偏差较大，因此了解不同因素对地震液化的敏感性程度有助于加深对地震液化的理解及获知改变哪几个或哪些因素能大大减小液化发生的可能性，评价液化系统的抗干扰能力，为工程抗液化决策问题提供依据。

采用上述混合 BN 模型、主观 BN 模型、ANN 模型和 SVM 模型分别对样本 5 次交叉训练后的模型进行地震液化的敏感分析，然后取 5 次结果的平均值，如表 4.10 所示。由

表 4.10 可以看到，在两个 BN 模型中，标准贯入锤击数是最敏感因素，可液化层厚度和地震等级分别为混合 BN 模型和主观 BN 模型的最不敏感因素。在 ANN 模型中，土质类别是最敏感因素，地下水位是最不敏感因素。在 SVM 模型中，标准贯入锤击数是最敏感因素，细粒含量是最不敏感因素。这说明不同的评估方法得到因素的敏感程度会有所差异，这是因为液化系统模型不同而造成参数的局部敏感性分析结果不统一，但各因素敏感度的排序位置基本相差不太大。首先把各模型中敏感度排在前六的影响因素挑出来，然后在这些因素中如果某个因素出现过 3 次或 3 次以上，则认为这个因素和其他因素相比为相对更敏感因素，通过统计后确定标准贯入锤击数、土质类别、上覆有效应力、可液化土层埋深和地表峰值加速度为 12 个重要因素中的 5 个更重要因素，其中土体参数（标准贯入锤击数和土质类别）对地震液化的敏感程度要明显大于其他 3 个因素，这说明地震液化的根本因素还是在于土体本身的性质，这一结论和第 3 章中解释结构模型得出的结论基本一致，同时也说明了解释结构模型在地震液化领域应用的可靠性及其作为地震液化主观 BN 模型建立的有效性。

4 个模型的地震液化敏感性分析对比   表 4.10

变量	标准化的平均重要性（%）			
	混合 BN 模型	主观 BN 模型	ANN 模型	SVM 模型
地震等级	0.053	0.030	48.997	**5.512**
震中距	0.005	0.041	45.505	1.478
持续时间	1.155	0.472	**73.284**	**30.045**
地表峰值加速度	**3.532**	2.823	**59.011**	9.587
细粒含量	**1.611**	**8.942**	47.820	0
土质类别	**14.986**	**15.868**	**100.000**	**48.436**
平均粒径	1.405	**5.536**	36.883	0.878
标准贯入锤击数	**100.000**	**100.000**	57.282	**100.000**
上覆有效应力	**9.424**	**16.568**	53.474	2.054
地下水位	0.259	0.720	32.054	**13.715**
可液化层埋深	**6.486**	**6.709**	**59.686**	5.232
可液化层厚度	0	0.231	44.992	0.426

上述对地震液化影响因素的敏感性做了详细分析，那么对于给定某些影响因素时，什么情况下最容易发生地震液化，或者已知发生了液化，那么液化的最大可能解释会是什么，地震液化的 BN 模型可以进行反演推理回答这些问题。本节采用 Netica 软件，对地震液化的反演推理和最大可能解释进行计算，结果如图 4.13 和图 4.14 所示。反演分析是通过已知结果和少量信息对问题或系统进行反向推理的过程，也就是原因诊断。最大可能解释是已知结果的发生，反向推理各因素状态的最大可能概率。

在图 4.13 中，深灰色方框的变量是已知条件（各变量的概率为 100%），即给定了地震等级是中强震（$4.5 \leqslant M_w < 6$）、持续时间短（$0 < t \leqslant 30s$）、场地的震中距超远（$100km < R$）、地表峰值加速度低（$0 < PGA < 0.15g$），即地震较弱的情况下，但场地发生了液化，那么根据贝叶斯理论的反向推理计算，可以诊断土层特性和场地条件中各变量的状态来给出解释，根据图中变量的后验概率结果可以知道土层为砂土（SP 的概率值最大，为 59.5%）、黏粒含量少（$0 < FC < 30\%$，概率为 72.6%）、平均粒径适中（$0.075mm < D_{50} < 0.425mm$，概率为 73.6%）、土层松散（$0 < N < 10$，概率为 29.7%）、埋深深（$10m < D_s < 20m$，概率为 43.1%）、上覆有效应力适中（$50kN/m^2 < \sigma'_{v0} < 100kN/m^2$，概率为 29.5%）、地下水位浅（$D_w < 2m$，概率为 58.1%）时，场地更容易在地震持续时间较短的中强震下发生液化，除了可液化土层埋深的反演推理结果外，其他结果基本和理论规律一致。

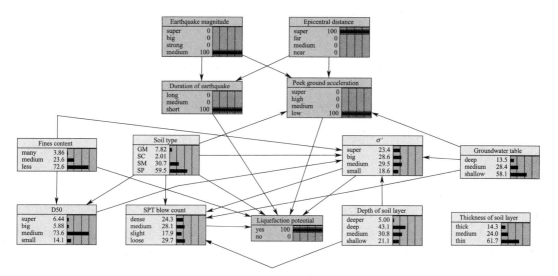

图 4.13　地震液化反向推理的后验概率

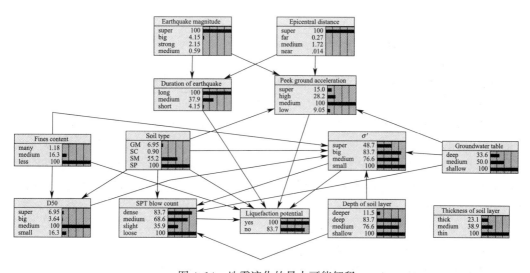

图 4.14　地震液化的最大可能解释

在图 4.14 中，根据 BN 模型的地震液化最大可能解释可以知道，当地震等级超大（$M_w \geqslant 8$）、持续时间长（$t \geqslant 60s$）、地表峰值加速度中等（$0.15g < PGA < 0.3g$）、震中距偏远（$R > 100km$）、土层为砂土（SP）、黏粒含量少（$0 < FC < 30\%$）、平均粒径适中（$0.075 < D_{50} < 0.425mm$）、土层松散（$0 < N < 10$）、埋深浅（$0 < D_s < 5m$）、上覆有效应力小（$0 < \sigma'_{v0} < 50kN/m^2$）、地下水位浅（$D_w < 2m$）时，土层最容易发生液化，这一结论与地震液化的规律认知也基本匹配，其中震中距反演为偏远，与理论规律认识不符的原因是所收集的数据中大部分震中距数据为偏远导致。通过上述分析，利用地震液化 BN 模型不仅可以对场地的液化做出预测，也可以对既定条件下的液化情况做出反向推理分析，找出最可能发生的原因。

4.4 基于 SPT 的地震液化 BN 模型的改进

地震强度对砂土液化的发生有着重要影响，不同的地震强度指标不仅会给地震液化预测模型带来不同的不确定性，而且会影响模型预测精度。目前，国内外大多数研究采用峰值地表加速度（PGA）来评估地震液化的触发，其中我国将 PGA 与烈度对应起来综合反映实际地震强度对液化的影响。此外，在本书引言中也介绍了其他一些强度指标，如峰值地表速度（PGV）、Arias 强度、改进的累积绝对速度（CAV_5）和速度谱强度（VSI），但这些研究不是通过分析历史液化数据和强度指标关系筛选得到的最佳指标，而是采用数值模拟结果进行分析的，而且大多数研究没有考虑水平双向地震动对液化的共同作用。因此，本节为了探寻最适合地震液化预测的强度指标，先汇总 31个地震强度指标，然后再根据评价准则对收集的 18 次历史地震的双向加速度时程数据进行计算，分析不同强度指标与液化发生的相关性、有效性、适用性和完备性，在此基础上筛选出一个更适合于地震液化预测的强度指标。最后，基于筛选的最优强度指标，对第 4.3 节构建的多因素 BN 液化预测模型进行改进，力图进一步提高地震液化预测精度。

4.4.1 地震动的强度指标及评价准则

地震强度指标（Intensity Measure，IM）是一个定量描述地震动振幅、频率和持续时间的物理指标[370]。表 4.11 汇总了 31 个地震强度指标，给出了其定义或表达式。其中，某些只能描述地震强度幅值的指标称作峰值型强度指标，如 PGA、PGV、PGD 等，已被广泛采用在许多抗震设计中，但这些指标只能表征地表运动时程内的最大振幅，忽略了地震频率和持续时间对土体液化或结构破坏的影响。除 PGV/PGA 外，采用地震持续时间对峰值型指标进行改进的强度指标称作混合型指标，这些指标通常都能反映地表运动的振幅和持续时间。可以同时描述地震幅值和频率的强度指标称为频谱型指标，这种强度指标可以反映地震动激励下不同自振周期的响应特性，但其忽略了持续时间对土体或结构响应的影响。而能同时反映地震动振幅、持续时间和频率的强度指标称为积分型指标，这种强度指标由于考虑了地震动的三大特性，故更适用于地震液化预测分析中。

地震强度指标汇总　　　　　　　　　　　　　　　　　　　表 4.11

类型	指标	定义或公式	地震动特性		
			幅值	频率	持时
峰值型	地表峰值加速度 PGA	$\mathrm{PGA}=\max\left\vert a(t)\right\vert$	●	—	—
	地表峰值速度 PGV	$\mathrm{PGV}=\max\left\vert v(t)\right\vert$	●	—	○
	地表峰值位移 PGD	$\mathrm{PGD}=\max\left\vert u(t)\right\vert$	●	—	○
	有效设计加速度 EDA	过滤掉频率高于 8～9Hz 后的 PGA	●	—	—
	持续最大加速度 SMA	加速度时程中第三个绝对最大值	●	—	—
	持续最大速度 SMV	速度时程中第三个绝对最大值	●	—	—
混合型	PGV 和 PGA 的比值 PGV/PGA	$\mathrm{PGV/PGA}=\max\left\vert v(t)\right\vert/\max\left\vert a(t)\right\vert$	—	●	○
	复合加速度强度 I_{a}[371]	$I_{\mathrm{a}}=\mathrm{PGA}\cdot(t_{95}-t_5)^{1/3}$	●	—	●
	Fajfar 强度 I_{F}[372]	$I_{\mathrm{F}}=\mathrm{PGV}\cdot(t_{95}-t_5)^{0.25}$	●	—	●
	复合速度强度 I_{v}[373]	$I_{\mathrm{v}}=\mathrm{PGV}^{2/3}\cdot(t_{95}-t_5)^{1/3}$	●	—	●
	复合位移强度 I_{d}[373]	$I_{\mathrm{d}}=\mathrm{PGD}\cdot(t_{95}-t_5)^{1/3}$	●	—	●
积分型	Arias 强度 AI[374]	$\mathrm{AI}=\dfrac{\pi}{2g}\displaystyle\int_0^{t_{\mathrm{f}}}a^2(t)\,\mathrm{d}t$	●	●	●
	累积绝对速度 CAV[375]	$\mathrm{CAV}=\displaystyle\int_0^{t_{\mathrm{f}}}\left\vert a(t)\right\vert\,\mathrm{d}t$	●	●	●
	改进的累积绝对速度 CAV_5[145]	$\mathrm{CAV}_5=\displaystyle\int_0^{t_{\mathrm{f}}}\chi\left\vert a(t)\right\vert\,\mathrm{d}t$	●	●	●
	累积绝对位移 CAD	$\mathrm{CAD}=\displaystyle\int_0^{t_{\mathrm{f}}}\left\vert v(t)\right\vert\,\mathrm{d}t$	●	●	●
	均方根加速度 a_{rms}[375]	$a_{\mathrm{rms}}=\sqrt{\dfrac{1}{t_{\mathrm{d}}}\displaystyle\int_{t_5}^{t_{95}}a^2(t)\,\mathrm{d}t}$	●	●	○
	均方根速度 v_{rms}[375]	$v_{\mathrm{rms}}=\sqrt{\dfrac{1}{t_{\mathrm{d}}}\displaystyle\int_{t_5}^{t_{95}}v^2(t)\,\mathrm{d}t}$	●	●	○
	均方根位移 d_{rms}[375]	$d_{\mathrm{rms}}=\sqrt{\dfrac{1}{t_{\mathrm{d}}}\displaystyle\int_{t_5}^{t_{95}}u^2(t)\,\mathrm{d}t}$	●	●	○
	平方根加速度 a_{rs}[376]	$a_{\mathrm{rs}}=\sqrt{\displaystyle\int_0^{t_{\mathrm{f}}}a^2(t)\,\mathrm{d}t}$	●	●	●
	平方根速度 v_{rs}[376]	$v_{\mathrm{rs}}=\sqrt{\displaystyle\int_0^{t_{\mathrm{f}}}v^2(t)\,\mathrm{d}t}$	●	●	●
	平方根位移 d_{rs}[376]	$d_{\mathrm{rs}}=\sqrt{\displaystyle\int_0^{t_{\mathrm{f}}}u^2(t)\,\mathrm{d}t}$	●	●	●
	特征强度 I_{C}[377]	$I_{\mathrm{C}}=a_{\mathrm{rms}}^{1.5}\cdot(t_{95}-t_5)^{0.5}$	●	●	●
	能量密度指标 SED	$\mathrm{SED}=\displaystyle\int_0^{t_{\mathrm{f}}}\left[v(t)\right]^2\mathrm{d}t$	●	●	●
频谱型	谱加速度 $S_{\mathrm{a},0.5}$	阻尼比 5% 且周期为 0.5s 的加速度谱	●	●	—
	谱速度 $S_{\mathrm{v},0.5}$	阻尼比 5% 且周期为 0.5s 的速度谱	●	●	—
	谱位移 $S_{\mathrm{d},0.5}$	阻尼比 5% 且周期为 0.5s 的位移谱	●	●	—
	有效峰值加速度 EPA	$\mathrm{EPA}=\overline{S}_{\mathrm{a}}(0.1\sim0.5s,5\%)/2.5$	●	●	—
	有效峰值速度 EPV	$\mathrm{EPV}=\overline{S}_{\mathrm{v}}(0\sim1s,5\%)/2.5$	●	●	—
	加速度谱强度 ASI[378]	$\mathrm{ASI}=\displaystyle\int_{0.1}^{0.5}S_{\mathrm{a}}(\xi=5\%,T)\,\mathrm{d}T$	●	●	—
	速度谱强度 VSI[378]	$\mathrm{VSI}=\displaystyle\int_{0.1}^{2.5}S_{\mathrm{v}}(\xi=5\%,T)\,\mathrm{d}T$	●	●	—
	Housner 强度 I_{H}[378]	$I_{\mathrm{H}}=\displaystyle\int_{0.1}^{2.5}S_{\mathrm{pv}}(\xi=5\%,T)\,\mathrm{d}T$	●	●	—

注：●表示直接关系；○表示间接关系。t_{f} 为加速度的总时长；t_{d} 为相对地震持续时间，计算公式为 $t_{\mathrm{d}}=t_{95}-t_5$，其中 t_5 和 t_{95} 分别为 5% 和 95% 的 Arias 强度所对应的时间；T 为反应谱周期；χ 是一个系数，当 $\left\vert a(t)\right\vert<5\mathrm{cm/s}^2$ 时 $\chi=0$，当 $\left\vert a(t)\right\vert\geqslant5\mathrm{cm/s}^2$ 时 $\chi=1$；S_{pv} 是伪速度谱。

由于单一地震强度值指标不能满足所有地震工程问题需求，所以在不同工程问题中工程师关注的地震强度值指标会有所不同[370]。在地震液化的触发问题中，砂土液化的触发与地震幅值、频率和持续时间都有关。因此，一个能反映更多地震特性的强度指标要比只能反映某一个地震动特性的指标更适合地震液化预测分析。但由于地震液化触发的复杂性和不确定性，很难找到一个理想的强度指标，使其能在地震液化分析中的适用性、有效性和充分性都达到最佳。因此，目前最好的方式是在已有强度指标中根据相关评价准则筛选出一个相对最佳指标来用于地震液化的预测分析中，以减小 $P(\mathrm{Liq}\mid\mathrm{IM})$ 的变异性，从而提高液化预测模型的精度。

探寻一个最佳地震强度指标可以根据强度指标和地震液化潜能的相关性[379]、有效性[380]、适用性[381-382]和充分性[383]进行筛选，找出能同时满足这些评价准则的指标，即为最佳指标。本节对这些评价准则进行详细介绍。

（1）相关性分析

相关性是研究两个变量相关程度的一个准则，也是强度指标评价准则中最基本的一项。如果某个强度指标（IM）与地震液化发生不相关或相关度很小，则无需进行有效性、适用性和充分性的检验。在地震液化预测分析中，由于地震液化潜能（液化发生的概率，LP）同时受强度指标、土体特性和场地条件的影响，因此无法采用传统的两个变量间的相关性公式进行计算分析，需要同时考虑强度指标、土体特性和场地条件与液化潜能的关联，这叫作偏相关分析。在本书中，笔者用修正的标准贯入锤击数 $(N_1)_{60,\mathrm{cs}}$ 来近似代替土体特性和场地条件，表征土体的抗液化强度。该变量对标准贯入锤击数考虑了细粒含量和上覆有效应力及试验设备相关参数的修正。这样，在地震强度指标和液化潜能的偏相关分析中，只需将 $(N_1)_{60,\mathrm{cs}}$ 作为控制变量，采用偏相关系数来探寻液化潜能与强度指标的关联性，其表达式为[379]：

$$R_{\mathrm{LP\&IM},(N_1)_{60,\mathrm{cs}}}=\frac{R_{\mathrm{LP,IM}}-R_{\mathrm{LP},(N_1)_{60,\mathrm{cs}}}\cdot R_{\mathrm{IM},(N_1)_{60,\mathrm{cs}}}}{\sqrt{1-R_{\mathrm{LP},(N_1)_{60,\mathrm{cs}}}^2}\cdot\sqrt{1-R_{\mathrm{IM},(N_1)_{60,\mathrm{cs}}}^2}} \qquad (4.19)$$

式中，$R_{\mathrm{LP\&IM},(N_1)_{60,\mathrm{cs}}}$ 为液化潜能 LP 和强度指标 IM 的偏相关系数，简写为 R_{partial}；$R_{\mathrm{LP,IM}}$ 为 LP 和 IM 的相关系数；$R_{\mathrm{LP},(N_1)_{60,\mathrm{cs}}}$ 为 LP 和 $(N_1)_{60,\mathrm{cs}}$ 的相关系数；$R_{\mathrm{IM},(N_1)_{60,\mathrm{cs}}}$ 为强度指标和修正的 $(N_1)_{60,\mathrm{cs}}$ 的相关系数。

由于本研究中的强度指标是由地表加速度响应换算而来，因此所有的强度指标应该与 $(N_1)_{60,\mathrm{cs}}$ 存在某种关联，但通过数据分析后发现这种相关性很弱，这可能是因为地层的复杂性导致的。在式（4.19）中，IM 和 $(N_1)_{60,\mathrm{cs}}$ 是连续变量，而 LP 在本研究中是一个二分类变量。IM 和 $(N_1)_{60,\mathrm{cs}}$ 与 LP 之间的相互关系分析需要采用点二列相关分析方法[384]。由于点二列相关分析中要求连续变量服从或近似服从正态分布，因此本研究对 IM 和 $(N_1)_{60,\mathrm{cs}}$ 进行了对数变换，使 $\ln\mathrm{IM}$ 和 $\ln(N_1)_{60,\mathrm{cs}}$ 近似服从正态分布，然后再用于点二列相关性分析中。此外，对 IM 和 $(N_1)_{60,\mathrm{cs}}$ 进行了对数变换也符合地震液化预测这个高度非线性问题的分析。点二列相关系数 R_{pb} 的计算公式为：

$$R_{\mathrm{pb}}=(\overline{X}_{\mathrm{p}}-\overline{X}_{\mathrm{q}})\sqrt{pq}/S_{\mathrm{t}} \qquad (4.20)$$

式中，p 是某一类别（如液化未发生，取值为 0）占二分类变量总体的比例；q 是二分类变量中另一类（如液化发生，取值为 1）的频数占比，且 $p+q=1$；$\overline{X}_{\mathrm{p}}$ 是二分类变量中

P 类别对应的连续变量（如 lnIM 或 $\ln(N_1)_{60,cs}$）平均值；$\overline{X}_q$ 是二分类变量中 q 类别对应的连续变量平均值；S_t 是连续变量标准差。

对于两个变量的相关性分析，除了上述点二列相关系数外，还有 Pearson 相关系数[341]。Pearson 相关系数适用于两个变量都是连续变量，且其服从正态分布的情况。本研究对 lnIM 和 $\ln(N_1)_{60,cs}$ 进行 Pearson 相关系数计算，其计算公式为：

$$R_{X,Y}=cov(X,Y)/(\sigma_X \cdot \sigma_Y) \tag{4.21}$$

式中，$cov(X, Y)$ 为变量 X 和 Y 的协方差；σ_X 为变量 X（如 lnIM）的标准差；σ_Y 为变量 Y（如 $\ln(N_1)_{60,cs}$）的标准差。

在计算 lnIM 和 LP 的偏相关系数前，需要利用式（4.20）和式（4.21）分别计算式（4.19）中各变量间的相关系数（点二列相关系数和 Pearson 相关系数），然后再计算偏相关系数。偏相关系数 $R_{partial}$ 的范围在 0~1 之间，其中 0~0.2、0.2~0.4、0.4~0.6、0.6~0.8 和 0.8~1.0 分别表示两个变量的偏相关性极弱或不相关、弱、中、强和极强。

（2）有效性分析

概率性地震需求（Probabilistic Earthquake Demand，PED）分析是针对某个结构或土体建立地震强度指标 IM 和结构或土体的概率性地震响应需求 PED 的关系。Cornell 等[385] 给出了 IM 和 PED 关系表达式：

$$\ln PED=\ln a+b\ln IM \tag{4.22}$$

式中，a 和 b 是未知参数，需要进行回归拟合；IM 近似服从对数正态分布[386]。由于之前在相关性分析中讲到地震液化不仅受 IM 的影响，而且会受土体的抗液化强度影响，因此式（4.22）中还需加入 $\ln(N_1)_{60,cs}$ 这一项。此外，在概率性地震液化分析中，将 LP 代替 PED，但本研究中 LP 是一个二分类变量，无法直接用于式（4.22），还需对其进行逻辑变换。最后，式（4.22）可以变换为：

$$\ln\frac{P_L}{1-P_L}=Logit(P_L)=c+b\ln IM+d\ln(N_1)_{60,cs} \tag{4.23}$$

式中，$Logit$ 是逻辑变换函数；c、b 和 d 是未知系数，需回归拟合；P_L 为液化潜能。式（4.23）再变换后得到液化的概率性地震需求模型：

$$P_L=\frac{1}{1+e^{-c-b\ln IM-d\ln(N_1)_{60,cs}}} \tag{4.24}$$

IM 的有效性（Efficiency）表示采用有效性较强的地震强度指标时，可以减小概率性地震液化分析中的估计误差，用式（4.24）在预测后的残差的标准差 σ_ε 表示[380]，其表达式为：

$$\sigma_\varepsilon=\sqrt{\sum_{i=1}^{n}\left[P_{L\text{-}observed}-\frac{1}{1+e^{-c-b\ln IM_i-d\ln(N_{160,cs})_i}}\right]^2\Bigg/(n-k-1)} \tag{4.25}$$

式中，n 为样本大小；k 为独立变量个数，在本研究中 $k=2$；$P_{L\text{-}observed}$ 表示观测的地震液化值，为一个二分类变量，取 0 或 1。式（4.25）中标准残差 σ_ε 的值越小，表示 IM 的有效性越好，但通常会对 σ_ε 的值进行一个范围划分，σ_ε 小于 0.2、0.2~0.3、0.3~0.4 和大于 0.4，分别表示 IM 的有效性较高、高、中和低。

（3）适用性分析

在式（4.22）的回归分析中，参数 b 被用来刻画 IM 对 LP 的敏感性，也叫作可行性

(Practicality)[381]。对于 31 个候选的 IM 而言，b 值越大，表示 IM 对 LP 越敏感；如果 b 值近似接近于 0，表示该 IM 对地震液化潜能基本没有关联性。Padgett 等[382] 将有效性和上述可行性进行融合后，得到能综合反映 IM 对地震液化潜能影响的一个评价准则，称作适用性（Proficiency）。适用性平衡了 IM 的有效性和可行性对 LP 的影响，可以避免单一评价准则筛选 IM 带来的偏差，因为回归残差的标准差 σ_ε 中包含了 $\ln(N_1)_{60,cs}$ 的影响，而 b 只与 IM 有关。适用性 ζ 的表达式为：

$$\zeta = \sigma_\varepsilon / b \tag{4.26}$$

式中，适用性 ζ 的值越小，表示 IM 的适用性越好。

（4）充分性分析

由于地震能量的释放与震级（M_w）和震中距（R）有着密切关系，因此地震动的三大特性也应和地震的震级及震中距有关。但 Shome 和 Cornell[380] 及 Luco 和 Cornell[383] 在研究概率性地震需求分析时认为如果某个 IM 用于地震概率分析时，其残差在统计意义上应该与 M_w 和 $\ln R$ 分别条件独立，则该强度指标具有较小的系统效应，这称作充分性（Sufficiency）。为了评价每个 IM 在地震液化概率性分析中的充分性，需要在式（4.19）中分别加入 M_w 和 $\ln R$，并对其进行回归分析。如果 M_w 和 $\ln R$ 的回归系数都不具备统计意义，则该 IM 被认为具备充分性。式（4.19）被改写为：

$$\begin{cases} \ln\left(\dfrac{P_L}{IM^b (N_{160,cs})^d (1-P_L)}\right) = c' + fM_w + \varepsilon_{IM,M_w} \\ \ln\left(\dfrac{P_L}{IM^b (N_{160,cs})^d (1-P_L)}\right) = c' + f\ln R + \varepsilon_{IM,R} \end{cases} \tag{4.27}$$

式中，ε_{IM,M_w} 和 $\varepsilon_{IM,R}$ 分别是式（3.9）的回归残差；c' 和 f 是未知参数。由于 $\ln\left(\dfrac{P_L}{IM^b (N_{160,cs})^d (1-P_L)}\right)$ 在式（4.19）的回归分析中是在残差项 ε_{IM} 的范围内，则式（4.27）又可以改写为：

$$\begin{cases} \varepsilon_{IM} = g + fM_w + \varepsilon_{IM,M_w} \\ \varepsilon_{IM} = g + f\ln R + \varepsilon_{IM,R} \end{cases} \tag{4.28}$$

IM 在液化预测分析中的残差和 M_w 及 $\ln R$ 的条件独立性可以通过式（4.28）中参数 f 的显著性水平值 $P\text{-}value$ 进行表征。如果其 $P\text{-}value$ 大于给定的显著性水平值（通常是 0.05），则 M_w 或 $\ln R$ 对概率性液化分析模型的残差项 ε_{IM} 没有显著影响，故该 IM 具有较好的充分性[383]。

4.4.2　强震动加速度时程数据库

本研究从中国、美国、日本、新西兰和土耳其等国家发生的 18 次历史地震中，收集了 467 个 SPT 勘探场地地液化数据（257 个液化点和 210 个未液化点）和相对应的 95 条地表运动加速度记录，如表 4.12 所示。与场地液化数据对应的加速度时程记录是从太平洋地震工程研究中心（PEER）地表运动数据库（https://ngawest2.berkeley.edu/）和日本强地震监测台网（http://www.kyoshin.bosai.go.jp/kyoshin/）中下载获得。

18 个地震中地表加速度记录汇总　　　　　表 4.12

地震名称	M_w	t (s)	R (km)	Δ (km)	液化场地数	场地数	台站数
2011 年日本东北地区地震	9.0	40~135.9	298~456	0.1~4.9	42	124	42
2011 年新西兰基督城地震	6.2	3.7~11.0	7~25	0.3~1.7	61	65	6
2010 年新西兰达菲尔德地震	7.1	16.7~24.1	40~47	0.3~1.4	18	25	5
1999 年中国台湾集集地震	7.6	22.6~51.7	25~103	0.1~4.8	79	143	9
1999 年土耳其科贾埃利地震	7.4	14.9~15.2	20~56	0.1~3.6	7	10	2
1995 年日本神户地震	6.9	4.1~9.6	19~20	0.3~1.1	2	7	2
1994 年美国北岭地震	6.7	6.9~13.6	2~19	0.2~0.6	7	8	3
1989 年美国洛马普列塔地震	6.9	4.8~36.3	44~101	0.2~3.3	18	29	4
1987 年美国迷信山地震	6.5	12.3~36.0	12~43	0.2~3.6	1	10	6
1987 年美国迷信山地震	6.2	15.3	21	0.6	0	1	1
1983 年日本海—中部地震	7.7	49.9~65.2	151~152	1.1~1.2	2	3	1
1982 年日本浦川冲地震	6.9	24.3	60	4.3	0	1	1
1981 年美国威斯特摩兰	5.9	8.8~16.4	4~21	0.1~2.9	3	6	4
1979 年美国帝王谷	6.5	9.0~25.1	8~55	1.3~3.0	5	9	3
1978 年日本宫城县冲地震	7.7	22.8	95~103	3.4~4.8	9	15	1
1978 年日本宫城县冲地震	6.5	16.1	106~114	3.3~3.7	5	5	1
1968 年日本十胜冲地震	8.3	31.4~87.2	172~283	1.3~6.0	5	5	1
1964 年日本新潟地震	7.6	70.8	51~54	1.1~2.2	0	5	1
总计	5.9~9	3.7~135.9	2~456	0.1~6.0	257	467	95

根据我国《建筑抗震设计规范》GB 50011—2010[43] 中规定基岩场地的剪切波速阈值为 $V_s=500$m/s 和美国防震减灾规划规范[387] 中规定 $V_{s30}<500$m/s 的场地可划分为土体场地，本研究中所有剪切波速大于 500m/s 的场地被视为基岩场地，并将其剔除。此外，为了尽可能减少不同场地条件对强度指标的影响，本研究规定加速度记录台站和 SPT 钻孔位置的距离"Δ"应小于 5km，且钻孔位置距离现有结构（例如，建筑、桥梁和港口护岸等）需超过 10m，以避免土体-结构相互作用对场地液化触发的影响。由于有效的台站加速度记录数量有限，多个 SPT 钻孔可能对应某一个地表加速度时程，例如在我国台湾集集地震中，57 个 SPT 钻孔对应 1 个加速度台站（编号 TCU110）。

本书收集的地震加速度时程包括地表水平双向和竖向加速度记录，但由于地表加速度竖向分量只对地震液化的触发有轻微影响[388]，故本研究在地震强度指标计算过程中未考虑加速度竖向分量。由于所有加速度或频谱都是矢量指标，因此需要分别对水平双向加速度或其频谱进行矢量求和，得到一个综合强度指标。其计算表达如下：

$$\text{IM}=\begin{cases} f\left(\sqrt{(S_{ax,T})^2+(S_{ay,T})^2},T\right)，\text{频谱相关的 } IM\text{s} \\ f\left(\sqrt{(a_{x,t})^2+(a_{y,t})^2},t\right)，\text{其他 } IM\text{s} \end{cases} \tag{4.29}$$

式中，S_{ax} 为 x 方向（如东西方向）的地表水平加速度响应谱；S_{ay} 为 y 方向（如南北方向）的地表水平加速度响应谱；a_x 为 x 方向的地表水平加速度；a_y 为 y 方向的地表水平加速度；T 为反应谱周期；t 为地震持续时间；$f(\cdot)$ 为表 4.11 中的 IM 计算公式或定义。在进行 IM 计算前，先利用带通滤波器（频率取 0.1~20Hz）对所有加速度时程过滤，然后再根据表 4.11 中相应的公式或定义，对收集的 95 个加速度时程记录分别计算

31 个候选 IM，计算结果汇总于表 4.13。

强度指标的矢量范围汇总

表 4.13

IM	范围值	IM	范围值	IM	范围值
$PGA(m/s^2)$	$0.46\sim8.45$	$AI(m/s)$	$0.24\sim22.5$	$I_C(m^{1.5}/s^{2.5})$	$0.39\sim15.0$
$PGV(m/s)$	$0.08\sim1.55$	$CAV(m/s)$	$5.21\sim92.6$	$SED(m^2/s)$	$0.01\sim7.11$
$PGD(m)$	$0.02\sim0.93$	$CAV_5(m/s)$	$4.98\sim90.2$	$S_{a,0.5}(m/s^2)$	$1.28\sim18.82$
$PGV/PGA(s)$	$0.04\sim0.39$	$CAD(m)$	$0.55\sim23.9$	$S_{v,0.5}(m/s)$	$0.08\sim1.42$
$EDA(m/s^2)$	$0.48\sim8.61$	$a_{rms}(m/s^2)$	$0.12\sim2.90$	$S_{d,0.5}(m)$	$0.01\sim0.12$
$SMA(m/s^2)$	$0.45\sim6.74$	$V_{rms}(m/s)$	$0.02\sim0.27$	$EPA(m/s^2)$	$0.56\sim9.47$
$SMV(m/s)$	$0.07\sim1.02$	$d_{rms}(m)$	$0.01\sim0.33$	$EPV(m/s)$	$0.04\sim0.54$
$I_a(m/s^{5/3})$	$2.16\sim28.3$	$a_{rs}(m/s^{2.5})$	$1.22\sim11.9$	$ASI(m/s)$	$0.57\sim9.59$
$I_F(m/s^{3/4})$	$0.21\sim3.57$	$V_{rs}(m/s^{1.5})$	$0.12\sim2.67$	$VSI(m)$	$0.47\sim5.10$
$I_v(m^{2/3}/s^{1/3})$	$0.51\sim4.09$	$d_{rs}(m/s^{0.5})$	$0.03\sim1.91$	$I_H(m)$	$0.35\sim5.06$
$I_d(m\cdot s^{1/3})$	$0.06\sim2.85$	—	—	—	—

4.4.3　地震强度指标的筛选结果分析

采用上述 467 个现场调查数据对 31 个候选强度指标进行偏相关分析，其偏相关系数 $R_{partial}$ 的计算结果如图 4.15 所示。由图可以很明显看出 PGA，PGV，EDA，SMA，I_a，AI，a_{rms}，a_{rs}，I_C，$S_{a,0.5}$，$S_{v,0.5}$，$S_{d,0.5}$，EPV，VSI 和 I_H 的偏相关系数在 $0.4\sim0.6$ 之间，因此这 15 个强度指标和液化潜能的关系属于中等相关。其中，a_{rms} 的偏相关系数

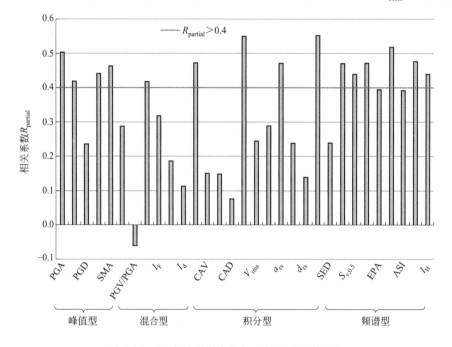

图 4.15　31 个地震强度指标的偏相关系数对比

为 0.55，位列第二，比 I_C 的偏相关系数值 0.553 略小。此外，PGD，SMV，I_F，V_{rms}，d_{rms}，V_{rs}，SED，EPA 和 ASI 的偏相关系数在 0.2～0.4 之间，属于弱相关，而 I_V，I_d，CAV，CAV_5，CAD 和 d_{rs} 的偏相关系数小于 0.2，其与液化潜能不相关或极弱相关。值得注意的是 PGV/PGA 和液化潜能的偏相关系数是负数，但其统计显著性水平值为 0.183，要大于正常显著性水平值 0.05。因此，PGV/PGA 与液化潜能的负相关性在统计意义上不显著，属于假负相关，造成这种结果的原因可能有：（1）本研究中的液化潜能是一个二分类变量，不是一个连续变量，其对相关性分析会带来一定的不确定性；（2）本研究所收集的调查数据存在抽样偏差，液化场地和未液化场地的样本量比值约为 1.22，该抽样偏差会对 $R_{LP, IM}$ 的计算存在一定影响[389]，进而影响最终的偏相关计算结果。

综上所述，31 个强度指标与液化潜能的偏相关性都不强，这也与液化潜能是一个二分类变量有关，如果液化潜能可以被土体超孔隙水压力这个连续变量代替，去分析其与强度指标的相关性，如 Chen 等[148] 与 Kramer 和 Mitchell[145] 的研究工作，则会得到更高的相关性，但问题是很难得到地震中实际场地的土体超孔隙水压力记录。

为了进一步分析 31 个地震强度指标的有效性和适用性，根据回归公式(3.6)分别计算其残差的标准差 σ_ε、回归系数 b 和适用性指标 ζ，其中残差的标准差的计算结果如图 4.16 所示。所有强度指标的回归残差的标准差 σ_ε 在 0.3～0.4 之间，这说明这些强度指标的有效性可以接受，但仍存在一定差别。为了筛选相对有效的强度指标，本研究采用这些标准差的均值作为一个临界点来区分强度指标的有效性差异。小于平均值的强度指标有 PGA，PGV，EDA，SMA，I_a，AI，CAV_5，a_{rms}，a_{rs}，I_C，$S_{a,0.5}$，$S_{v,0.5}$，$S_{d,0.5}$，EPV，VSI 和 I_H，其中 a_{rms} 的 σ_ε 值最小，约为 0.303。

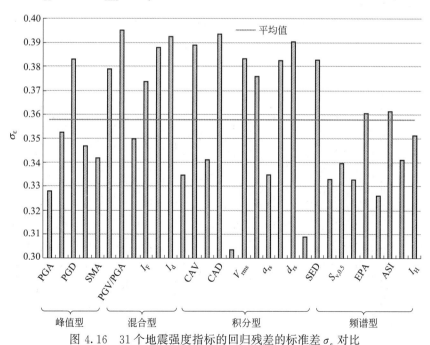

图 4.16　31 个地震强度指标的回归残差的标准差 σ_ε 对比

回归系数 b 的计算结果如图 4.17 所示，可以明显看出，不同强度指标对液化潜能的敏感性不同。其中，PGA，PGV，EDA，SMA，I_a，a_{rms}，a_{rs}，I_C，$S_{a,0.5}$，$S_{v,0.5}$，

$S_{d,0.5}$，EPA，EPV，ASI，VSI 和 I_H 的 b 值要大于平均值，因此这 16 个强度指标的敏感性相对较强。

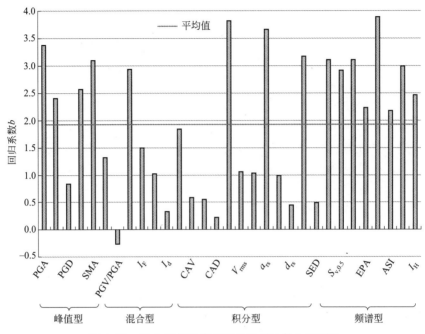

图 4.17　31 个地震强度指标的回归系数 b 的对比

在适用性分析中，除了 IM 的回归系数 b 对液化潜能有影响外，$(N_1)_{60,cs}$ 的回归系数 d 对液化潜能也有一定影响。31 个强度指标对应的 d 值计算结果如图 4.18 所示。所有

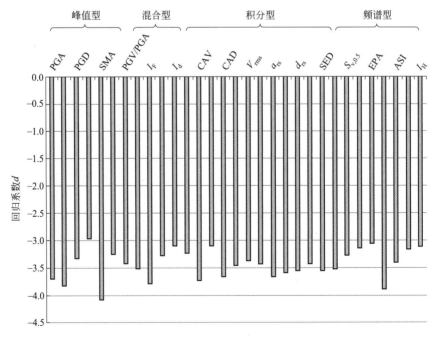

图 4.18　逻辑回归模型中 $(N_1)_{60,cs}$ 的回归系数 d 的对比

强度指标对应的 $(N_1)_{60,cs}$ 的 d 值相差不大，范围在 $-3.0 \sim -4.1$ 之间，属于负相关，这说明 $(N_1)_{60,cs}$ 对液化触发是阻碍作用。b 值的离散程度要比 d 大，这说明当土体遭受地震作用后，对于强度指标而言，$(N_1)_{60,cs}$ 对土体液化潜能的敏感性是一定的，而不同的强度指标对土体液化潜能的敏感性有着较大差异。因此选择较敏感的强度指标有利于提高土体液化发生的预测概率。此外，还值得注意的是在每个强度指标对应的回归模型中 d 值的绝对值几乎都要比 b 值的绝对值高，这意味着对于这 31 个强度指标而言，$(N_1)_{60,cs}$ 对土体液化潜能的敏感性要高于这些强度指标。

通过上述分析发现，PGA，PGV，EDA，SMA，I_a，a_{rms}，I_C，EPV，$S_{a,0.5}$，$S_{v,0.5}$，$S_{d,0.5}$，VSI 和 I_H 同时具备较好的相关性、有效性和敏感性。为了从这 13 个强度指标中进一步筛选出适用性较好的指标，采用可以平衡回归残差的标准差 σ_ε 和回归系数 b 影响的适用性评价指标 ζ 比较，结果如图 4.19 所示。同样地，由于适用性 ζ 没有筛选的范围标准，本研究采用平均值来区分哪些指标相对较好。从图 4.19 中可以看出小于平均值的强度指标有 PGA，a_{rms}，I_C 和 EPV，说明这 4 个强度指标的适用性相对较好。其中，a_{rms} 的 ζ 值最小，只有 0.079。

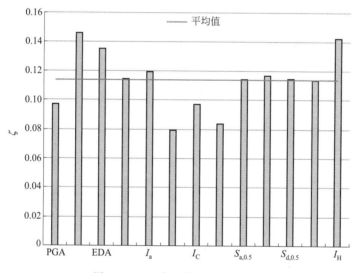

图 4.19　13 个强度指标的 ξ 对比

通过上述进一步分析发现，PGA，a_{rms}，I_C 和 EPV 不仅具有较好的偏相关性，而且还有相对较好的有效性和适用性。但除上述评价指标性能外，这 4 个候选强度指标的残差还需要和地震震级及震中距条件独立来表征其在液化预测中具有充分性。根据式 (4.24) 分别计算 M_w 和 $\ln R$ 的回归模型残差 ε_{IM}，结果如图 4.20 所示。可以明显看到，在 4 个强度指标的残差回归结果中，a_{rms} 和 PGA 对应的 $P\text{-}value$ 要大于 0.05，因此这两个指标的充分性要比其他两个强度指标好。此外，在适用性分析中，SMA，$S_{a,0.5}$，$S_{d,0.5}$ 和 VSI 的 ζ 值只略大于平均值，在此也对这些强度指标的残差分别针对 M_w 和 $\ln R$ 进行了回归分析，但其 $P\text{-}value$ 在 $4 \times 10^{-6} \sim 5 \times 10^{-3}$ 之间，远小于正常水平值 0.05。

综上，通过上述分析最终确认 31 个候选指标中 a_{rms} 为最佳选择，因为其具有最高的偏相关性和最好的有效性、适用性及充分性。此外，从物理角度来看，a_{rms} 是包含了地

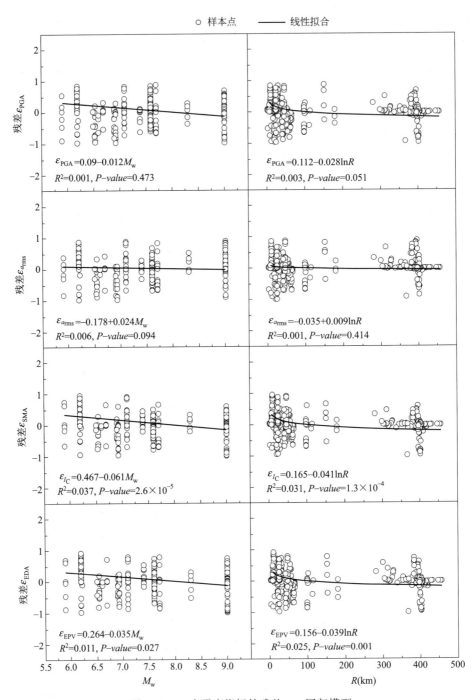

图 4.20　4个强度指标的残差 ε_{IM} 回归模型

震动幅值、频率和持时的一个复合型强度指标，可以更好反映地震的能量。而 PGA 作为一个备选的强度指标，其只能反映地震幅值，在像地震液化预测这样同时受地震幅值、频率和持时影响的复杂问题中，单独采用 PGA 可能会导致预测结果并不理想。但是，PGA 能作为地震液化分析中备选强度指标的原因有：（1）PGA 和 a_{rms} 有较高的相关性

$(R_{\mathrm{pearson}} = 0.905)$，这可以使其在地震液化预测中和 a_{rms} 具有相同的表现；（2）通常在地震液化预测中会考虑地震持续时间的影响，将该因素作为预测模型的一个输入变量看待，当采用 PGA 时，也会在预测模型中加入持时，这样联合 PGA 和持时就可以有效避免单独采用 PGA 的不足，至于频率对地震液化的影响，很少会考虑这一因素。

此外，也存在其他强度指标，如 Arias 强度[144] 和速度谱强度（VSI）[148] 应用于地震液化的预测中。这两个强度指标在偏相关性、有效性和适用性分析中的表现也可以接受，但其充分性较差，且和 PGA 及 a_{rms} 相比，其与液化潜能的关联性相对要弱。这是因为不同的场地条件，各强度指标的敏感度不同，其中 AI 和 VSI 对场地条件的敏感度较强，这样容易导致在多个不同场地类型对应一个加速度站点时，其强度值都一样，而实际上各场地的强度值不一样，进而影响其与液化潜能的关联性。

4.4.4　地震液化 SPT 数据库及试验设计

第 4.3.2 节收集了来自国内外 13 次历史地震的 1385 例 SPT 液化数据。本节对该液化数据进一步更新和扩充，共包括 95 组地表加速度时程记录和 467 个场地（257 个液化场地和 210 个未液化场地）的 1490 例 SPT 液化数据。这些 SPT 勘测点位于河道、天然堤、港口、人工岛、农田或排水用地等。如果这些场地存在明显的液化证据[235]，如喷砂冒水、沉降或侧向流动等宏观现象，则认为该场地发生了液化。换句话说，如果没有发现任何宏观地表液化现象，则场地就会被归类为未液化场地。但是，即使在上述被视为的未液化场地中，地表以下的局部砂土层仍有可能发生液化，这是因为液化的砂土层上存在着较厚黏土层，宏观液化证据很难被观察到。据 Juang 等[235] 的研究，在我国台湾集集地震中发现员林地区存在多处"未液化"地点出现了该情况，最后通过重新验算后被更改为液化场地。因此，在本研究中，这些勘查点被归类为液化场地。

除第 4.3.2 节收集的 SPT 液化数据外，本小节中新加入的 SPT 液化数据分别来源于 Toprak 等[53]、Tokimatsu 和 Yoshimi[367]、1999 年 8 月 17 日土耳其科咯艾里地震液化数据调查网站（http：//peer. berkeley. edu/publications/turkey/adapazari/）和新西兰地震地质数据库（https：//www. nzgd. org. nz/default. aspx）。本研究收集的 SPT 液化数据的因素取值范围如表 4.14 所示。与第 4.3.2 节收集的数据集相比，扩充的数据集有如下改进：

液化影响因素的取值范围及等级划分　　　　　表 4.14

因素	取值范围	等级数	等级	范围
震级 M_{w}	5.9～9.0	4	超大	$8 \leqslant M_{\mathrm{w}}$
			强	$7 \leqslant M_{\mathrm{w}} < 8$
			中	$6 \leqslant M_{\mathrm{w}} < 7$
			低	$4.5 \leqslant M_{\mathrm{w}} < 6$
震中距 R(km)	2.4～456.4	4	超远	$100 < R$
			远	$50 < R \leqslant 100$
			中	$10 < R \leqslant 50$
			近	$0 < R \leqslant 10$

因素	取值范围	等级数	等级	范围
相对持续时间 t_d(s)	4.1～135.9	3	长	$20.41 \leqslant t_d$
			中	$7.24 \leqslant t_d < 20.41$
			短	$0 \leqslant t_d < 7.24$
均方根加速度 a_{rms}(m/s^2)	0.12～2.90	4	超高	$1.0 \leqslant a_{rms}$
			高	$0.8 \leqslant a_{rms} < 1.0$
			中	$0.45 \leqslant a_{rms} < 0.8$
			低	$a_{rms} < 0.45$
地表加速度峰值 PGA(m/s^2)	0.46～8.45	4	超高	$0.4 \leqslant PGA$
			高	$0.3 \leqslant PGA < 0.4$
			中	$0.15 \leqslant PGA < 0.3$
			低	$PGA < 0.15$
土质类别 ST	—	5	GS	—
			SP	—
			SM	—
			SC	—
			ML	—
修正的标准贯入锤击数 $(N_1)_{60,cs}$	1.7～75.3	4	密实	$35 < (N_1)_{60,cs}$
			中密	$20 < (N_1)_{60,cs} \leqslant 35$
			稍密	$15 < (N_1)_{60,cs} \leqslant 20$
			松散	$(N_1)_{60,cs} \leqslant 15$
细粒含量 FC(%)	0～99	3	高	$50\% < FC$
			中	$30\% < FC \leqslant 50\%$
			低	$FC \leqslant 30\%$
上覆竖向有效应力 σ'_v(kPa)	7.5～374.2	4	超大	$150 \leqslant \sigma'_v$
			大	$100 \leqslant \sigma'_v < 150$
			中	$50 \leqslant \sigma'_v < 100$
			小	$\sigma'_v < 50$
地下水位 D_w(m)	−0.3～14.3	3	深	$4 \leqslant D_w$
			中	$2 < D_w < 4$
			浅	$D_w \leqslant 2$
可液化土层埋深 D_s(m)	1.0～29.3	4	超深	$20 \leqslant D_s$
			深	$10 \leqslant D_s < 20$
			中	$5 \leqslant D_s < 10$
			浅	$D_s < 5$

（1）本研究考虑了新的强度指标 a_{rms}，并采用其矢量和（两个水平方向的加速度）来评估地震液化；

（2）土质类别被扩展为 5 类，包括砾石土（GS）、级配不良的纯砂（SP）、粉质砂土（SM）、黏质砂土（SC）和低液限粉土（ML）；

（3）标准贯入试验锤击数 N 被替换为考虑了桩锤类型、桩锤能量、上覆竖向有效应力和细粒含量修正后的 $(N_1)_{60,cs}$，其可以在一定程度上减少因试验设备型号和场地条件不同引起的参数不确定性。

本研究也采用 K 折交叉试验（$K=5$）对后续建立的 BN 模型进行训练、验证和测试，与第 4.3.2 节 K 折交叉试验不同的是本节加入了模型测试，能更好地对比模型的泛化能力。基于 SPT 数据集的 K 折交叉试验示意图如图 4.21 所示。首先，将收集到的 1490 例 SPT 数据分为 3 个部分：训练集、验证集和测试集。其中，训练集和验证集包含 1400 例 SPT 数据，随机等分为 5 组，每组样本量都为 280 例。为减少抽样偏差，在每组中，液化样本与未液化样本的比例被固定为 1∶1 左右（139 例液化样本∶141 例未液化样本）。然后，在交叉试验中，1120 例样本（4 组样本量的和）用于 BN 模型训练，剩余的 280 例样本用于 BN 模型性能的验证。上述模型训练和验证过程共重复 5 次，使每个部分的样本都能用于 BN 模型的训练或预测评估。此外，测试样本集包含的 90 个液化样本均来自 2010～2011 年新西兰坎特伯雷地震序列，这些样本既没有用于 BN 模型的训练，也没有用于其验证。最后，将 BN 模型在 5 次试验中计算得到的各评估指标取其平均值用于模型的性能对比。

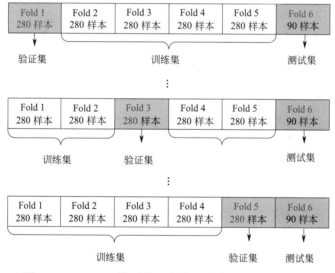

图 4.21　BN-SPT 模型的 K 折交叉试验（$K=5$）示意图

除本研究选取的某些变量不同于已有 BN 模型外，部分变量的分级标准也做了调整：Kung 等[390]　根据地震的 90% 能量持时将相对持时分为三个等级：$t_d<7.24s$、$7.24s\leqslant t_d<20.41s$ 和 $t_d>20.41s$，本研究采用这种划分标准；在本研究收集的加速度数据中，a_{rms} 的范围为 $0.12\sim2.90m/s^2$，其平均值大约为 $0.8m/s^2$，且当对应于 25%、50% 和 75% 的数据量时，a_{rms} 值大约为 $0.45m/s^2$、$0.8m/s^2$ 和 $1.0m/s^2$。因此，采用等频分割的方式，a_{rms} 的等级分类为：$0<a_{rms}<0.45m/s^2$、$0.45m/s^2\leqslant a_{rms}<0.8m/s^2$、$0.8m/s^2\leqslant$

$a_{rms}<1.0\mathrm{m/s^2}$ 和 $1.0\mathrm{m/s^2}\leqslant a_{rms}$；修正的标准贯入锤击数 $(N_1)_{60,cs}$ 可以根据附录 B 中的式 (B.6)～式 (B.8) 进行计算得到，其等级可以根据工程经验划分为：$(N_1)_{60,cs}\leqslant 15$ 表示松散、$15<(N_1)_{60,cs}\leqslant 20$ 表示稍密、$20<(N_1)_{60,cs}\leqslant 35$ 表示中密和 $35<(N_1)_{60,cs}$ 表示密实；土体的类别被扩充为 6 类：砾石土 GS、砂土 SP、粉质砂土 SM、黏质砂土 SC 和粉土 ML；其他变量的分类标准和已有 BN 模型一样。但如果当领域知识或经验知识里变量没有相关划分标准或准则时，那么就只能依赖数据来划分。Li 等[368] 提出了一种单纯依据数据学习划分变量等级的算法。

4.4.5　BN 地震液化预测模型结构的改进

在第 2 章中已经介绍了 BN 模型构建的三种方法，分别是完全依赖于专家意见的建模方式、完全基于数据驱动的算法建模方式和结合前两者的混合式方法。由于目前地震液化机理已有较深入的认识，而且液化影响因素间的关系已经很明确，因此这些机理知识可以作为建立液化 BN 模型的先验信息。另外，目前已经积累了大量地震液化历史数据，这些数据足以用于 BN 模型的参数学习去确定条件概率表。所以，本研究采用第三种建模方式，首先基于液化机理手工建立模型的结构，然后再基于液化数据进行参数学习，获得模型中各变量的条件概率，最终确定出液化 BN 模型，并采用 K 折交叉试验方式与 I&B 模型[391] 进行对比验证。已有研究也证明了这种混合建模方法可以显著改善 BN 模型的性能[255]。

第 4.3 节基于 SPT 历史数据建立两个 BN 模型，该模型选用震中距、地震震级、地表峰值加速度、持续时间、土质类别、细粒含量、平均粒径、标准贯入锤击数、可液化土层埋深、上覆有效应力和地下水位这 11 个影响因素。其中的一个液化 BN 模型采用 ISM 方法建立，另一个模型采用 ISM 结合 K2 算法[363] 构建，并证实了第二个 BN 模型的预测性能要优于前者。上述两个 BN 模型中采用的 IM 指标都是 PGA。另外，为了更多地考虑更好的变量（如第 4.4.3 节中确定的 a_{rms}）以及各变量间的物理关系，本研究基于已有 BN 模型，引入地震液化触发机理，构建两个新的液化 BN 模型，如图 4.22 所示。两个新 BN 模型的不同之处在于采用的 IM 指标不同，其目的是将 BN-a_{rms} 模型［图 4.22(a)］与 BN-PGA 模型［图 4.22(b)］进行比较，以验证和 PGA 相比 a_{rms} 是否更适用于评估液化触发。此外，这两个新 BN 模型将会和已有 BN 模型（第二个较优的模型）进行模型训练和预测效果比较，以验证新 BN 模型结构的好坏。

与已有 BN 模型相比，本研究中 BN 模型的不同之处在于：

（1）采用修正的标准贯入锤击数 $(N_1)_{60,cs}$ 代替原始的 SPTN 值，这个变量可用于表征可液化土体的抗剪强度；

（2）两种相对较好的地震强度指标 a_{rms} 和 PGA，都考虑了双向水平加速度对液化的影响；

（3）由于在工程实践中很难获取平均粒径 D_{50}，因此 D_{50} 在 BN 模型中被剔除；

（4）地震相对持续时间 t_d 更适合反映地震的有效强度，所以已有 BN 模型中的地震总持续时间 t_f 被相对持续时间 t_d 代替；

（5）增加了来自不同国家的地震历史事件和更多土体类型的液化数据；

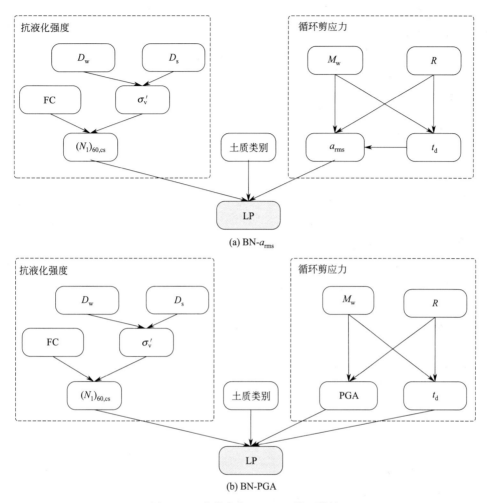

(a) BN-a_{rms}

(b) BN-PGA

图 4.22　改进液化 BN-SPT 模型结构

（6）更新了模型结构，以更清晰准确地表示地震所引起的土体液化触发机制。在 BN-a_{rms} 模型中，概率图模型可以将 $(N_1)_{60,\mathrm{cs}}$ 表征的土体抗液化能力与 a_{rms} 表征的地震强度用概率关系联系起来。为扩展该模型在不同土质中的适用性，土体类别（Soil Type，ST）被作为一个父节点添加到模型中。这样，BN 模型的数学表述形式可写作：

$$B(PL) = \{G_{LS,ST,CSS}, P\} \tag{4.30}$$

式中，B 是 BN 模型；G 是有向无环图（Directed Acyclic Graph，DAG）；P 是所有变量的条件概率表；LS 是抗液化强度；ST 是土质类别；CSS 是循环剪应力。DAG 的数学形式可表述为：

$$G = \{V((N_1)_{60,\mathrm{cs}}, \mathrm{FC}, \mathrm{GWT}, D_s, \sigma'_v, \mathrm{ST}, a_{\mathrm{rms}}\, or\, \mathrm{PGA}, t_d, M_w, \mathrm{ED}), E\} \tag{4.31}$$

式中，V 是变量集；E 是有向边。

下一步是确定 DAG 中变量之间的关系。例如，在 BN-a_{rms} 模型中，影响 $(N_1)_{60,\mathrm{cs}}$ 的主要因素是细粒含量和上覆竖向有效应力，而上覆竖向有效应力是由地下水位、土层埋深、土体重度和浮重度计算得出；影响 a_{rms} 的因素为地震震级、震中距和相对持续时间，而相对持续时间又与震级和震中距有关；土质类别难以和其他变量建立物理关系，将其作为一个独立变量直接和土体液化的发生有关。这样基于液化机理和变量间物理关系就能很容易地确定所有变量间的关系。对于新的 BN-PGA 模型，由于持续时间和 PGA 的相对独立性，它们之间并没有联系。

4.4.6　各液化模型的结果对比分析

（1）改进 BN 模型与其他 BN 模型的训练和验证结果对比

将新建的两个 BN 模型与第 4.3.2 节中的多因素 BN 模型（定义为"已有的 BN 模型"）进行模型学习后，对学习样本进行回判对比分析。除上述采用的与混淆矩阵相关的评价指标外，本节同时也对比了 Lift 指标，各性能指标的计算结果如表 4.15 所示。可以看到，BN-a_{rms} 模型回判结果中所有评估指标的平均值都要比其他 BN 模型的大，这说明新建的 BN-a_{rms} 模型的学习性能最好。另外，新建的 BN-PGA 模型回判结果中几乎所有评估指标的平均值都要比已有的 BN 模型大，这说明新构建 BN 模型的结构要优于原模型结构。

地震液化模型的回判结果对比　　　　　　　　　　　表 4.15

模型	Macro-Lift	Macro-Acc	Macro-AUC	液化			未液化		
				Macro-Prec	Macro-Rec	Macro-F_1	Macro-Prec	Macro-Rec	Macro-F_1
已有的 BN 模型	1.848	0.938	0.966	0.917	0.962	0.939	0.961	0.915	0.937
BN-PGA 模型	1.845	0.946	0.983	0.916	0.982	0.948	0.981	0.911	0.945
BN-a_{rms} 模型	1.909	0.967	0.984	0.948	0.987	0.967	0.987	0.946	0.966

一个好的模型不仅要有较强的学习能力，而且还要有较好的泛化能力，即较好的预测性能。表 4.16 对比了这 3 个 BN 模型和 I&B 模型（详细介绍见附录 A）的评估指标平均值，来验证新建 BN 模型的泛化能力。由表 4.16 可以看到，与三个 BN 模型相比，I&B 模型的预测结果中所有性能指标平均值都最小。在 3 个 BN 模型的预测结果中，和回判结果一样，BN-a_{rms} 模型的所有评估指标值都最大，即其泛化能力最好，而已有的 BN 模型的所有评估指标值都最小，这也进一步说明本研究所构建的新 BN 模型的结构要优于原 BN 模型的结构，且在地震液化评估中，强度指标采用 a_{rms} 要比 PGA 好。此外，在砾石土和粉质土的液化预测中，已有的 BN 模型、BN-PGA 模型和 BN-a_{rms} 模型的预测准确率分别为 0.804、0.961 和 0.971，这一结果要明显大于 I&B 模型的预测值 0.435，这说明本研究建立的 BN 模型在除砂土外的其他土质液化预测中也有较好的精度。

地震液化模型的预测结果对比　　　　　　　　　　　表 4.16

模型	Macro-Lift	Macro-Acc	Macro-AUC	液化			未液化		
				Macro-Prec	Macro-Rec	Macro-F_1	Macro-Prec	Macro-Rec	Macro-F_1
I&B 模型	1.576	0.841	0.879	0.782	0.941	0.854	0.927	0.742	0.824
已有的 BN 模型	1.624	0.859	0.944	0.806	0.944	0.870	0.933	0.776	0.847
BN-PGA 模型	1.809	0.932	0.974	0.898	0.974	0.934	0.972	0.891	0.930
BN-a_{rms} 模型	1.883	0.959	0.986	0.935	0.986	0.959	0.985	0.932	0.958

（2）改进 BN 模型与其他 BN 模型及简化方法的测试结果对比

除上述回判和预测验证对比分析外，未参与模型学习和预测的剩余样本 90 例（全部来自 2010～2011 年新西兰序列地震）将对上述 4 个液化模型进行测试，来进一步说明模型性能。在地震液化评估中，通常工程界关心更多的是在所有样本中液化或未液化场地能被模型正确识别出来以及模型的整体预测准确性，因此本节只采用 Macro-Acc 和 Macro-Rec 来对比 4 个地震液化模型的测试结果，如表 4.17 所示。由表 4-17 可以很明显看到，BN-a_{rms} 模型有最大的总体预测精度，而 I&B 模型的最差。对于 Macro-Rec 而言，BN-PGA 模型对液化和未液化场地的识别能力相当，I&B 模型对未液化场地的识别能力要远大于对液化场地的，这不符合液化评估的工程实际要求，而已有的 BN 模型和 BN-a_{rms} 模型刚好相反。

4 个地震液化模型的测试结果对比　　　　　　　　　　　　　表 4.17

模型	Macro-Acc	Macro-Rec	
		液化	未液化
I&B 模型	0.600	0.544	1.000
已有的 BN 模型	0.716	0.752	0.455
BN-PGA 模型	0.771	0.767	0.800
BN-a_{rms} 模型	0.849	0.901	0.473

此外，只对比 3 个 BN 模型，无论是液化场地还是未液化场地，新建 BN 模型的识别能力都要比已有的 BN 模型好。而在新建的两个 BN 模型测试结果中，除了未液化场地的测试结果外，BN-a_{rms} 模型的测试值都要优于 BN-PGA 模型，这可能由于本次测试样本中只有 11 个未液化场地，而 BN-a_{rms} 模型刚好对这几个仅有的未液化样本不能很好识别导致。

综合来看，本研究建立的新 BN 模型的结构是较优的，采用 a_{rms} 作为强度指标代替 PGA 是可行的，且更好。此外，本研究建立的 BN-a_{rms} 模型和 I&B 模型中的变量基本一致，不同的是两者用到的地震强度指标不同，I&B 模型采用的是 PGA，而 BN 模型采用的是 a_{rms}。在地震液化分析中，简化分析方法通常采用 0.65PGA 来等效地震地表加速度的平均值，但用像 PGA 这样一个峰值型指标来近似表征具有频谱特性的地震强度是不太理想的。而且在本研究的数据中，通过计算发现 a_{rms} 和 PGA 的比值大约在 0.12～0.43 之间，存在一定的差异。从模型性能来讲，尽管目前本研究建立的 BN 模型的验证和测试结果都要比 I&B 模型好，但 I&B 模型已经在学术界得到了一定认可，在工程界也得到了广泛应用[392]。因此，本研究建立的 BN 模型仍需要大量工程实践来进一步验证其实用性和预测性的优劣。

（3）改进的 BN 模型与其他机器学习模型的结果对比

上述只与已有的 BN 模型和简化方法进行了对比分析，验证了 BN-a_{rms} 模型具有更好的性能，但未和其他地震液化机器学习模型对比。因此，本节将进一步对比各机器学习模型在地震液化预测中的性能，比如 LR、BU、ANN 和 SVM 模型，并讨论这些数据驱动方法的假设、优势和局限性，以及分析预测中的误差来源。其中，通过对比 RBF、Sigmoid 和 hyperbolic tangent 核函数的性能，ANN 模型采用 Sigmoid 核函数，简称 ANN-Sigmoid，模型结构由三层组成，即输入层、隐藏层（性能测试后确定为 24 个节点的隐藏层）和输出层（输出含两个神经元，即液化和不液化）；通过对比多项式、RBF 和 Sigmoid 核函数的性能后确定 SVM 模型采用 Polynomial 核函数，简称 SVM-Polynomial，通过大量试算，核函数中的正则化参数和模型中的 γ 和 b 分别确定为 10、1.0 和 8；LR 模型和 BU（贝叶斯更新）模型的计算公式分别如下：

$$P_L = \frac{1}{1+\exp\left[14.742+0.211(N_1)_{60,cs}-2.363(\ln r_d+\ln(\sigma_v/\sigma_v')+\ln a_{rms})-9.22\ln M_w\right]} \tag{4.32}$$

$$P_L(Liq) = \Phi\left(-\frac{\begin{array}{c}N_{1.60}\cdot(1+0.004\cdot FC)-13.32\cdot\ln(CSR_{eq})-29.53\\ \cdot\ln(M_w)-3.7\ln(\sigma_v'/P_a)+0.05\cdot FC+16.85\end{array}}{2.7}\right) \tag{4.33}$$

采用 374 个案例训练了 ANN-Sigmoid、SVM-Polynomial、LR 和 BN-EM 模型（数据存在缺值问题，采用 EM 算法进行参数学习），它们返回的分类结果如表 4.18 所示。由表 4.18 可以看出 SVM-Polynomial 模型的准确率最大，而 LR 模型的准确率最小。对于液化和未液化样本，SVM-Polynomial 模型的召回值最大，而未液化样本中 BN-EM 模型和液化样本中 LR 模型的召回值最小。因此，SVM-Polynomial 模型的学习性能最好，而 LR 模型的学习性能最差。此外，在误差分析方面，ANN-Sigmoid 模型的 RMSE 和 MAE 值都是 4 个模型中最小的，这表明 ANN-Sigmoid 模型的预测概率比其他模型更接近真实值，而 LR 模型的 RMSE 和 MAE 值都是最大的，表现最差。

除了比较模型的训练性能外，还使用了 93 个测试用例来进一步比较模型的泛化性能。在本节中，将 BU 模型添加到比较中，比较结果如表 4.19 所示。由表 4.19 可以看出，BN-EM 模型的准确率最大，而 SVM-Polynomial 模型的准确率最小。对于液化样本的 Rec 值，BU 模型的最大，而对于为未液化样本的 Rec 值，LR 模型的最大。在误差分析方面，BU 模型的 MAE 最小，而 BN-EM 模型的 RMSE 最小。SVM-Polynomial 模型的 MAE 和 RMSE 都是最大的。综合比较这些模型的训练和测试性能，在本研究中它们对相同数据产生了不同的概率预测结果，其中 BN 模型的泛化性能最好，ANN 模型次之，SVM 模型表现最差。

4 种概率模型的训练性能对比　　　　　　　　　　　　　　　　　　表 4.18

模型	Acc(%)	RMSE	MAE	Rec	
				液化(%)	未液化(%)
ANN-Sigmoid	94.1	0.209	0.093	97.1	90.6
SVM-Polynomial	97.3	0.213	0.143	97.1	97.6
LR	84.0	0.341	0.237	78.9	90.0
BN-EM	88.0	0.292	0.169	92.2	82.9

5 种概率模型的测试性能对比　　　　　　　　　　　　　　　　　　表 4.19

模型	Acc(%)	RMSE	MAE	Rec	
				液化(%)	未液化(%)
ANN-Sigmoid	90.3	0.285	0.137	86.8	95.0
SVM-Polynomial	83.9	0.404	0.225	83.0	95.0
LR	89.2	0.282	0.192	83.0	97.5
BU	87.1	0.304	0.136	100.0	70.0
BN-EM	91.4	0.270	0.150	90.6	92.5

对比这 5 个机器学习模型，其输入变量略有不同。LR 模型没有考虑震中距、细粒含量、地下水位和土壤类型对土壤液化的影响，BU 模型也没有考虑震中距、地下水位和土壤类型对土壤液化的影响，而且它实际上是一种回归方法。BU 模型和 LR 模型的区别之一在于 LR 模型中的参数是常数，而 BU 模型中的参数被视为分布。虽然 ANN、SVM 和 BN 模型中的所有输入变量都是相同的，但 BN 模型需要将所有连续变量离散化，并在离散域上构建模型的结构，这样容易导致离散化后训练和测试数据集中部分样本中所有输入变量的类别相同，但输出类别会产生矛盾[393]。例如输入条件一致，但一个样本的输出是液化，另一个样本是未液化，这就是导致 BN-EM 模型在训练结果中表现不佳（准确率 Acc 只有 88.0%）的原因。但在 ANN 和 SVM 模型中，除土壤类型外，其他变量都是连续的，不需要离散化。因此，这两个模型中的样本之间并不矛盾，但通常存在过度拟合的问题，例如，在 SVM 模型中，它获得了非常低的训练误差，只有 2.7%，但测试误差仍然很高，有 16.1%，这可能是模型训练中过度拟合导致的。但是，BN 模型可以有效抵抗过度拟合问题[394]。BN 模型还有另一个优点，即通过添加新变量来同时预测不同原位试验中的土壤液化，例如将 $(N_1)_{60,cs}$ 换成 q_c 或 V_s，很容易扩展模型的适用范围，而不改变其主要结构体，这将在下一节进行介绍。

　　此外，表 4.20 对比了上述 5 种机器学习方法在地震液化评价中的求解能力。这 5 种方法都可以考虑地震液化预测中的不确定性，并在给定输入值的情况下推断液化概率。但是，只有 BN 方法能反向推断出什么样的场地条件和地震条件下最有可能诱发土壤液化，并且可以在缺失数据的情况下推断或反向推断。更重要的是，贝叶斯方法可以轻松地在数学上结合先验知识和数据。这些先验反映了我们在进行研究之前对该问题的了解程度，然后用数据对其进行更新，以获得旧知识和新数据的综合，并且这种综合可以进一步用作新研究中的先验[395]。因此，BN 方法具有更多的优势。面对缺失数据情况，LR 和 BU 方法无法处理这类问题，例如当测试数据中 FC 值缺失时，需要在 BU 模型中将其值近似估计为 5，以便式（4.29）可以计算预测液化，这无疑给模型带来了一些不确定性。然而，虽然 ANN 和 SVM 模型可以处理缺失数据的问题，但它们对测试数据集中样本存在缺失数据的预测可能是错误的，而 BN 方法则具有更好处理这类问题的天然能力，因为它对缺失数据不敏感[396-397]。除了带有"黑盒"模型的 ANN 方法外，其他方法都可以很容易解释预测结果，尤其是 BN 方法，BN 模型中的每个节点都有其明确的语义，可以表达宏观地震液化机制的诊断过程。通过节点的宏观概率变化来预测液化，而回归方法只有数学表达式，不能反映预测过程，其挑战在于难以确定其函数的最优形式。

5 种方法的性能对比　　　　　　　　　　　　　　　　　　　　表 4.20

方法	不确定性	推理	缺失值计算	逆向推理	先验
ANN	√	√	×	×	×
SVM	√	√	×	×	×
LR	√	√	×	×	×
BU	√	√	×	×	√
BN	√	√	√	√	√

4.4.7　液化因素敏感性分析

　　BN 模型中液化潜能的因素敏感性分析结果如表 4.21 所示。$(N_1)_{60,cs}$ 或 SPTN 对液化触发的贡献率要远大于其他因素，即标准贯入锤击数是液化预测最关键、最敏感的因素。这一结论与第3章中强度指标的适用性分析结果一致。此外，对比3个BN模型中变量的贡献率可以发现 a_{rms} 或 PGA、土质类别和上覆竖向有效应力为相对重要因素，而地震等级、震中距和持时对地震液化触发的影响并不显著。

在上述因素敏感性分析中，BN-a_{rms} 模型的 $(N_1)_{60,cs}$、a_{rms}、土质类别和上覆竖向有效应力为该模型的4个相对重要影响因素，其风险等级的后验概率如图4.23所示。由图4.23可以看到，级配不良的砂土（概率值为57.4%）、上覆竖向有效应力中等（概率值为48.5%）和低相对密实度（概率值为65.5%）的土体在遭受超强地震强度（概率值为35.3%）时更容易导致液化触发。从这4个因素的风险等级概率来看，土体性质对液化触发的影响要明显强于地震强度。值得注意的是，在4个因素中，上覆竖向有效应力的最大后验概率不是低等级，而是中等级。这是因为在本研究收集的数据中，中等级别的上覆竖向有效应力样本要比小级别的竖向有效应力样本多很多，导致其先验概率值较大，进而使其后验概率计算也相对较大。此外，在这个BN-a_{rms} 模型中，对于地震因素而言，随着地震震级、相对持续时间和强度指标 a_{rms} 的增加以及震中距的减小，液化触发的概率会随之增加。同样地，对于土体性质而言，随着地下水位、细粒含量、土层埋深和 $(N_1)_{60,cs}$ 的减小，液化的触发概率会随之增加。这一结果和地震液化的机理和触发规律认知一致。

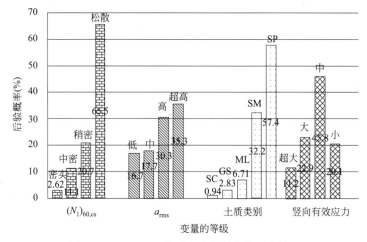

图 4.23 BN-a_{rms} 模型中液化触发的反向推理

BN 模型中液化潜能的因素敏感性分析 表 4.21

变量	贡献率(%)		
	BN-a_{rms} 模型	BN-PGA 模型	已有的 BN 模型
$(N_1)_{60,cs}$	26.80	17.90	—
N	—	—	6.50
a_{rms}	6.18	—	—
PGA	—	2.61	0.62
ST	2.61	2.76	0.36
σ'_v	1.78	1.19	0.34
FC	1.28	0.88	0.03
D_s	0.96	0.64	0.32
R	0.33	0.03	0.00

变量	贡献率（%）		
	BN-a_{rms} 模型	BN-PGA 模型	已有的 BN 模型
t			0.01
t_d	0.29	0.00	—
M_w	0.22	0.00	0.00
D_w	0.11	0.07	0.02
D_{50}	—		0.09

注：0.00 是由于值太小，四舍五入导致的。

4.5　基于 CPT 和 V_s 的地震液化 BN 模型

由于前面构建的 BN 模型只适用于 SPT 数据的地震液化预测，因此本节将就第 4.4 节构建的 BN 地震液化预测模型结构，分别基于静力触探试验（CPT）和剪切波速试验（V_s）建立两个适用范围不同的地震液化 BN 模型，并分别和已有的地震液化简化预测模型，如 B&I 模型[398]、MO 模型[399]、A&S 模型[37] 和 KA 模型[116]，进行了对比验证。随后，将上述三种不同试验类型的 BN 模型进行了融合，建立一个可用于多种原位试验的地震液化混合 BN 模型，扩展了 BN 模型的适用范围，而且提高了其预测精度。

4.5.1　CPT 和 V_s 液化数据库及试验设计

由于 SPT 液化数据存在数据离散性大、不连续和精度低等问题，而 CPT 和 V_s 数据具有可重复且准确获取、连续和低成本等优点，因此本研究还收集了从 1964～2011 年间历史地震中的 CPT 和 V_s 液化数据用于 BN 模型构建，这些数据的统计信息见表 4.22。其中，CPT 数据集包括 410 例样本（300 例液化样本和 110 例未液化样本），分别来源于文献[104,398-400]。V_s 数据集包括 465 例样本（330 例液化样本和 135 例未液化样本），分别来源于文献[116,401-403]。为了和 CPT 和 V_s 的数据样本对应统一，即一个场地勘测点同时存在三种原位试验数据，此处的 SPT 数据集只取上述 SPT 数据集中的 308 例样本。所有原位试验数据集中的样本只取勘测点中关键土层的测试数据平均值及其对应的加速度台站信息。对于勘测点中关键土层的确定一直是液化评估中的一个重要环节[399]，一般通过以下标准来确定关键土层：

（1）关键土层必须在地下水位以下；

（2）黏土层被视为非液化层，不可以作为关键土层；

（3）关键土层的原位试验测试数据值应该较稳定；

（4）选择试验测试值（如 STPN、q_c 和 V_s）最小的土层为关键土层。此外，如果场地未发现任何宏观液化现象，选择土层中试验值最大的为未液化样本土层，并取其平均值表征整个土层的抗液化能力。

相比前面收集的 1490 例 SPT 液化数据，上述 CPT 和 V_s 液化数据量要小得多，但比 Beleites 等[404] 和 Tang 等[405] 建议的能保证模型有可接受精度的最小需求样本量 100 要大，因此该数据量仍可以保证本研究建立模型的预测精度。由于数据量较少，本次只将

SPT、CPT 和 V_s 数据集中的部分变量的取值范围　　表 4.22

地震	震级	a_{rms} (m/s^2)	埋深(m)	水位(m)	SPT 数据集 $(N_1)_{60,cs}$	SPT 数据集 样本量	CPT 数据集 $q_{c1N,cs}$	CPT 数据集 样本量	V_s 数据集 V_{s1} (m/s)	V_s 数据集 样本量
1964 Niigata	7.6	0.33	3.1~11.2	0.5~2.0	7.8~30.6	5	26~184	9	120~188	5
1968 Tokachi-Oki	8.3	0.50~0.58	4.0~6.0	0.9~1.0	11.0~11.5	2	—	0	139~148	2
1978 Miyagiken-Oki	7.7	0.10	3.3~6.0	0.9~3.0	8.0~13.7	4	—	—	141~165	4
1979 Imperial Valley	6.5	0.24~2.42	1.8~6.5	1.2~2.7	8.5~40.9	20	33~254	21	109~339	12
1980 Mexicali	6.3	1.40	2.3~3.0	2.0~2.2	—	0	54~96	4	—	0
1981 Westmorland	6.9	0.55~1.72	2.4~4.8	1.2~2.7	7.5~20.4	9	58~145	12	102~194	9
1983 Nihonkai-Chubu	7.7	0.41~0.59	1.8~5.7	0.4~1.0	10.1~13.9	2	35~37	2	123~139	2
1987 Superstition Hills	6.2	0.43	4.6	1.2	27.0	1	113	1	190	1
1987 Superstition Hills	6.5	0.44~0.57	2.4~3.9	1.2~2.7	8.5~21.7	4	76~159	4	120~212	5
1989 Loma Prieta	6.9	0.32~1.24	1.5~8.5	0.8~6.4	3.5~43.2	100	14~254	132	100~249	94
1993 Kushiro-Oki	7.6	0.76~1.24	2.5~8.0	1.0~2.0	13.6~20.7	2	—	0	119~198	8
1993 Hokkaido-Nansei	8.3	0.43~0.67	1.5~7.5	0.9~2.0	—	0	—	0	124~210	6
1994 Northridge	6.7	1.13~2.90	3.9~9.8	3.3~7.2	10.2~17.1	3	91~131	3	143~171	4
1995 Hyogoken-Nambu	6.9	1.31~3.15	3.3~18.5	1.4~4.4	5.0~12.3	2	16~184	15	174~179	31
1999 Kocaeli	7.4	0.83~0.99	1.0~10.0	0.4~3.3	5.7~34.9	6	16~131	18	53~261	43
1999 中国台湾集集地震	7.6	0.52~1.71	1.0~16.5	0.4~4.0	7.2~27.8	5	34~197	58	52~261	32
2000 Geiyo-Hiroshima	6.8	0.59	2.5~10.5	1.0~3.0	—	0	—	0	158~179	3
2000 Torrori-Seibu	6.8	0.85	5.6~6.0	1.0~2.0	—	0	—	0	100~130	3
2002 Denali Fault	7.9	0.81	1.8~2.4	0.5~1.0	—	0	—	0	149~173	2
2003 Tokachi-Oki	7.8	1.09	2.6~9.0	1.0~2.0	—	0	—	0	125~164	7
2003 中国巴楚地震	6.8	0.08~0.16	2.4~13.9	0.4~4.2	7.2~46.4	38	25~203	38	145~249	55
2008 中国汶川地震	7.9	0.19~1.71	2~11.9	0.8~8.1	2.4~44.0	45	—	0	154~474	45
2010 Darfield	7.1	0.52~1.00	1.7~8.6	0.5~2.4	3.5~33.1	25	35~146	25	115~202	25
2011 Christchurch	6.2	0.77~2.56	1.7~9.5	0.5~3.3	2.8~34.2	65	35~206	65	98~221	65
2011 Tohoku	9.0	0.41	4.8~9.0	1.1~1.3	—	0	98~132	3	139~140	2
总计	6.2~9.0	0.08~3.15	1.0~18.5	0.4~8.1	2.4~46.4	308	14~254	410	52~474	465

CPT 和 V_s 数据集分成训练集和验证集，而无测试集。这两种数据集被分别随机等分成 5 份，保证每一份中的液化样本和未液化样本比例一致，分别约为 2.7：1 和 2.4：1。同样地，采用 K 折交叉试验（$K=5$）对样本进行训练和预测，保证每个样本既可以作为训练样本，又可以作为测试样本。由于在 V_s 数据中细粒含量和土质存在部分数据缺失，因此也采用期望最大算法[260] 进行模型训练，而 CPT 数据不存在变量的数据缺失问题，因此采用梯度下降算法[406] 进行模型训练。尽管 V_s 数据中细粒含量和土质存在部分数据缺失，但是这两个变量可以根据 Robertson 和 Wride[35] 提出的土体分类指数 I_C 进行估算。

4.5.2　BN 模型结构的构建

基于第 4.3 节构建的 BN-a_{rms} 结构，分别将 CPT 和 V_s 试验中的等效洁净砂锥头阻力 $q_{c1N_{cs}}$ ［附录 B 式（B·14）］和修正剪切波速 V_{s1} ［附录 B 式（B·29）］取代该模型的变量 $(N_1)_{60,cs}$，其他变量关系保持不变，即可分别确定基于 CPT 和 V_s 的液化 BN 模型结构，如图 4.24 所示。其中，由于 V_{s1} 几乎不受细粒含量 FC 影响[116]，故在 V_{s1} 和 FC 之间没有连

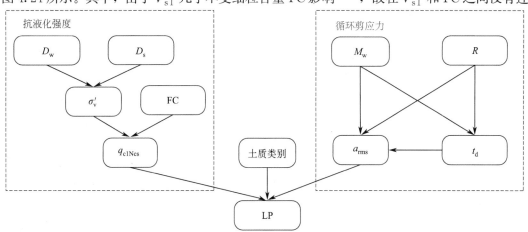

(a)BN-CPT液化模型结构

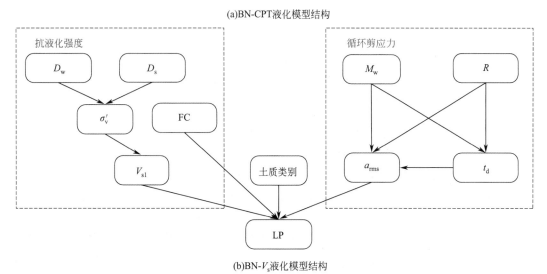

(b)BN-V_s液化模型结构

图 4.24　基于 CPT 和 V_s 试验的地震液化 BN 模型结构

接关系，而 FC 对液化有重大影响，其与液化潜能之间被添加了新连接关系，这与新构建的 BN-SPT 和 BN-CPT 的模型结构略有不同。

构建好 BN 模型的结构后，需要先对变量进行离散化，然后再通过液化样本学习来确定 BN 模型中各变量的条件概率。在新构建的 BN-CPT 和 BN-V_s 模型中，除了 FC、$q_{c1N_{cs}}$ 和 V_{s1} 外，其他变量的离散化等级标准见表 4.14。第 4.3 节对 FC 的离散化是采用数据量等频的方式来划分的，但在新收集的数据中存在很多 FC 在 50%～75% 之间的样本发生了液化，例如在我国台湾集集地震和土耳其 Kocaeli 地震中。另外，FC 小于 5% 的土通常被认为是纯砂土[33]，且 35% 的 FC 被确定为影响液化发生的一个临界值[407]。因此，新的 FC 等级划分被划分为 ≤ 5%、5%～35%、35%～75% 和 ≥ 75%。根据修正的 $(N_1)_{60}$ 的划分等级，$q_{c1N_{cs}}$ 的等级划分可换算成为 ≤ 160、160～175 和 175～210[408]，而 V_{s1} 的等级划分可换算成为 ≤80m/s、80～110m/s 和 110～160m/s[37]。

4.5.3 各液化模型的预测结果对比

（1）基于 CPT 试验的模型预测结果对比

本节通过与 B&I 模型和 MO 模型（详细介绍见附录 B）的预测结果对比来验证 BN-CPT 模型的性能好坏，对比结果如表 4.23 所示。由于 Lift 和 Prec 的统计意义一样，本节不再考虑模型的 Lift 对比。可以看到，除了液化样本中的 Macro-Prec 和未液化样本中的 Macro-Rec 之外，BN-CPT 模型的其他评估指标值都要比 B&I 模型和 MO 模型的大，这说明 BN-CPT 模型的泛化能力相对较强，而 B&I 模型和 MO 模型的评估指标值都相差不大，则其泛化能力相当。此外，在 BN-CPT 模型的训练中，其回判结果为：Macro-Acc = 0.85、Macro-AUC = 0.931、Macro-F_1 = 0.923（液化样本）和 Macro-F_1 = 0.767（未液化样本），这些指标值都相对较高，说明本研究建立的 BN-CPT 模型的学习性能也较好。其中，在未液化样本中的 Macro-F_1 值要比液化样本中的小，这是因为训练样本中存在抽样偏差，液化样本量和未液化样本量的比值约为 2.7，导致训练后的模型对样本量偏多的类别更容易识别，这将在下一章进行详细介绍。

基于 CPT 的地震液化模型的测试结果对比　　　　表 4.23

模型	Macro-Acc	Macro-AUC	液化			未液化		
			Macro-Rec	Macro-Prec	Macro-F_1	Macro-Rec	Macro-Prec	Macro-F_1
BN-CPT 模型	0.871	0.887	0.937	0.893	0.913	0.691	0.815	0.742
B&I 模型	0.839	0.863	0.890	0.890	0.890	0.700	0.699	0.699
MO 模型	0.822	0.880	0.840	0.911	0.873	0.773	0.641	0.699

（2）基于 V_s 试验的模型预测结果对比

本节通过与 A&S 模型和 KA 模型（详细介绍见附录 A）的预测结果对比来验证 BN-V_s 模型的性能好坏，对比结果如表 4.24 所示。由表 4.24 可以看到，BN-V_s 模型的 Macro-Acc 要比其他两个模型的大，而其 Macro-AUC 却相对较小，出现了第 4.2 节介绍的模型性能很难通过某一个或者两个总体评估指标来判断其性能好坏的情况，应该进一步对比模型在各类别中的预测结果。在液化样本中，BN-V_s 模型的 Macro-F_1 要比其他两个模型的大，而在未液化样本中，其 Macro-F_1 和其他两个模型的大小相差不大。

当存在抽样偏差时，模型的 AUC 指标对其并不敏感，而 F_1 对抽样偏差敏感，因此当模型的 AUC 相差不大时，很难用该指标去度量模型性能的好坏。最后，综合对比这些评估指标，BN-V_s 模型的性能比 A&S 模型和 KA 模型的要好。BN-V_s 模型除了在预测结果中有较好的表现外，其在训练中的回判效果也很好，例如，Macro-Acc＝0.917 以及 Macro-F_1 在液化样本和未液化样本中的回判值分别为 0.942 和 0.855。

基于 V_s 的地震液化模型的测试结果对比　　　　　　　　　　表 4.24

模型	Macro-Acc	Macro-AUC	液化			未液化		
			Macro-Rec	Macro-Prec	Macro-F_1	Macro-Rec	Macro-Prec	Macro-F_1
BN-V_s 模型	0.880	0.903	0.930	0.904	0.916	0.756	0.823	0.784
A&S 模型	0.865	0.916	0.864	0.941	0.900	0.867	0.722	0.788
KA 模型	0.867	0.922	0.882	0.927	0.904	0.830	0.742	0.783

（3）各预测模型的对比讨论

由于存在各种各样的变量和模型不确定性，地震液化预测应该采用概率方法进行评估，这也符合基于概率的抗震设计理念。在本研究中对比的基于简化方法的概率模型，将地震液化影响因素转变成 CRR 和 CSR 的对比，使其成为一个二维空间的分类问题，最终通过寻找一个最优临界曲线方程来对其进行分类，这种降维的经验简化处理方式可能会给模型带来诸多不确定性。而贝叶斯更新方法[116,399] 和本研究采用的 BN 方法不需要计算 CRR，直接采用液化的多个影响因素进行评估，也就是说其把液化预测问题看作一个高纬度的概率分类问题。这两种方法的最大优势是可以融合先验知识和历史数据，而简化方法无法实现。尽管这两种方法都采用了贝叶斯理论，但贝叶斯更新方法实际上是一种改进的多元回归方法，和普通多元回归方法不同的是该方法将回归系数看作变量，而不是一个固定的值，通过贝叶斯理论的后验计算来获得参数的分布函数，并取其平均值作为回归系数值。贝叶斯网络方法则是贝叶斯理论和图概论的完美联合，不需要计算任何经验公式和参数回归拟合，而是通过变量间的条件概率来表示两个变量间的因果或逻辑关系。另外，贝叶斯更新模型需要计算 CSR 值来表征地震强度，而在本研究构建的 BN 模型中，不需要计算 CSR 值，而是采用 a_{rms} 和 t_d 来代替，这可以在一定程度上减小 CSR 参数计算的不确定性，因为该变量需要通过一些经验公式或系数进行修正，如 r_d、MSF 和 K_σ。

在本节的两个 BN 模型中，未液化样本的 Macro-F_1 值都要比液化样本的小，这是由于在该 BN 模型中存在抽样偏差造成的。但是，抽样偏差问题可以通过简单的过采样技术得到一定改善，笔者通过对未液化样本进行过采样处理，使处理过的未液化样本量和液化样本量一致，并重新进行 K 折交叉试验（K＝5），最后得到 BN-CPT 模型中 Macro-Acc 值和 Macro-F_1 值分别被提高到 0.878 和 0.755，BN-V_s 模型中 Macro-Acc 值和 Macro-F_1 值分别被提高到 0.890 和 0.806。

4.5.4　因素敏感性分析及反演推理

因素敏感性分析和反演推理可以得到 BN 模型中变量的重要性排序以及液化触发的最可能解释。上述两个 BN 液化模型的因素敏感性分析结果如图 4.25 所示。由图 4.25 可以很明显地发现，$q_{c1N_{cs}}$ 和 V_{s1} 的敏感性贡献率在 BN-CPT 和 BN-V_s 模型中最大，分别为 17.3% 和 28.1%，为各自模型中最重要的因素。其次，a_{rms} 和 t_d 同时是这两个 BN 模型中第二和第三重要的变量。在剩余变量中，BN-CPT 模型的因素敏感顺序是 FC、ST、R、

σ'_v、D_s、M_w 和 GWT，而 BN-V_s 模型的顺序是 σ'_v、R、D_s、GWT、ST、M_w 和 FC。这些顺序不同的原因是这两个模型训练的样本特征不同以及模型的结构略有不同。

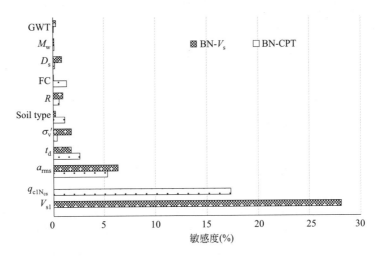

图 4.25　BN-CPT 和 BN-V_s 模型中液化影响因素的敏感性分析

液化 BN 模型除了要有较高的预测精度外，还要准确地进行逆推。这有助于工程师弄清已知地震发生后，什么样的场地条件最可能发生液化。图 4.26 展示了 BN-CPT 模型在 2011 年新西兰 Christchurch 地震中 Burwood 市某处的液化样本 CPT-277 的逆推过程。此样本中的震级为强，震中距为中，当这两个变量值被确定后，其他变量的后验概率会随之变化，可以根据式（2.1）计算得出，如图 4.26（a）所示。a_{rms} 为超大的概率是 66.3%，相对持续时间为中的概率是 76.3%，土质类别为级配差的砂土的概率是 60.9%，细粒含量为中的概率是 63.7%，埋深为浅的概率是 65.5%，因此像这样的场地情况和土体条件更容易导致该样本发生液化。

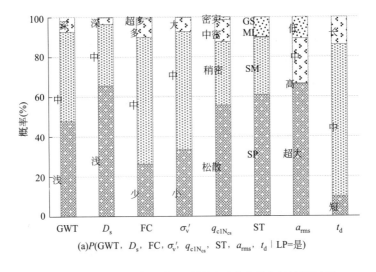

(a)P(GWT，D_s，FC，σ'_v，$q_{c1N_{cs}}$，ST，a_{rms}，t_d | LP=是)

图 4.26　BN-CPT 模型中强震作用下液化发生的诊断过程

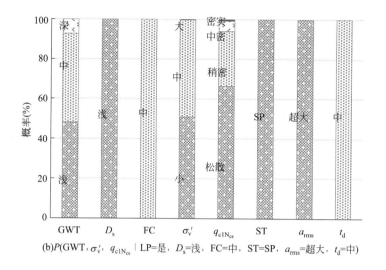

(b)$P(\text{GWT}, \sigma_\mathrm{v}', q_{\mathrm{c1N_{cs}}} \mid \text{LP=是}, D_\mathrm{s}=\text{浅}, \text{FC=中}, \text{ST=SP}, a_\mathrm{rms}=\text{超大}, t_\mathrm{d}=\text{中})$

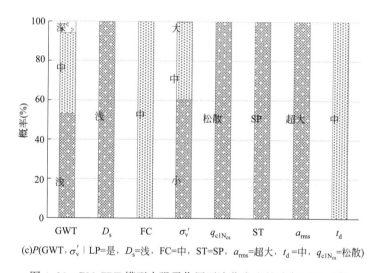

(c)$P(\text{GWT}, \sigma_\mathrm{v}' \mid \text{LP=是}, D_\mathrm{s}=\text{浅}, \text{FC=中}, \text{ST=SP}, a_\mathrm{rms}=\text{超大}, t_\mathrm{d}=\text{中}, q_{\mathrm{c1N_{cs}}}=\text{松散})$

图 4.26　BN-CPT 模型中强震作用下液化发生的诊断过程（续）

随后，这 5 个变量的最大概率值对应的状态被作为新证据输入到模型中，即这些状态的概率值被更改为 1，其他变量的后验概率也会随之更新，结果如图 4.26（b）所示。$q_{\mathrm{c1N_{cs}}}$ 为松散的概率值更新为 66.4%，这更容易导致土体发生液化。因此该状态的概率值改为 1 后作为新变量再输入模型进行其他变量的后验概率更新，结果如图 4.26（c）所示，上覆竖向有效应力为小的概率是 60.3%，地下水位为浅的概率是 53.0%。综合来看，该样本在强震作用下发生液化的推理过程可以表示为：a_rms 为超强、相对持续时间为中、土质类别为级配差的砂土和细粒含量为中→砂土密实度为松散→上覆竖向有效应力为小且地下水位为浅，这些变量的推理状态和该样本 CPT-277 中的实际变量状态完全一致。

4.6　基于三种原位试验的地震液化混合 BN 模型

由于本研究中构建的基于三种不同原位试验的 BN 模型在对同一个场地进行液化预测

时存在相互矛盾的现象，例如 BN-SPT 和 BN-CPT 模型预测为液化，而 BN-V_s 模型预测为未液化。针对这样的问题，本节将这三种 BN 模型融合成为一个混合 BN 模型，可以有效避免这种预测矛盾的发生。然后，将构建的混合 BN 模型与上述三种原位试验分别构建的 BN 模型对比，验证混合模型的性能优越性。

4.6.1　三种原位试验的地震液化数据收集

在上述三种原位试验数据集中（表 4.22），存在 210 个场地同时有 SPT、CPT 和 V_s 测试数据，其中液化样本量为 155，未液化样本量为 55。像这样的数据，其关键土层的选取除了上述第 4.5.1 节的选取准则外，还必须满足：

（1）三种不同试验点的距离必须在 30m 内，且认为其为同一个场地的数据样本[409]，反之亦然，样本需要被剔除；

（2）三个原位试验的最小测试值必须在同一土层，如果不在，则样本需要被剔除，因为场地的空间变异性会对后续模型的学习造成影响。待所有关键土层确定好之后，取关键土层厚度中各测试值的平均值作为表征该土层的抗液化强度。

4.6.2　混合 BN 模型结构的构建

混合 BN 模型（简称 BN-Converging）的结构如图 4.27 所示。该混合模型既可以在一定程度上提高模型的预测精度，又可以扩展模型的适用范围，使其可以在任何一个或多个原位试验中应用。当只有某一种试验类型数据时，如 SPT 数据，混合 BN 液化模型可以预测出液化潜能 1（LP1）的发生概率，而其他试验类型的液化潜能不参与预测，即这三种试验的预测条件相互独立；而当存在多种试验类型数据时，如 SPT、CPT 和 V_s 数据都有时，则该混合模型既可以分别预测出各自液化发生的概率，又可以根据三个液化潜能的预测概率值计算最后的液化潜能后验概率。

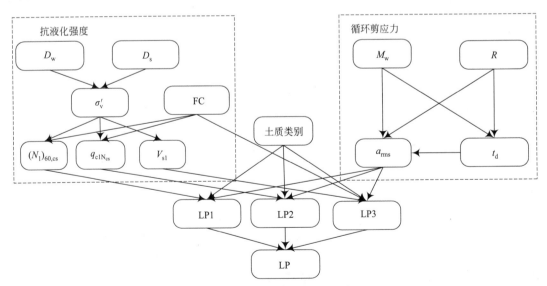

图 4.27　基于多个原位试验的地震液化混合 BN 模型结构

与前面的 BN 模型学习一样，采用 K 折交叉试验（$K=5$）对这些样本进行训练和预测。为了减小抽样偏差对结果的影响，保证每一等份中液化样本和未液化样本的比例一致，约为 2.8：1（31 例液化样本和 11 例未液化样本）。

除第 4.2 节介绍的模型性能评估指标之外，还有另一个指标 Brier 评分[410]，将用于评估 BN 模型的概率预测均方误差。该指标综合考虑了模型的可靠性、分辨性和不确定性，反映了 BN 模型概率预测值的偏离程度，其计算公式为：

$$B = \frac{1}{n} \sum_{i=1}^{n} (f_i - E_i)^2 \tag{4.34}$$

式中，B 为 Brier 评分；n 为预测样本量；f_i 为第 i 个样本的预测概率；E_i 为第 i 个样本的真实值，例如样本为未液化，则 E_i 为 0，反之为 1。Brier 评分的范围为 0～1，当 $B=0$ 时，说明模型所有的预测概率都是和真实状态值完美匹配，模型的预测概率误差为零，即模型最优；当 $B=1$ 时，说明模型预测能力最差，预测概率值和真实值完全相反。事实上，Brier 评分是 RMSE 的平方值。

通过 K 折交叉试验（$K=5$）后，混合 BN 模型的训练和验证结果如表 4.25 所示。混合 BN 模型的所有评价指标值在训练和验证样本中都较高，这说明混合模型的学习性能和泛化能力都很好。另外，不管是在训练样本的回判还是验证样本的预测中，混合 BN 模型对液化样本的识别性能总要比未液化样本的好，这也是因为 K 折交叉试验（$K=5$）中的样本存在抽样偏差导致。

混合 BN 模型在训练和验证中的性能　　　表 4.25

数据集	Macro-Acc	Macro-AUC	液化			未液化		
			Macro-Rec	Macro-Pre	Macro-F_1	Macro-Rec	Macro-Pre	Macro-F_1
训练样本	0.949	0.990	0.985	0.947	0.966	0.845	0.957	0.897
验证样本	0.890	0.966	0.968	0.896	0.929	0.673	0.893	0.753

4.6.3　各 BN 模型的预测性能对比

为了进一步验证混合 BN 模型对于任何单一原位试验建立的 BN 模型而言其性能都有一定程度的提升，同样采用 K 折交叉试验（$K=5$）对上述 210 例样本进行 BN-SPT、BN-CPT 和 BN-V_s 模型的训练和验证。与 SPT 试验中的模型预测性能对比一样，本节也只采用 Macro-Acc 和 Macro-Rec 来对比 4 个 BN 模型的训练和预测性能，计算结果如图 4.28 所示。混合 BN 模型的 Macro-Acc 在训练和验证样本的正确率分别为 94.9% 和 89.1%，其 Macro-Rec 在训练和验证样本的正确率分别为 98.5% 和 96.8%，这两个指标的数值都要比其他任何一个基于单一原位试验建立的 BN 模型大，这说明混合 BN 模型的性能相对而言有所提升。在 3 个基于单一原位试验构建的 BN 模型中，BN-V_s 模型的性能最差。此外，混合 BN 模型也可以通过计算其模型中的液化潜能 1、液化潜能 2 和液化潜能 3，分别预测出单个原位试验样本的液化发生概率值。例如，混合 BN 模型在预测样本中的液化潜能 1、液化潜能 2 和液化潜能 3 的 Macro-Acc 值分别为 87.6%、87.1% 和 84.8%，这些值也比相应单一原位试验的 BN 模型的值要略大。这是因为在混合 BN 模型中，液化潜能 1、液化潜能 2 以及液化潜能 3 和最终的液化潜能是条件对立的，其后验概率值在一定程度上会受其子节点（最终的液化潜能）的先验值影响，但当样本量足够大时，这种影响将会越来越小。

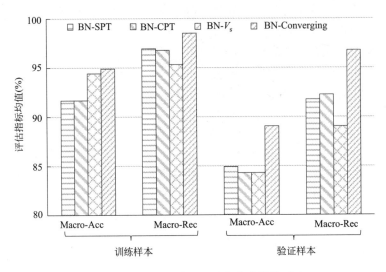

图 4.28　4 个 BN 模型的液化分类性能对比

此外，将 4 个 BN 模型在 K 折交叉试验（$K=5$）中的 Brier 评分均值相互对比，说明其预测概率值和样本真值的偏差度，对比结果如图 4.29 所示。由图 4.29 可以发现这 4 个 BN 模型的 Brier 评分均值都很低，这说明 4 个 BN 模型的预测概率值都很接近真实值，模型具有很好的分类识别能力。其中，混合 BN 模型的 Brier 评分均值最小，只有 0.079，而 BN-V_s 模型的 Brier 评分均值最大，为 0.110。导致 BN-V_s 模型预测偏差度最大的原因可能是剪切波速是一个和小应变剪切模型有关的因素，而液化的触发是一个大应变问题[12]，另外剪切波速数据的部分变量通常需要依赖 SPT 和 CPT 试验获得，可能会使这些数据存在一些空间变异问题，且 V_s 本身是一个空间变异性大的变量，在近距离的两个场地其检测 V_s 值都会存在一些差异[411]。因此，基于 V_s 构建的液化预测模型进行独立评估还有待进一步改善。

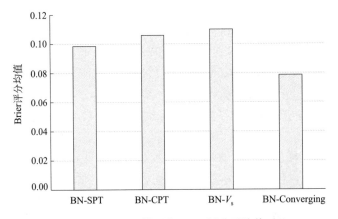

图 4.29　4 个 BN 模型的 Brier 评分平均值对比

总的来讲，采用混合多个原位试验数据的 BN 模型不仅可以改善预测准确性，还可以减少预测偏差度。即使在样本量较少的情况下，如本研究中只有 210 例样本，混合 BN 模型的优势也得到了体现。但 BN 方法对于小样本（通常是样本量小于 50）采用自助法[412]也可以获得较好的学习性能。

在混合 BN 模型预测过程中，会存在液化潜能 1、液化潜能 2 和液化潜能 3 的预测结果相互矛盾的现象，图 4.30 展示了其中某 4 个样本（2 个液化样本和 2 个未液化样本）的预测结果。根据 ROC 曲线分别计算得到 BN-SPT、BN-CPT、BN-V_s 和混合 BN 模型的阈值为 0.6、0.4、0.5 和 0.5。因此，根据该阈值可以判断：样本 1 中 BN-SPT 和 BN-CPT 模型预测错误；样本 2 中 BN-V_s 预测错误；样本 3 中所有 BN 模型预测错误；样本 4 中 BN-CPT 和 BN-V_s 预测错误。这些结果说明了如果某一个或多个基于单一原位试验建立的 BN 模型的预测正确，则混合 BN 模型的预测也会正确，但如果所有基于单一原位试验建立的 BN 模型的预测都错误时，混合 BN 模型的预测也会错误。

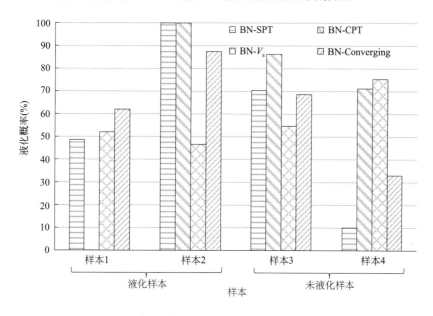

图 4.30　4 个 BN 模型中 4 个样本的液化预测概率对比

此外，对于单个样本而言，混合 BN 模型的预测概率值可能比其他单一试验 BN 模型的预测概率值要么略差要么略好，例如样本 2 中混合 BN 模型的预测概率为 87.4%，而 BN-SPT 和 BN-CPT 模型的预测概率值要比该值高，而在样本 1 中混合 BN 模型的预测概率值最大。但是从总样本角度来看，混合 BN 模型的预测概率值还是有一定程度的改善，因为混合 BN 模型的最终 Brier 评分均值最低（图 4.29）。造成这样的原因是基于单一试验建立的 BN 模型预测的液化发生概率在混合 BN 模型中作为新的证据输入，然后用于计算最后的液化潜能后验概率，这在一定程度上增加了混合 BN 模型中的证据输入，即更可能使混合 BN 模型预测正确。例如，在 BN-SPT 模型中，在给定 $(N_1)_{60,cs}$、土质类别和 a_{rms} 前提下，液化潜能的后验概率为 P（LP=1｜$(N_1)_{60,cs}$，土质类别，a_{rms}），而在混合 BN 模型中，最终的液化潜能后验概率更新为：

$$P(\mathrm{LP}=1 \mid \mathrm{LP1},\mathrm{LP2},\mathrm{LP3}) = \frac{P(\mathrm{LP1},\mathrm{LP2},\mathrm{LP3} \mid \mathrm{LP}=1)P(\mathrm{LP}=1)}{P(\mathrm{LP1},\mathrm{LP2},\mathrm{LP3})}$$

$$= \frac{\prod_{i=1}^{3} P(LP_i \mid LP=1) P(LP=1)}{\sum P(LP1) P(LP2) P(LP3)}$$

式中，P（LP=1）是混合 BN 模型中最终液化潜能先验概率；$\sum P$（LP1）P（LP2）P（LP3）是给定（N_1）$_{60,cs}$，q_{c1Ncs}，V_{s1}，土质类别和 a_{rms} 后的联合后验概率；P（LP_i）为基于单一原位试验建立的 BN 模型的预测概率。因此，该式中最终液化潜能的预测是从概率关系上联合了 LP1，LP2 和 LP3，对其不全信也不完全否定，这可以有效避免这 3 个预测概率间的矛盾。

由于这 3 种原位试验都有各自的优点，因此采用其中某 2 个或者 3 个同时用于地震液化的预测，在一定程度上可以提高模型的预测精度以及避免它们之间预测结果的矛盾。目前同一场地同时具有 3 种原位试验的数据量还相对偏少，而 SPT 的数据已经积累较多，如果采用（N_1）$_{60}$，q_{c1} 和 V_s 相互转换的方法[409,413] 来获取更多数据样本，也可作为一个改善混合模型预测精度的研究方向，但前提是需要考虑变量转换后带来的不确定性问题。此外，尽管本节构建的 BN 模型未和其他机器学习方法，如 ANN 和 SVM 等，进行对比分析，但在地震液化预测中 BN 方法的性能要比这两种机器学习方法好，第 4.3 节证明了这一结论。

4.7 本章总结

本章重点介绍了 BN 在地震液化预测中的应用。分别基于收集的 SPT、CPT 和 V_s 试验数据构建了 3 个 BN 液化模型，并和相应的其他液化模型进行了对比验证，说明了 BN 模型不仅在预测性能上较好，而且更重要的是还可以对液化的发生进行逆推和诊断。结论如下：

（1）基于地震砂土液化的 5 个常规因素，采用解释结构模型法手工建立、数据驱动学习建立、融合解释结构模型和数据学习混合建立三种方式，分别建立了 3 个 BN 简易砂土液化模型，并选用多个性能指标，评估了各液化模型的性能，发现混合建立 BN 模型的方式明显优于其他两种方式。同时还与其他确定性方法（规范法、优选法）和概率性方法（LR、ANN、SVM 方法）对比，验证了 BN 液化模型的准确性和可靠性。随后，为了提高模型的精度和扩展其适用范围，基于第 3 章中筛选的 12 个重要影响因素，针对大量缺值数据和完备数据两种不同情况，分别建立了多因素 BN 液化模型，通过 K 折交叉试验（$K=5$），与 ANN 和 SVM 方法对比，验证了 BN 两种建模方法的准确性和鲁棒性。最后分析了各因素的敏感性，发现 SPTN、ST、σ'_v、D_s 和 PGA 为 12 个重要因素中的 5 个更重要因素，其中标准贯入锤击数和土质类别为这 12 个因素中的最敏感因素，这一结论与第 3 章中的解释结构模型分析结果一致。

（2）对比分析了 31 个地震强度指标，采用历史地震液化数据及相对应的加速度站记录数据，分别以相关性、有效性、适用性和充分性这 4 个评价准则对这些强度指标进行了筛选，最终确定 PGA 及 a_{rms} 为相对较优选择，其中 a_{rms} 为最优选择，而 PGA 为备选的强度指标。随后，基于 SPT 数据，考虑采用 a_{rms} 代替 PGA，对构建的多因素 BN 模型进行了改进，结果发现无论是改进模型的结构还是预测性能都要比已有 BN 液化模型好。通过比较其他机器学习方法，如 LR、ANN、SVM 和 BU，以及 I&B 简化方法，预测结果表明 BN 模型预测性能表现更好，优势明显。因此，可以作为实际工程中地震液化预测的一种候选方法。

（3）分别基于 CPT 和 V_s 试验数据构建了其他适用条件下的 BN 液化模型，和已有的简化分析方法对比，验证了所构建 BN 模型的有效性。随后，将 3 种原位试验构建的 BN 模型进行了融合，建立一个既可以用于单一试验数据又可以用于多元试验数据的混合 BN 模型，并与 3 个基于单一试验数据构建的 BN 模型对比，发现混合 BN 模型的预测性能最好，基于 SPT 的 BN 模型性能次之，而基于 V_s 的 BN 模型性能最差。

第5章

样本不均衡、抽样偏差、样本量和模型
复杂度对液化模型性能的影响

5.1 本章引言

除了前两章研究的因素选择和模型结构优劣会影响地震液化模型的预测性能外，液化样本不均衡、抽样偏差、样本量和模型复杂度也会在一定程度上影响液化模型的预测性能。因此，本章重点探讨液化样本中存在分类不均衡和抽样偏差，以及训练样本量及模型复杂度对地震液化概率模型预测结果的影响，试图确定适合不同液化预测方法的最佳训练样本分类比例值或范围值，针对训练样本存在严重分类不均衡问题时，对比采样技术对不同液化概率模型的改善效果。此外，本章还将讨论 BN 模型的节点数、边数、最大入度、最大出度以及模型结构熵对 BN 模型学习泛化能力的影响，并回答给定一个 BN 模型结构（即模型复杂度）的前提下，保证一定地震液化预测性能所需要的最小训练样本量是多少。

5.2 分类不均衡和抽样偏差对地震液化概率模型预测精度的影响

5.2.1 不确定性对地震液化模型的影响

地震液化模型预测精度往往会受各种不确定性的影响，如参数不确定性和模型不确定性。其中，地震液化参数不确定性是由地震的随机性、岩土参数的时空性差异和试验测量方法及误差等造成的，通常采用各参数的概率密度函数表示；模型不确定性是由知识不确定和模型固有误差造成的，知识不确定是对模型统计特征的不确定引起的，包括数据分类不均衡和样本偏差两个方面，而模型本身固有的不确定性是模型无法模拟真实地震液化物理机理和过程引起的，和人们对地震液化研究的认知程度有关，其影响会随着对地震液化的深入研究而逐渐减小。

BN 模型本身就是一种不确定性推理，在模型的学习和推理中包含了参数的先验分布函数和后验分布函数计算，即考虑了参数的不确定性，而不像其他机器学习模型未考虑液化参数的不确定性影响，这也是贝叶斯方法比其他方法优越的重要原因之一。但模型的不确定性对预测结果的影响对于任何概率学习方法而言都是存在的。以往很多地震液化评估模型都是基于各种样本比例（液化样本量/未液化样本量）建立的，并未考虑分类不均衡和抽样偏差对地震液化模型的性能影响。

最早意识到分类不均衡会对地震液化模型性能产生影响的是 Cetin 等[107]，他们利用专家知识和 BU 方法给出了未液化样本量与液化样本量的权重比值为 1～3 之间，1.5 为最佳。Oommen 等[414] 采用模拟数据讨论了分类不均衡和样本偏差对 LR 模型预测性能的影响，发现对于建立一个性能好的 LR 模型，保证训练样本的分类比例和总样本一致要比保证分类均衡重要得多。后来，Jain[415] 将 Oommen 的方法应用于地震液化数据分析中，基于 SPT 数据（液化样本和未液化样本比值为 1∶1）和 CPT 液化数据（液化样本和未液化样本比值为 3∶1）探讨了抽样偏差对地震液化 LR 模型的预测性能影响，他将训练样本分为 20∶80、30∶70、40∶60、50∶50、60∶40、70∶30 和 80∶20（液化样本和未液化样本的比值），共 7 种比例，结果发现对于 SPT 数据，LR 模型在训练样本比例为 50∶50 时达到最优，和 SPT 总样本比例一致，但对于 CPT 数据，LR 模型在训练样本比例为 40∶60 时达到最优，和 CPT 总样本比例不一致，不符合 Oommen 的结论。Yazdi 等[416] 选用 SVM 方法，探讨了分类不均衡对液化预测模型的影响，但未给出适合于 SVM 模型的最佳训练样本比例。Huang 等[417] 考虑了液化参数的不确定性，采用加权似然函数考虑样本的抽样偏差，基于 BN 方法讨论液化评估模型的不确定性影响，结果发现模型取平均偏差值是保守的，模型的平均值和标准方差分别是 1.111 和 0.321，忽略模型的不确定性会导致结果出现估计过高或过低。事实上，实际地震液化大样本中液化样本和未液化样本的真实比例是未知的，但可以通过大量的不同比例试验寻找适合不同液化模型的最佳训练样本比例，从而提高模型的预测性能。

本节将重点研究模型不确定性中的分类不均衡和抽样偏差对地震液化概率模型预测结果的影响，通过模型的 OA、AUC 和 F_1 值等性能评估指标，试图找出适合于常用地震液化概率模型的最佳训练样本比例值或范围，为减小液化模型学习误差提供理论基础；然后讨论当训练样本存在严重的分类不均衡时，采用什么方法可以减小模型不确定性影响的方法。

5.2.2　地震液化数据及试验设计

在第 4.3 节中收集的 191 组国内外地震液化数据基础上，通过文献收集（Chen 等[365] 和谢君斐[44]），后续又增加了 149 组地震液化数据，包括我国 1976 年唐山 7.8 级地震中的液化数据和 1999 年台湾集集 7.6 级地震中的液化数据，共 350 组，见附录 A。在地震液化预测模型的研究中，研究者通常收集的样本中液化样本量和未液化样本量的比例在 1～2 倍之间。所以，将这 350 组地震液化样本随机分为 Case A 和 Case B 两组，其中 Case A 的液化样本与未液化样本比例为 150∶150（1∶1），Case B 的液化样本与未液化样本比例为 200∶100（2∶1）。然后，从这两组数据样本中随机挑出 100 组数据作为训练样本，但保证这些训练样本的液化样本与未液化样本比例为 10∶90（1∶9）、20∶80（1∶4）、25∶75（1∶3）、33∶67（1∶2）、40∶60（1∶1.5）、50∶50（1∶1）、60∶40（1.5∶1）、67∶33（2∶1）、75∶25（3∶1）、80∶20（4∶1）和 90∶10（9∶1）共 11 种不同的分类比例，探讨样本的分类不均衡和抽样偏差对模型预测性能的影响，地震液化数据信息和训练样本信息如表 5.1 所示。

地震液化数据信息和训练样本信息   表 5.1

算例	数据样本		比例	算例	训练样本		比例
	液化样本	未液化样本			液化样本	未液化样本	
Case A	150	150	1:1	$A_{10:90}$	10	90	1:9
				$A_{20:80}$	20	80	1:4
				$A_{25:75}$	25	75	1:3
				$A_{33:67}$	33	67	1:2
				$A_{40:60}$	40	60	1:1.5
				$A_{50:50}$	50	50	1:1
				$A_{60:40}$	60	40	1.5:1
				$A_{67:33}$	67	33	2:1
				$A_{75:25}$	75	25	3:1
				$A_{80:20}$	80	20	4:1
				$A_{90:10}$	90	10	9:1
Case B	200	100	2:1	$B_{10:90}$	10	90	1:9
				$B_{20:80}$	20	80	1:4
				$B_{25:75}$	25	75	1:3
				$B_{33:67}$	33	67	1:2
				$B_{40:60}$	40	60	1:1.5
				$B_{50:50}$	50	50	1:1
				$B_{60:40}$	60	40	1.5:1
				$B_{67:33}$	67	33	2:1
				$B_{75:25}$	75	25	3:1
				$B_{80:20}$	80	20	4:1
				$B_{90:10}$	90	10	9:1

　　基于 350 组地震液化数据，本节将采用 LR、ANN、SVM 和 BN 四种方法，探讨模型不确定性中的分类不均衡和抽样偏差对地震液化概率模型预测结果的影响。其中 BN 结构采用第 4.3.1 节中的 5 因素混合 BN 预测模型。由于不同方法的算法或核函数不同，对同一训练样本建立的模型会不同，为了避免单一算法或核函数的不同影响最终结果的评估，除了 LR 方法采用单一方法（进入式方法）保证因素必须全部包含在回归模型中外，其他方法都采用了不同常用的算法或核函数去建立地震液化模型，如 BN 方法采用最大似然估计算法、期望值最大算法和梯度下降算法获取模型中变量的条件概率表；ANN 方法采用高斯核函数、双曲正切 S 型函数和对数 S 型函数建立模型；SVM 方法采用高斯核函数、多项式函数和双曲正切 S 型函数建立模型。共建立了 10 个不同的地震液化预测模型，如表 5.2 所示。

10 个概率模型及其不同算法或核函数   表 5.2

方法	模型	算法或核函数	描述
BN	BN-MLE	最大似然估计法 （Maximum Likelihood Estimation）	采用 MLE 算法获得 BN 模型的条件概率
	BN-EM	期望值最大法 （Expectation Maximization）	采用 MLE 算法获得 BN 模型的条件概率
	BN-GD	梯度下降法（Gradient Descent）	采用 GD 算法获得 BN 模型的条件概率

续表

方法	模型	算法或核函数	描述
ANN	RBF	高斯核函数 (Gaussian Kernel Function)	在隐含层采用高斯核函数进行转换
	BP-Tan	双曲正切 S 型函数 (Tan-sigmoid Function)	在隐含层采用双曲正切 S 型函数进行转换
	BP-Log	对数 S 型函数 (Log-sigmoid Function)	在隐含层采用对数 S 型函数进行转换
LR	LR	进入方法(Enter)	使所有变量都出现在 LR 模型中
SVM	SVM-RBF	高斯核函数(Gaussian Function)	采用高斯核函数进行高维度映射
	SVM-Pol	多项式函数(Polynomial Function)	采用多项式函数进行高维度映射
	SVM-Sig	双曲正切 S 型函数 (Sigmoid Function)	采用双曲正切 S 型函数进行高维度映射

5.2.3　概率模型的预测结果分析

（1）Case A

在 Case A 中，总样本的液化样本和未液化样本的比例为 150：150（1：1），即不存在分类不均衡。11 个不同训练样本比例（10：90、20：80、25：75、33：67、40：60、50：50、60：40、67：33、75：25、80：20 和 90：10）的算例被用于上述 10 个模型的学习，然后分别对 Case A 的 300 组样本进行评估。在这 11 个算例中，只有 $A_{50:50}$ 不存在分类不均衡，但所有算例都存在抽样偏差，因为实际中地震液化大样本的液化样本数量与未液化样本数量的真实比例未知。10 个模型针对 11 个不同比例训练样本的回判结果（RC）和预测（Pre）结果如图 5.1 和图 5.2 所示。

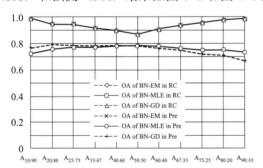
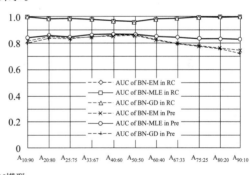

(a) BN模型

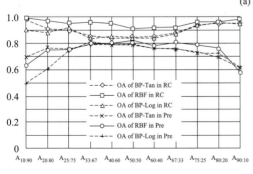
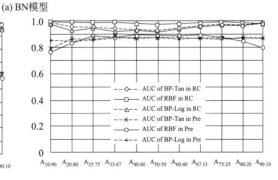

(b) ANN模型

图 5.1　Case A 中 4 种方法的 10 个模型针对 11 组不同训练样本比例的 OA 和 AUC 预测值

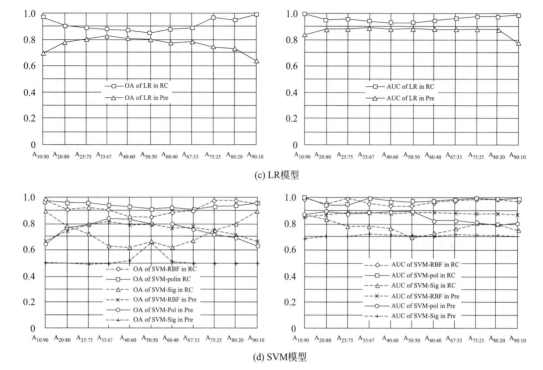

图 5.1　Case A 中 4 种方法的 10 个模型针对 11 组不同训练样本比例的 OA 和 AUC 预测值（续）

在图 5.1 中，可以明显发现训练样本分类越不均衡（如从 $A_{50:50}$ 到 $A_{10:90}$ 或从 $A_{50:50}$ 到 $A_{90:10}$），各模型的回判 OA 和 AUC 值越好，而预测 OA 和 AUC 值越差。同样可以看到，3 个 BN 模型的 OA 和 AUC 值在 11 个算例中的变化幅度要比其他模型小，因此分类不均衡和抽样偏差对 BN 方法的影响程度要比其他方法略小。在预测结果中，可以看到 3 个 BN 模型同时在算例 $A_{50:50}$ 中预测性能最好，因为该算例中的 OA 和 AUC 都是最大值；3 个 ANN 模型也同时在算例 $A_{50:50}$ 中预测性能最好；LR 模型在算例 $A_{33:67}$ 中预测性能最好；对于 OA 值，SVM-RBF 模型和 SVM-Pol 模型同时在算例 $A_{33:67}$ 中最大，而 SVM-Sig 模型在算例 $A_{50:50}$ 中最大，对于 AUC 值，SVM-RBF 模型和 SVM-Pol 模型同时在算例 $A_{50:50}$ 中最大，而 SVM-Sig 模型在算例 $A_{33:67}$ 中最大。此外，在 SVM 方法中，对于算例 11，SVM-Sig 模型的回判和预测性能都要比其他 SVM 模型的性能差，这是因为 SVM 方法的性能很大程度上取决于核函数的影响，采用 S 型函数作为核函数需要满足一些特定的条件，如对称、半正定矩阵要求，限制了模型的泛化能力，而其他核函数则没有这些限制。

由于不能仅凭 OA 对模型的性能好坏做出准确评估，而且 AUC 会受分类不均衡的影响，因此进一步考虑模型的 F_1 值，然后再综合三个指标对模型的性能做出最终定论。在图 5.2 中可以看到，大部分模型的回判 F_1 值都是在分类最不均衡（$A_{10:90}$ 和 $A_{90:10}$）的算例中最大，几乎接近 1.0，模型的性能几乎完美，而预测 F_1 值却都几乎最小。这说明分类越不均衡，模型的回判性能越好，而预测性能越差，这一趋势和图 5.1 中的 OA 和 AUC 类似。此外，在各模型的预测结果中，可发现 3 个 BN 模型对于液化样本在 $A_{60:40}$

处的 F_1 值最大，而对于未液化样本在 $A_{33:67}$ 处的 F_1 值最大；3 个 ANN 模型对于液化样本在 $A_{50:50}$ 处的 F_1 值最大，而对于未液化样本在 $A_{40:60}$ 处的 F_1 值最大，但该值与 $A_{50:50}$ 处的 F_1 值相差并不明显；LR 模型对于液化样本和未液化样本都是在 $A_{33:67}$ 处的 F_1 值最大；SVM-RBF 模型和 SVM-Pol 模型对于液化样本和未液化样本同时在 $A_{33:67}$ 处的 F_1 值最大；SVM-Sig 模型对于液化样本和未液化样本在 $A_{50:50}$ 处的 F_1 值最大。

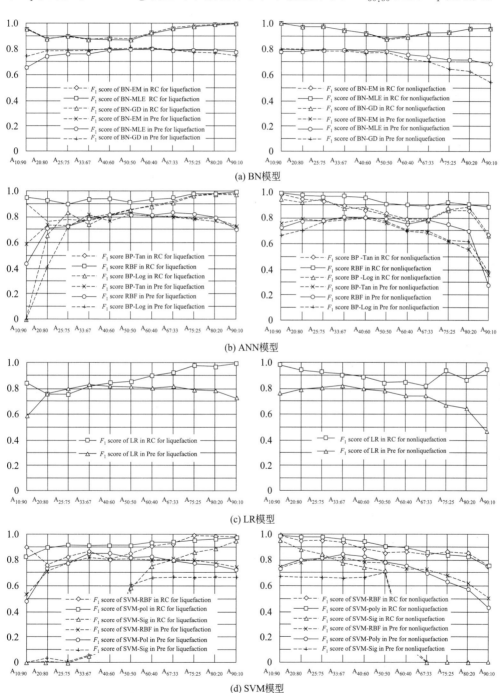

图 5.2　Case A 中 4 种方法的 10 个模型针对 11 组不同训练样本比例的 F_1 预测值

综合对比各模型预测结果的 OA、AUC 和 F_1 值，可以发现 3 个 BN 模型同时在 $A_{50:50}$ 处的 OA 和 AUC 最大，而且在 $A_{50:50}$ 处的两个 F_1 值分别和液化样本中 $A_{60:40}$ 处的最大 F_1 值和未液化样本中 $A_{33:67}$ 处的最大 F_1 值都相差不大，因此，建议 BN 方法对于地震液化的预测在训练样本比例为 50：50（1：1）时，预测性能最好。3 个 ANN 模型同时在 $A_{50:50}$ 处的 OA、AUC 和 F_1 值都几乎最大，因此同样建议 ANN 方法对于地震液化的预测在训练样本比例为 50：50（1：1）时，预测性能最好。LR 模型在 $A_{33:67}$ 处的 OA、AUC 和 F_1 值都最大，因此建议 LR 方法对于地震液化的预测在训练样本比例为 33：67（1：2）时，预测性能最好。在 3 个 SVM 模型预测结果中，SVM-RBF 模型和 SVM-Pol 模型同时在 $A_{33:67}$ 处的 OA 和 F_1 值最大，在 $A_{50:50}$ 处的 AUC 最大，而 SVM-Sig 模型在 $A_{50:50}$ 处的 OA 和 F_1 值最大，在 $A_{33:67}$ 处的 AUC 最大。由于 AUC 对抽样偏差不敏感，而 F_1 值会受分类不均衡和抽样偏差影响，所以，AUC 的结果只能做参考，重点需要看 OA 和 F_1 值。另外，对于液化样本和未液化样本都在 $A_{33:67}$ 处的 AUC 和在 $A_{50:50}$ 处 AUC 相差不大，因此，建议 SVM 方法中 SVM-RBF 模型和 SVM-Pol 模型在训练样本比例为 33：67（1：2）时，预测性能最好，而 SVM-Sig 模型在 50：50（1：1）时，预测性能最好。

（2）Case B

在 Case B 中，总样本的液化样本量和未液化样本量的比例为 200：100（2：1），即存在分类不均衡。与 Case A 类似，11 个不同训练样本分类比例（10：90、20：80、25：75、33：67、40：60、50：50、60：40、67：33、75：25、80：20 和 90：10）的算例被用于该 10 个模型的学习，然后分别对 Case B 的 300 组样本进行评估。在这 11 个算例中，$B_{67:33}$ 和总样本有相同的样本分类比例，如果假设总样本不存在样本偏差，则该训练样本也没有抽样偏差，但存在分类不均衡，而 $B_{50:50}$ 不存在分类不均衡。10 个模型针对 11 个不同比例训练样本的回判结果（RC）和预测（Pre）结果如图 5.3 和图 5.4 所示。

在图 5.3 中同样可以发现，训练样本分类越不均衡，模型的回判性能越好，而预测性能越差。此外，还可以看到，分类不均衡和抽样偏差对 BN 方法的影响程度要比其他方法略小。在预测结果中，3 个 BN 模型同时在算例 $B_{33:67}$ 处的 AUC 最大，而在 $B_{60:40}$ 处的 OA 最大；3 个 ANN 模型同时在算例 $B_{40:60}$ 中 OA 和 AUC 都最大；LR 模型在算例 $B_{33:67}$ 中预测效果最好；3 个 SVM 模型同时在算例 $B_{33:67}$ 中 AUC 最大，而在算例 $B_{50:50}$ 中 OA 最大。

同样，进一步考虑模型的 F_1 值，然后再综合 3 个指标对模型的性能做出最终定论。在图 5.4 中可以看到，大部分模型的回判 F_1 值也都是在分类最不均衡的算例中几乎最大，而预测 F_1 值却都几乎最小。同样也说明了分类越不均衡，模型的回判性能越好，而预测性能越差，这一趋势和 Case A 中完全一致。此外，在各模型的预测结果中，可看到 3 个 BN 模型对于液化样本在 $B_{60:40}$ 处的 F_1 值最大，而对于未液化样本在 $B_{33:67}$ 处 F_1 值最大；3 个 ANN 模型对于液化样本和未液化样本都是在 $B_{40:60}$ 处 F_1 值最大；LR 模型对于液化样本和未液化样本都是在 $B_{33:67}$ 处 F_1 值最大；3 个 SVM 模型对于液化样本同时在 $B_{50:50}$ 处 F_1 值最大，而对于未液化样本同时在 $B_{33:67}$ 和 $B_{40:60}$ 处 F_1 值最大。

综合对比 OA、AUC 和 F_1 值 3 个指标，可以发现 3 个 BN 模型同时在 $B_{60:40}$ 处的 OA 和 F_1 值（液化样本）都最大，而在 $B_{33:67}$ 处的 AUC 和 F_1 值（未液化样本）都最

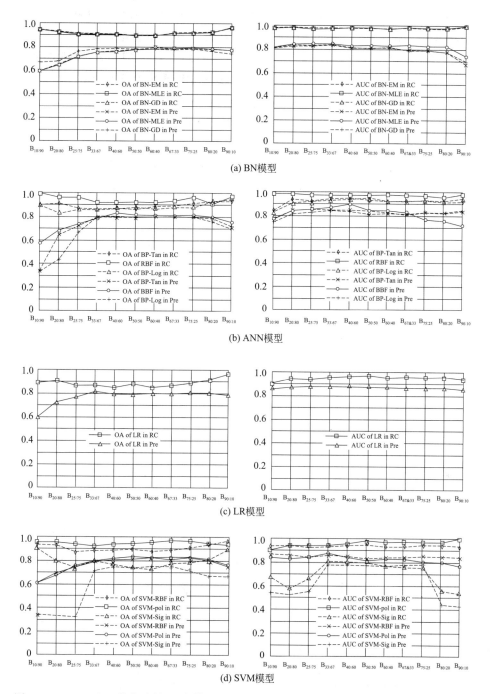

图 5.3　Case B 中 4 种方法的 10 个模型针对 11 组不同训练样本比例的 OA 和 AUC 预测值

大，但与 $B_{60:40}$ 处的 AUC 和 F_1 值相差并不是很大，而且在实际地震液化评估中，人们更多是想要正确识别出液化场地，也就是液化样本中的 F_1 值相对于未液化样本中的 F_1 值越大越好。因此，建议 BN 方法对于地震液化的预测在训练样本比例为 60：40（1.5：1）时，预测性能最好。3 个 ANN 模型同时在 $B_{40:60}$ 处的 OA、AUC 和 F_1 值都最大，因此建议 ANN 方法对于地震液化的预测在训练样本比例为 40：60（1：1.5）时，预测性

151

能最好。LR 模型在 $B_{33:67}$ 处的 OA、AUC 和 F_1 值都最大，因此建议 LR 方法对于地震液化的预测在训练样本比例为 33：67（1：2）时，预测性能最好。3 个 SVM 模型同时在 $B_{50:50}$ 处的 OA 和 F_1 值（液化样本）最大，在 $B_{33:67}$ 处的 AUC 和 F_1 值（未液化样本）最大，但与 $B_{50:50}$ 处的 AUC 和 F_1 值相差并不是很大，而且 AUC 对抽样偏差不敏感，而 F_1 值会受分类不均衡和抽样偏差影响，所以 AUC 的结果只能做参考，重点需要看 OA 和 F_1 值。另外，在实际液化预测中希望的是液化样本中的 F_1 值越高越好。因此，建议 SVM 方法在训练样本比例为 50：50（1：1）时，预测性能最好。

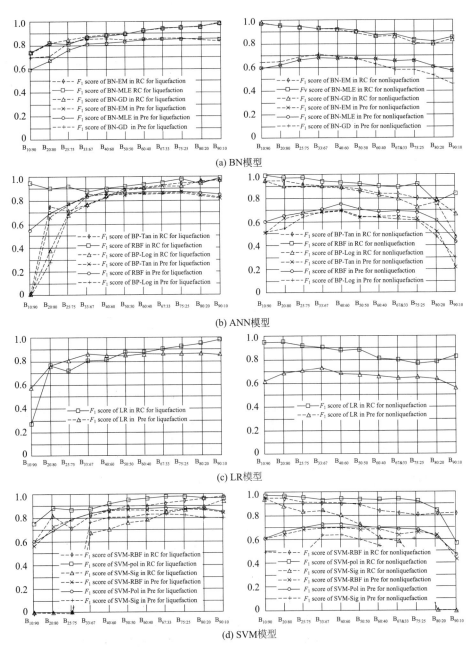

图 5.4　Case B 中 4 种方法的 10 个模型针对 11 组不同训练样本比例的 F_1 预测值

通过上述的讨论以及对比 Case A 和 Case B 的结果，得到共同的结论是训练样本分类越不均衡，模型的回判性能越好，而预测性能越差。在上述 4 种方法中，分类不均衡和抽样偏差对 BN 方法的影响程度要比其他方法略小。此外，对于各模型而言，在 Case A 中（液化样本量和未液化样本量一样），液化样本中 F_1 和未液化样本中 F_1 在相同样本比例的算例中大小相差不大，而在 Case B 中（液化样本量明显多于未液化样本量），液化样本中的 F_1 值明显大于在相同样本比例算例中未液化样本中的 F_1 值，这说明模型选择的训练样本中某类样本越多，其预测效果会好于另一类样本。例如，如果想要更多地能识别出液化场地，那么在选择训练样本时，要保证液化样本比未液化样本多，但又不能过多，因为会涉及模型的整体性能，其中就有一个最优样本分类比例范围问题。在 Case A 和 Case B 中，除了 LR 模型对于最佳样本比例的选择在一个固定的比例值 33∶67（1∶2）外，其他模型都是两个值或多个值。这说明对于最佳的训练样本比例其实不是一个固定值，应该是一个范围。在地震液化模型的建立中，研究者通常收集的液化数据中液化样本量和未液化样本量的比例在 1～2 之间。因此，综合 Case A 和 Case B 中各模型的最佳训练样本比例的结论，笔者建议对于 BN 方法，最佳训练样本的比例是 1～1.5（液化样本与未液化样本的比值）；对于 ANN 方法，最佳训练样本的比例是 0.67～1；对于 LR 方法，最佳训练样本的比例是 0.5；对于 SVM 方法，最佳训练样本的比例是 0.5～1。所以在地震液化模型建立时，应该针对不同的预测方法选择不同的最佳训练样本比例，不能一概而论。

5.2.4　采样技术的应用及效果分析

采样技术通常用于克服训练样本存在严重分类不均衡时的模型预测中，包括欠采样技术和过采样技术。欠采样就是从过多的那类样本中删掉一些样本，以达到训练者想要的某个样本比例；而过采样是通过复制原有样本或者人工产生一些样本来增加偏少的那类样本量，以达到训练者的要求。在本节只采用过采样技术来处理 Case A 和 Case B 中的 90∶10 和 10∶90 两种严重液化样本分类不均衡问题，因为本节中的训练样本偏少，最少的只有 10 个样本，如果采用欠采样技术，训练样本最后只剩下 20 组左右，会过多失去原样本中的信息，导致模型的预测效果更加不佳。由于 BN-MLE 模型、RBF 模型和 SVM-Pol 模型一般情况下要好于相应方法中的其他模型，因此，在本节将采用 BN-MLE、RBF、LR 和 SVM-Pol 四个模型来分析过采样技术在训练样本存在严重样本分类不均衡情况下的应用。

Case A 中过采样处理的样本和原始样本的 4 个模型预测结果对比　　　　表 5.3

模型	Case A	OA	AUC	液化			未液化		
				Rec	Prec	F_1	Rec	Prec	F_1
BN-MLE	$A_{10:90}$	0.727	0.841	0.520	0.886	0.655	0.933	0.660	0.773
	$A_{OS\text{-}50:50}$	0.727	0.841	0.520	0.886	0.655	0.933	0.660	0.773
	$A_{90:10}$	0.737	0.830	0.913	0.675	0.776	0.560	0.866	0.680
	$A_{OS\text{-}50:50}$	0.737	0.827	0.913	0.675	0.776	0.560	0.866	0.680
RBF	$A_{10:90}$	0.630	0.772	0.280	0.933	0.431	0.980	0.576	0.726
	$A_{OS\text{-}50:50}$	0.587	0.787	0.187	0.933	0.311	0.987	0.548	0.705
	$A_{90:10}$	0.577	0.803	0.993	0.542	0.701	0.160	0.960	0.274
	$A_{OS\text{-}50:50}$	0.523	0.540	1.000	0.512	0.677	0.047	1.000	0.089

模型	Case A	OA	AUC	液化			未液化		
				Rec	Prec	F_1	Rec	Prec	F_1
LR	$A_{10:90}$	0.697	0.840	0.427	0.928	0.585	0.967	0.628	0.761
	$A_{OS-33:67}$	0.737	0.848	0.513	0.928	0.661	0.960	0.664	0.785
	$A_{OS-50:50}$	0.737	0.852	0.527	0.908	0.667	0.947	0.667	0.782
	$A_{90:10}$	0.640	0.778	0.967	0.585	0.729	0.313	0.904	0.465
	$A_{OS-33:67}$	0.640	0.704	0.933	0.588	0.722	0.347	0.839	0.491
	$A_{OS-50:50}$	0.643	0.714	0.940	0.590	0.725	0.347	0.852	0.493
SVM-Pol	$A_{10:90}$	0.643	0.870	0.327	0.891	0.478	0.960	0.588	0.729
	$A_{OS-33:67}$	0.743	0.866	0.620	0.823	0.707	0.867	0.695	0.772
	$A_{OS-50:50}$	0.783	0.870	0.700	0.840	0.764	0.867	0.743	0.800
	$A_{90:10}$	0.630	0.804	0.987	0.576	0.727	0.273	0.953	0.425
	$A_{OS-33:67}$	0.720	0.821	0.873	0.668	0.757	0.567	0.817	0.669
	$A_{OS-50:50}$	0.710	0.828	0.907	0.651	0.758	0.513	0.846	0.639

由于 4 个模型的最佳训练样本比例不同，因此通过过采样技术分别将两个严重分类不均衡的样本比例（90∶10 和 10∶90）转变为各个模型的最佳训练样本比例值或范围值内。例如 LR 模型的最佳训练样本比例为 33∶67，两个严重分类不均衡的样本通过过采样技术处理后变为 $A_{OS-33:67}$。此外，由于 Case A 的样本分类比值为 1∶1，两个严重分类不均衡的样本同时也通过过采样技术处理，处理后变为 $A_{OS-50:50}$。Case A 中 4 个模型的预测结果如表 5.3 所示。由表 5.3 可以看到，在 LR 模型和 SVM-Pol 模型中，通过过采样处理后模型的预测效果要明显好于之前存在严重分类不均衡的模型，特别是在液化样本的预测中，因为 OA、Rec、Pre、AUC 和 F_1 值都有所提高。此外 $A_{OS-50:50}$ 的提高效果要好于 $A_{OS-33:67}$，这说明对于过采样技术，在处理严重分类不均衡问题时，保证处理后的样本分类比例与总样本的分类比例一致比和模型的最优比例一致要重要得多。而对于 BN-MLE 模型和 RBF 模型，过采样技术对模型的预测性能并没有改善，甚至适得其反。

同样，通过过采样技术分别对 Case B（液化样本量与未液化样本量比值为 2∶1）中的两个严重分类不均衡的样本（90∶10 和 10∶90）转变为各个模型的最佳训练样本比例范围值内和与 Case B 样本分类比例一致。4 个模型的预测结果如表 5.4 所示，同样是在 LR 模型和 SVM-Pol 模型中，通过过采样处理后模型的预测效果要明显好于之前严重分类不均衡的模型。此外，Case $B_{OS-180:90}$ 和 Case $B_{OS-90:45}$（和 Case B 的样本分类比例相同）的 5 个评估指标值要明显大于其他过采样技术处理过的样本，如 $B_{OS-60:40}$，$B_{OS-40:60}$，$B_{OS-33:67}$ 和 $B_{OS-50:50}$，这进一步验证了对于过采样技术，在处理严重分类不均衡问题时，保证处理后的样本分类比例与总样本的分类比例一致比和模型的最优比例一致要重要得多。因此，在数据挖掘中碰到样本分类存在严重不均衡的情况，如果知道描述问题的样本真实分类比例，则通过过采样技术使训练样本的分类比例与真实分类比例一致，可以使模型得到更好的预测效果；如果描述问题的样本真实分类比例未知，则可以通过过采样技术使训练样本的分类比例与模型的最优训练样本分类比例一致，也可以达到不错的预测效果。

Case B 中过采样处理的样本和原始样本的 4 个模型预测结果对比　　　　表 5.4

模型	Case B	OA	AUC	液化			未液化		
				Rec	Prec	F_1	Rec	Prec	F_1
BN-MLE	$B_{10:90}$	0.597	0.812	0.445	0.899	0.595	0.900	0.448	0.598
	$B_{OS-60:40}$	0.687	0.798	0.630	0.863	0.728	0.800	0.519	0.630
	$B_{OS-180:90}$	0.687	0.799	0.630	0.863	0.728	0.800	0.519	0.630
	$B_{90:10}$	0.777	0.738	0.940	0.774	0.849	0.450	0.789	0.573
	$B_{OS-60:40}$	0.777	0.739	0.940	0.774	0.849	0.450	0.789	0.573
	$B_{OS-90:45}$	0.777	0.739	0.940	0.774	0.849	0.450	0.789	0.573
RBF	$B_{10:90}$	0.573	0.779	0.380	0.950	0.543	0.960	0.436	0.600
	$B_{OS-40:60}$	0.523	0.807	0.295	0.967	0.452	0.980	0.410	0.578
	$B_{OS-180:90}$	0.367	0.644	0.050	1.000	0.095	1.000	0.345	0.513
	$B_{90:10}$	0.753	0.725	0.990	0.733	0.843	0.280	0.933	0.431
	$B_{OS-40:60}$	0.703	0.505	1.000	0.692	0.818	0.110	1.000	0.198
	$B_{OS-90:45}$	0.733	0.704	1.000	0.714	0.833	0.200	1.000	0.333
LR	$B_{10:90}$	0.593	0.851	0.410	0.953	0.573	0.960	0.449	0.611
	$B_{OS-33:67}$	0.737	0.840	0.695	0.885	0.779	0.820	0.573	0.675
	$B_{OS-180:90}$	0.773	0.839	0.850	0.817	0.833	0.620	0.674	0.646
	$B_{90:10}$	0.787	0.848	0.980	0.766	0.860	0.400	0.909	0.556
	$B_{OS-33:67}$	0.747	0.816	0.830	0.798	0.814	0.580	0.630	0.604
	$B_{OS-90:45}$	0.777	0.845	0.930	0.778	0.847	0.470	0.770	0.584
SVM-Pol	$B_{10:90}$	0.607	0.844	0.440	0.936	0.599	0.940	0.456	0.614
	$B_{OS-50:50}$	0.727	0.809	0.700	0.864	0.773	0.780	0.565	0.656
	$B_{OS-180:90}$	0.740	0.809	0.730	0.859	0.789	0.760	0.585	0.661
	$B_{90:10}$	0.763	0.777	0.985	0.743	0.847	0.320	0.914	0.474
	$B_{OS-50:50}$	0.830	0.779	0.980	0.807	0.885	0.530	0.930	0.675
	$B_{OS-90:45}$	0.820	0.779	0.980	0.797	0.879	0.500	0.926	0.649

5.3　样本量和模型复杂度对地震液化 BN 模型预测精度的影响

5.3.1　样本量及模型复杂度对 BN 模型性能的影响

确定最小训练样本量是构建 BN 模型时最常见的问题之一[418]。当训练样本量太小，比如小于 50 时，在训练过程中很容易过拟合模型，无法达到满意的泛化能力。太大的样本量可以生成高度准确的估计结果，但也可能会导致计算时间和财务成本的浪费。而以往的研究都只关注模型的预测精度和结构学习等问题，未研究样本量和模型复杂度对 BN 模型的性能影响。因此，给定 BN 模型的结构（也就是模型复杂度），确定参数学习所需的样本量，以保证给定模型结构具有较高的泛化能力是值得研究的。

5.3.2　BN 模型结构的复杂度

BN 模型结构的复杂程度由其节点以及边确定。对于一个无向网络结构的复杂度度量，通常有两种方法：一种是将节点作为研究对象，用度结构熵来表征网络的复杂性和不确定性[419]；另一种方法是基于节点间的连线，使用度分布熵来描述结构的复杂性和不确定性[420]。考虑到 BN 中边的方向性，采用网络的入度和出度来计算 DAG 的复杂度。其中，节点 i 的入度是指向节点 i 的连接总数，节点 i 的出度是从节点 i 指向其他节点的连接总数。其计算公式如下：

$$k_i^{\text{in}} = \sum_j a_{ij} \ ; k_i^{\text{out}} = \sum_j a_{ji} \tag{5.1}$$

$$k_{\max}^{\text{in}} = \max\{k_i^{\text{in}}\} \ ; k_{\max}^{\text{out}} = \max\{k_i^{\text{out}}\} \tag{5.2}$$

式中，k_i^{in} 和 k_i^{out} 分别为网络中节点的入度和出度；a_{ij} 和 a_{ji} 为 DAG 中邻接矩阵的元素值。$k_{\max}^{\text{in}}$ 和 $k_{\max}^{\text{out}}$ 分别为节点的最大入度和最大出度。例如，如图 5.5 所示的一个简单 BN 模型结构，DAG 中节点 Z 的入度和出度分别为 2 和 0，且 DAG 的最大入度和最大出度都为 2。

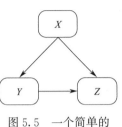

图 5.5　一个简单的 BN 模型结构

描述 DAG 复杂度的另一个指标是考虑了网络的入度和出度及其分布概率的结构熵。结构熵的计算公式如下[421]：

$$H = -\sum_{i=1}^{N} I_i \log_2 I_i = -\sum_{i=1}^{N} \frac{\alpha \cdot P(k_i^{\text{in}}) k_i^{\text{in}} N + \beta \cdot P(k_i^{\text{out}}) N}{\sum\limits_{i=1}^{N} \left[\alpha \cdot P(k_i^{\text{in}}) k_i^{\text{in}} N + \beta \cdot P(k_i^{\text{out}}) N\right]}$$

$$\log_2 \frac{\alpha \cdot P(k_i^{\text{in}}) k_i^{\text{in}} N + \beta \cdot P(k_i^{\text{out}}) N}{\sum\limits_{i=1}^{N} \left[\alpha \cdot P(k_i^{\text{in}}) k_i^{\text{in}} N + \beta \cdot P(k_i^{\text{out}}) N\right]} \tag{5.3}$$

式中，H 为结构熵；I_i 为网络节点的相关重要性；$P(k_i^{\text{in}})$ 和 $P(k_i^{\text{out}})$ 分别为节点 i 的入度分布概率和出度分布概率，它们分别等于 DAG 中具有入度和出度的节点所占比例。例如在图 5.5 中，节点 V_3 的入度分布概率和出度分布概率均为 0.333。α 和 β 分别为节点差异性和边差异性的权重，$\alpha + \beta = 1$。当节点与边之间的差异性被认为是同等重要时，式（5.3）可转化为：

$$H = -\sum_{i=1}^{N} \frac{P(k_i^{\text{in}}) k_i^{\text{in}} + P(k_i^{\text{out}})}{\sum\limits_{i=1}^{N} \left[P(k_i^{\text{in}}) k_i^{\text{in}} + P(k_i^{\text{out}})\right]} \log_2 \frac{P(k_i^{\text{in}}) k_i^{\text{in}} + P(k_i^{\text{out}})}{\sum\limits_{i=1}^{N} \left[P(k_i^{\text{in}}) k_i^{\text{in}} + P(k_i^{\text{out}})\right]} \tag{5.4}$$

由于网络密度考虑了网络密度强度[422]，是衡量 DAG 的复杂度的另一个有效指标，因此本研究将结合度结构熵和网络密度来表征网络的复杂性，以此克服结构熵不能衡量不同尺度网络复杂性的问题。在 DAG 中，网络密度是有向边数与理论上最有可能产生的有向边数的比值，其方程如下[422]：

$$D = \frac{E}{N \cdot (N-1)} \tag{5.5}$$

式中，E 为有向边的个数。本研究中度量 DAG 复杂度的新计算公式如下：

$$H^* = D \cdot H = -\frac{E}{N \cdot (N-1)} \sum_{i=1}^{N} \frac{P(k_i^{\text{in}}) k_i^{\text{in}} + P(k_i^{\text{out}})}{\sum\limits_{i=1}^{N} \left[P(k_i^{\text{in}}) k_i^{\text{in}} + P(k_i^{\text{out}})\right]} \log_2 \frac{P(k_i^{\text{in}}) k_i^{\text{in}} + P(k_i^{\text{out}})}{\sum\limits_{i=1}^{N} \left[P(k_i^{\text{in}}) k_i^{\text{in}} + P(k_i^{\text{out}})\right]} \tag{5.6}$$

式中，H^* 是本研究提出的改进结构熵。例如，图 5.5 和第 2 章中图 2.2（b）、图 2.2（c）和图 2.2（a）中的 4 个 DAG，采用式（5.6）计算 H^* 值的结果分别为 0.73、0.46、0.52 和 0.51，而采用式（5.4）计算的 H 值分别为 1.46、1.39、1.56 和 1.53。根据第

2.5 节中参数评估计算量公式，这 4 个 DAG 的计算复杂度排序依次为图 2.2（a）、图 2.2（c）、图 5.5 和图 2.2（b）。显然，H^* 能够更好地描述结构复杂性，因为其排序和参数计算量排序一致，而 H 值不能很好反映结构复杂度，因为明显可以看到图 5.5 的结构复杂度要比其他 3 个 DAG 复杂，但图 5.5 计算得到的 H 值要小于图 2.2（c）和图 2.2（a）的 H 值。

5.3.3　地震液化数据库及试验设计

第 3.3.2 节中共收集了来自真实历史调研的 630 例 V_s 地震液化数据，其中液化样本 419 个，未液化样本 211 个。为了减少 BN 模型在训练过程中抽样偏差的影响，剔除 130 个样本，确保在剩余样本量中液化样本与未液化样本的比例为 1.5（即 300：200）。这个比值满足第 5.2 节中建议的 BN 模型最佳比值范围 1～1.5。出现液化样本远多于未液化样本的原因是工程师们希望确定更多的液化场地，而不是未液化场地。因此，采用分层抽样法将 500 个样本划分为两部分，一部分是由 400 个样本组成的训练集（占数据的 80%），另一部分是由 100 个样本组成的测试集（占总数据的 20%），此方法保证了训练数据集和测试数据集的均值、标准差、最小值和最大值等统计特征与总样本数据集相同，它们的统计特征如表 5.5 所示。在训练集和测试集中，液化样本与非液化样本的比值均固定在 1.5。

数据集中变量的统计特征 表 5.5

特征	数据集	样本量	输入变量														
			M_w	R	t	PGA	FC	GC	ST	D_{50}	V_{s1}	σ'_v	D_w	D_s	H_n	D_n	T_s
均值	总样本	500	7.0	46.8	23.2	0.3	22.4	10.7	—	1.1	171	68.8	2.0	5.7	1.9	0.8	3.6
	训练集	400	7.0	47.6	23.3	0.3	22.1	10.5	—	1.1	171	68.8	2.0	5.7	1.9	0.8	3.5
	测试集	100	7.0	43.7	22.7	0.3	23.7	11.9	—	1.1	173	68.7	2.1	5.7	1.8	0.9	4.0
标准差	总样本	500	0.7	35.1	17.3	0.2	23.5	22.0	—	2.5	44	32.9	1.5	2.9	1.7	1.1	2.4
	训练集	400	0.7	35.4	17.1	0.2	23.1	21.4	—	2.4	43	32.6	1.4	3.0	1.7	1.1	2.2
	测试集	100	0.7	33.9	18.2	0.2	24.9	24.2	—	3.0	49	34.3	1.6	2.8	1.8	1.2	2.7
最小值	总样本	500	5.3	1.6	1.7	0.02	0	0	—	0.01	79	13.3	0	1.1	0	0	0.8
	训练集	400	5.3	1.6	1.7	0.02	0	0	—	0.01	79	18.5	0	1.1	0	0	0.8
	测试集	100	5.3	1.6	1.7	0.02	0	0	—	0.01	85	13.3	0	1.4	0	0	0.9
最大值	总样本	500	9.2	177	80.0	0.8	99.0	90.0	—	23.2	383	195.3	9.4	16.8	7.5	5.4	15.0
	训练集	400	9.2	177	80.0	0.8	99.0	90.0	—	23.2	383	195.3	9.4	16.8	7.5	3.8	15.0
	测试集	100	9.2	176	80.0	0.8	98.0	80.0	—	22.0	366	177.6	8.0	16.2	6.5	5.4	15.0

在数据集中包含了 15 个地震液化的影响因素，分别是 M_w、R、PGA、t、FC、砾石含量（GC）、D_{50}、ST、V_{s1}、D_w、D_s、上覆非液化层厚度（H_n）、地下水位与上覆层间非饱和带厚度（D_n）、σ'_v 和 T_s，这些影响因素组成了 21 个不同的 BN 模型结构，如图 5.6 所示。这些模型结构大多数都源于第 4 章中的 BN 模型，其中部分 BN 模型中的标准贯入试验击数 N 在本研究中用 V_{s1} 代替。

这些 BN 模型结构特征的相关统计信息如表 5.6 所示，模型中变量的离散化参见表 3.4，其中 ST、V_{s1} 和 FC 的离散区间个数改为 4，用以保证 BN 模型中液化势（LP）的全部因素区间一致，都为 4 个离散区间。因此，LP 包含了两个区间（未液化为 0，液化为 1），其他变量有 4 个区间（低、中、高和超高）。此外，当 BN 模型中的节点存在不同离散区间个数时可能会影响模型的预测精度[423]。然而，很难去分析每个节点的区间个数对 BN 模型泛化能力的影响。因此，依据现有的 BN 液化预测模型，将 LP 的所有因子划分为 3～5 个离散区间，即将 BN 模型中除 LP 以外的所有变量的离散区间都改为 3（低、中和高）或 5（低、中低、中、高和超高），用以分析平均离散区间对 BN 模型性能的影响。

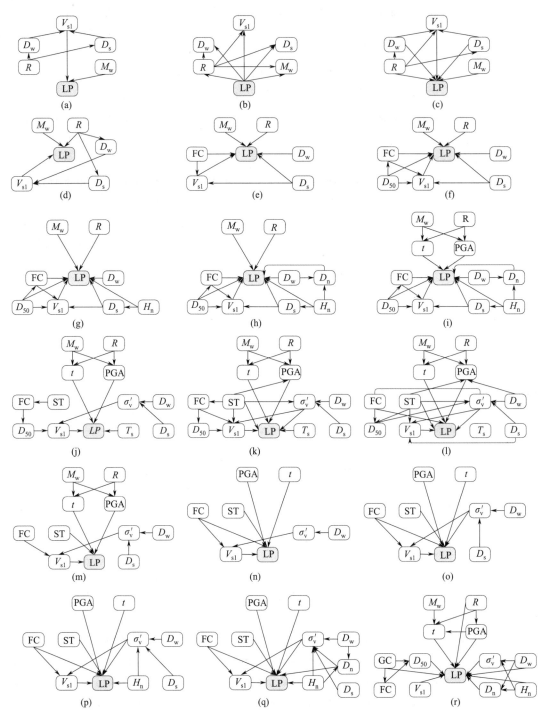

图 5.6　21 个 BN 模型结构

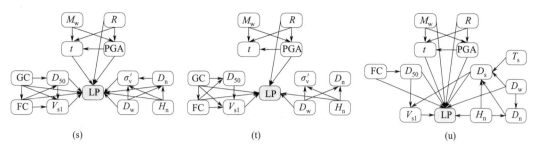

图 5.6　21 个 BN 模型结构（续）

BN 模型结构的统计特征　　　　　　　　　　　　　　　　　　　表 5.6

模型	节点数	边数	k_{max}^{in}	k_{max}^{out}	H^*
BN-1	6	6	2	2	0.484
BN-2	6	9	2	5	0.678
BN-3	6	10	5	4	0.803
BN-4	6	11	3	3	0.569
BN-5	7	8	6	2	0.522
BN-6	8	11	7	3	0.548
BN-7	9	13	8	3	0.543
BN-8	10	16	9	3	0.559
BN-9	12	20	9	3	0.521
BN-10	13	14	4	2	0.313
BN-11	13	20	6	5	0.456
BN-12	13	23	6	5	0.501
BN-13	11	12	4	2	0.351
BN-14	8	8	5	2	0.413
BN-15	9	10	6	2	0.429
BN-16	10	12	7	2	0.435
BN-17	11	16	8	3	0.483
BN-18	13	21	10	3	0.470
BN-19	13	27	11	4	0.608
BN-20	13	22	7	4	0.489
BN-21	13	24	10	3	0.531

　　在模型学习时将表 5.5 中的 400 个训练数据平均分为 8 份，其中液化样本与未液化样本的比例固定为 1.5。此外，将其中一份平均分为两部分（如图 5.7 所示 Fold 1 等分成两个含 25 个样本的数据集），但仍然保持液化样本量与未液化样本量之比为 1.5。从而对于所有的 BN 模型，在第一次试验时采用 25 个样本（15 个液化样本和 10 个非液化样本呢）进行参数学习，表 5.5 中 100 个测试样本（60 个液化样本和 40 个非液化样本）用于验证模型的泛化能力；然后，在第二次试验中，Fold 1 中的 50 个样本用于参数学习，并使用 100 个测试样本进行验证。之后，每当在训练集中加入 1 个 Fold，所用模型都需进行参数学习以及性能验证。因此，如图 5.7 所示，每个模型都需要进行 9 次训练和测试试验。除此之外，在训练过程中存在多种组合模型，如图 5.8 所示。本研究只探究 8 种不同的组合形式，且各个影响因素在每次试验中有三种不同的平均离散状态（即 3，4，5）。因此，本研究共进行包含训练和测试的 9 次试验×8 种组合×3 种不同的离散状态×21 种 BN 模型 = 4536 次试验，分别分析复杂度、节点数和边数对这 21 个不同结构的 BN 模型性能的

影响。一次试验中取 8 个不同组合结果的均值用以评估模型的性能。所有试验都在 GeNIe 2.3 版本（下载网址：https：//www. bayesfusion. com/downloads/）软件中采用 EM 算法对模型进行参数学习。

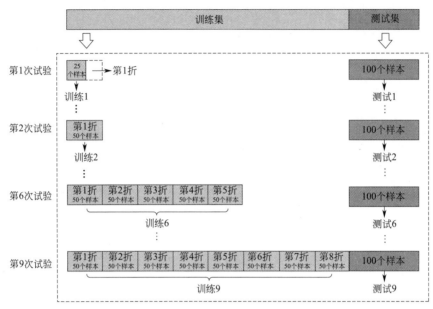

图 5.7　试验设计中 9 次训练和测试试验的示意图

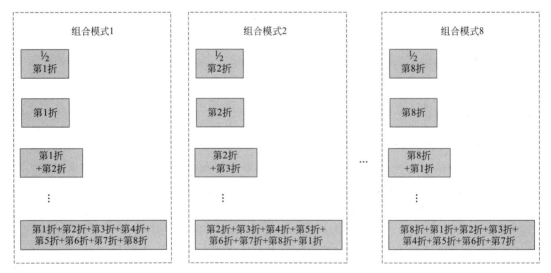

图 5.8　试验设计中的组合模式

5.3.4　试验结果分析

（1）训练样本量对 BN 模型性能的影响

图 5.9 为不同训练样本量条件下 21 个 BN 模型泛化能力的对比图。从图 5.9（a）中线条的波动程度可以看出，训练样本量对于给定 BN 模型结构的 Acc 影响较小。除此之

外，所有 BN 模型的 Acc 值均大于 0.8，这表明 BN 方法具有良好的学习能力；但有些模型的 Acc 值随着训练样本量的增大而减小，这是因为对于某些模型结构，当训练样本数量增加时，这些样本之间可能会出现矛盾，从而导致模型精度微小下降。其次，不同的 BN 模型结构在训练样本量相等的情况下展现出不同的学习能力，一个结构复杂的模型（例如 BN-15 和 BN-17），其学习性能远远优于一个结构简单的模型（例如 BN-1、BN-2 或 BN-4）。这表明 BN 模型的复杂度对模型的学习性能有较大影响。通过比较图 5.9（b）中 21 个模型的 RMSE 值，也可以得到与上述相似的结论。

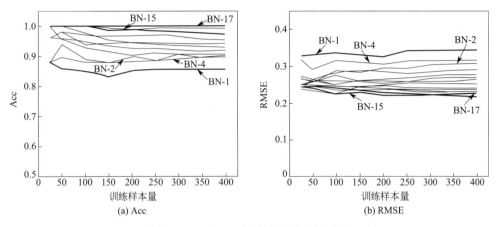

图 5.9　21 个 BN 模型的训练性能对比

图 5.10 为采用不同训练样本量的 21 个 BN 模型泛化能力的对比。从图 5.10（a）可以看出，当训练样本量不断增大时，所有模型的预测精度逐渐提高，且当训练样本增加到足够多时，一些简单模型（例如 BN-1）的预测精度增长趋势迅速平缓并最终趋于稳定，而复杂模型则需要更多的训练样本才能接近稳定的预测精度。值得注意的是，当模型需要达到一个稳定的预测精度（如 80%）时，不同模型所需的训练样本容量相差较大。如 BN-4 需要 50 个样本，BN-21 需要 340 个样本。这可能与模型的结构复杂性有关，这将在下一节中进行分析。此外，比较 21 个模型的 RMSE 值可以看出，随着训练样本量的增加，模型的 RMSE 值逐渐减小，但没有迅速接近一个稳定值。

综上，在给定 BN 模型结构时，增加训练样本的数量确实可以有效提高模型的预测精度，但需要一个前提条件，即增加的新样本必须提供有效信息，而不是重复已有样本的信息。这一点在本章第 5.2.4 节中已经证明，即重复现有样本（称为过采样技术）不能有效改善 BN 模型的泛化性能。

（2）节点、边和复杂度对 BN 模型性能的影响

由于 BN 模型结构的复杂度与所包含的节点和边的数量有关，图 5.11 给出了第 9 次试验中节点和边对 BN 模型学习和泛化性能的影响（400 个样本进行训练，100 个样本进行测试）。为了更好体现节点数和边数与模型精度的相关程度，本研究还尝试了多项式、对数、指数关系等多种非线性函数拟合，最后发现采用线性函数拟合的效果几乎优于其他函数。因此，本研究采用线性关系对两者进行拟合。值得一提的是，在训练过程中，节点数和边数与 BN 模型的学习性能具有很强的相关性（相关系数 r 在 0.6～0.8 之间表示强相关性），而在测试过程中，节点数和边数与模型的泛化能力具有较弱的相关性。其他试

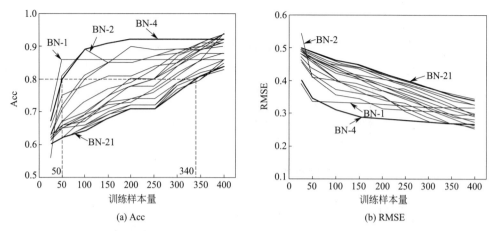

(a) Acc

(b) RMSE

图 5.10　21 个 BN 模型的测试性能对比

验结果也得出了同样结论。

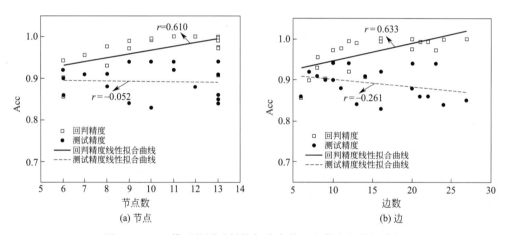

(a) 节点

(b) 边

图 5.11　BN 模型的测试性能与节点数及边数之间的相关性

此外，一个 BN 模型的复杂度可以由最大出度 $k_{\max}^{\text{out}}$、最大入度 $k_{\max}^{\text{in}}$ 以及改进结构熵 H^* 表征。图 5.12 为这 3 个指标对第 9 次试验中 BN 模型测试性能的影响。从图中可以看出，$k_{\max}^{\text{in}}$ 和 H^* 与模型的性能相关性较好，而 $k_{\max}^{\text{out}}$ 与模型精度进行拟合后的相关系数较小，对 BN 模型的性能影响不大。仅管修正结构熵 H^* 可以很好地体现 BN 结构的复杂性，但其考虑了 $k_{\max}^{\text{out}}$ 的影响，更重要的是因为在液化预测问题中，当给出所有的变量信息或证据时，液化的预测只与其直接相连的变量及其离散区间的个数有关，而与因为 D-分割引起的条件独立变量无关[243]。同样地，这也是节点和边的数量与 Acc 之间的相关性并不强的原因。例如在第 2.3 节的图 2.2（a）中，$P(Y|Z, X) = P(Y|Z)$，即给定 Z 的证据，Y 条件独立于 X，但如果 Z 的证据缺失，则 Y 的推理不仅与它的直接关联变量 Z 有关，而且与它的条件独立变量 X 有关，所以当没有观测到节点 Z 的证据时，$P(Y|X) = \sum [P(X)P(Z|X)P(Y|Z)]/P(X)$。因此，$H^*$ 与模型性能的相关性比 $k_{\max}^{\text{in}}$ 稍差。另外，在本研究的其他试验中也可以发现类似现象。

从上述分析中可以发现，模型的训练性能随着上述 5 个表征复杂度的指标值增大而提

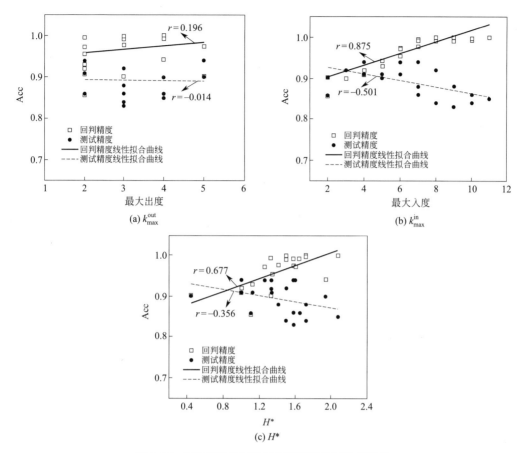

图 5.12　BN 模型的复杂度与其测试性能的相关性

高，而模型的测试性能即泛化能力，则随着这些指标值的增大而降低。这表明并不是模型结构越复杂其泛化能力越强，这一发现与 Scholz 和 Wimmer[424] 以及 Juang 等[392] 的结论一致。因为当训练样本量不够大时，有限的训练样本可能不能提供足够的信息，而增加模型的复杂性会导致模型过拟合，降低模型对新样本的泛化能力。此外，当模型结构的复杂度提高时，也会导致计算量（即模型估计参数的数量）呈指数增长，计算时间也呈指数增长。这个问题甚至会使计算机无法处理许多节点、平均区间超过 4 时所需的大量参数计算[423]。例如，本研究采用的计算机为 i7 - 9700 CPU @ 3.00 GHz，内存为 8.0 GB RAM，但该设备无法处理节点数为 13、平均离散区间为 5 的 BN-19 模型所需的参数计算内存（48829965 个参数）。

（3）平均离散区间数对 BN 模型性能的影响

由于 BN 模型的预测性能与 k_{max}^{in} 密切相关，与包含的节点数关系较小，因此将上述所有因素的平均离散区间隔数定为 LP 父节点的平均离散区间数，以讨论它们对所研究模型性能的影响。以 BN-21 模型为例，图 5.13（a）显示了变量平均离散区间数对模型性能的影响。可见，由于 BN 方法具有较强的学习能力，平均离散区间数对 BN 模型的学习能力影响较小，而其对模型泛化性能的影响因训练样本量不同而不一致。当训练样本较小时（例如 25 或 50 个样本），变量的平均离散区间数对 BN 模型的泛化能力影响不大。但随着训练样本量的增加（大于 50 个样本），其影响变得明显，且 BN-21 模型的泛化能力随着平均离散区间数量的增加而下降。如图 5.13（b）所示，这一规律在除 BN-1、BN-4、BN-10 模型外的其他模型中也可以发现，这与文献中发现的结论一致[423]。BN-1、BN-4 和 BN-10 模型的结果与其他模型的结果不同，因为它们的结构相对简单。当离散区间较小时，会导致预测数据集中存在大量的矛盾样本。但当离散区间增大时，矛盾样本的数量减少，模型的预测精度也会相应提高。因此，在训练样本容量不够大时，本研究不建议通过增加变量的平均区间来提高给定 BN 模型的泛化能力。

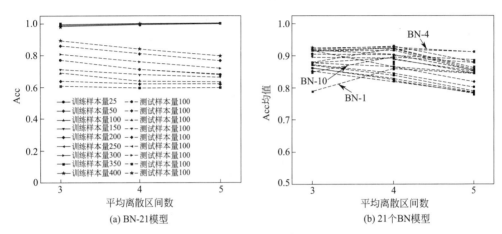

图 5.13　平均离散区间数对 BN 模型性能的影响

5.3.5　最小训练样本量的经验公式确定和验证

由以上分析可知，最大入度 k_{max}^{in} 和目标父节点平均离散区间 k_a 与 BN 模型的泛化能力之间相关性较强。为了确定 BN 模型的最小训练样本量要求，本研究将所有测试中精度达到 80% 的训练样本量的均值定义为所需最小训练样本量。以图 5.10 中的 BN-21 为例，其预测精度达到 80% 时所需要的样本量为 340。为了避免由于测试数据集固定而导致最小训练样本量出现偏差，本研究使用通过分层抽样法得到的不同测试数据集来增加更多的试验，同时保证其统计特性与 500 个数据集几乎相同。对于每个模型，对所有不同测试集的结果取平均值。由于最小训练样本量 N 与 k_{max}^{in} 或 k_a 之间近似为线性关系，且 k_{max}^{in} 与 k_a 之间相互独立，因此通过拟合来确定平均最小训练样本量 $\bar{N}$、k_{max}^{in} 与 k_a 之间的关系，其结果如图 5.14 所示。拟合函数的拟合优度为 0.82，标准误差约为 34。此外，本研究还尝试使用其他函数拟合它们之间的非线性关系，尽管这些函数的拟合优度略优于线性函数，但是在下面两个例子的验证中表现较差，存在过拟合现象。

下面通过两个算例验证本研究提出公式（图 5.14）的有效性。示例 1 如图 5.15 所示，试验数据和模型来源于第 3 章中的五因素液化模型的结果，该训练数据基于 SPT 数据（151 个训练样本和 40 个测试样本），与本研究使用的 V_s 试验数据不同。在图 5.15 中，BN 模型的 k_{max}^{in} 和 k_a 分别为 5 和 4。将这些信息代入图 5.14 所提出的拟合函数中，计算出保证 80% 预测精度所需的最小训练样本量约为 140。图 5.15（b）为单次随机采样条件下预测错误率随训练样本量的变化情况，80% 的预测准确率（20% 错误率）对应的训

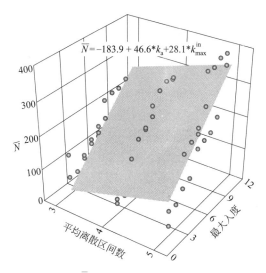

$$\overline{N} = -183.9 + 46.6 * k_a + 28.1 * k_{\max}^{in}$$

图 5.14　$\overline{N}$、$k_{\max}^{in}$ 和 k_a 之间的关系拟合

练样本量为 120，结果与本研究估计的 140 接近，说明了该函数的有效性。

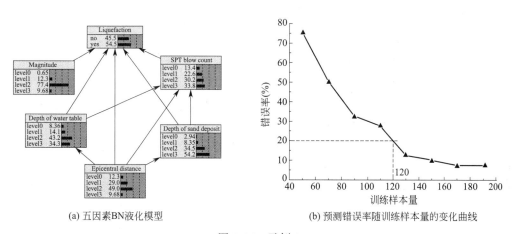

(a) 五因素BN液化模型　　　　　(b) 预测错误率随训练样本量的变化曲线

图 5.15　示例 1

示例 2 如图 5.16 所示，是来自 GeNIe 软件模型库中关于个体幸福度评估的 BN 模型，其数据包括 200 个训练样本和 50 个测试样本。该模型的 $k_{\max}^{in}$ 和 k_a 分别为 4 和 2.25，通过本研究所提出的函数计算得到保证 80% 预测精度的最小训练样本量估计值为 34，而采用分层抽样方法（重复抽样操作 10 次）得到图 5.16（b）所要求的平均最小训练样本量为 24，接近估计值 34，这同样验证了所提出函数的有效性。虽然所提出的确定最小训练样本量的函数在这两个例子中表现良好，但其有效性还需要大量实例来进一步验证。

综上，利用图 5.14 中的经验公式可以很容易地估计出保证 80% 预测精度所需的最小训练样本量。并且结果表明，所需的最小训练样本量随 BN 结构的复杂度（如最大入度）和节点的平均离散区间线性增加。这一发现与 Wocjan 等[425] 的结论一致，但与本研究的不同之处是，他们是基于 VC（Vapnik-Chervonenkis）维数和节点数提出了一个公式来确定训练样本的大小，而 VC 界的条件并不一致，计算也很复杂，估计的样本复杂度和理论

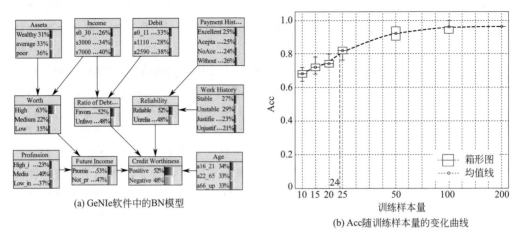

(a) GeNIe软件中的BN模型　　　　　　　(b) Acc随训练样本量的变化曲线

图 5.16　示例 2

值相差很大，影响了所需样本量的估计结果。仅管 Elegbede 等[418] 提出了一种利用 BN 方法优化食品过敏原监测样本计划的方法，但遗憾的是，并未给出学习高性能 BN 模型需要多少样本量，并且也不一定适用于地震液化分类问题。

尽管在大多数情况下 BN 模型的 DAG 并不清楚，但是本研究提出的经验公式依然可用，因为它只需要模型可能的最大入度和平均离散区间即可。因此，该经验公式既适用于已知结构，也适用于未知结构。然而，由于本研究是在地震液化领域的离散 BN 框架下进行的，因此该经验公式不适用于其他类型的 BN 模型，如连续 BN、混合 BN 以及多分类问题，且在其他二分类领域应用的有效性还有待进一步验证。值得注意的是，如果已知可能的相关性先验知识，训练样本大小的要求可以大大减少[425]，本研究未考虑此问题。此外，在分析影响 BN 模型预测精度的因素时，本研究只考虑了模型的复杂性和训练样本量，但没有考虑不同的采样方法和离散化方法的影响。为了避免这两个问题给估计函数带来不确定性，本研究进行了多次抽样，并取 Acc 均值以及 Acc 为 80% 对应的所需训练样本量进行公式拟合。这些问题值得今后进一步研究。

5.4　本章总结

本章分析了分类不均衡和抽样偏差对液化概率模型的影响，并讨论了存在严重分类不均衡时采样技术在不同液化概率模型中的应用效果。此外，为确定一个 BN 模型所需最小训练样本量，在保证一定的地震液化预测性能的条件下，研究了节点数、边数、最大入度、最大出度以及模型结构熵对 BN 模型的学习和泛化能力的影响，并建立了最小样本量的经验估算公式。研究结论如下：

（1）训练样本分类越不均衡，模型的回判性能越好，而预测性能越差。分类不均衡和抽样偏差对 BN 方法的影响程度要比其他方法略小。

（2）各液化概率预测模型的最优训练样本的比例（液化样本与未液化样本的比值）范围值分别是：BN 方法介于 1～1.5；ANN 方法介于 0.67～1；LR 方法取 0.5 附近值；SVM 方法介于 0.5～1。因此，在地震液化模型建立时，应该针对不同的预测方法选择不同的最佳训练样本比例，不能一概而论。

（3）在处理严重分类不均衡问题时，保证处理后的样本分类比例与总样本的分类比例一致比和模型的最优比例一致要重要得多，如果知道描述问题的样本真实分类比例，则通过过采样技术使训练样本的分类比例与真实分类比例一致，可以使模型得到更好的预测效果；如果描述问题的样本真实分类比例未知，则可以通过过采样技术使训练样本的分类比例与模型的最优训练样本分类比例一致，也可以达到不错的预测效果。此外，过采样技术可以改善 LR 模型和 SVM 模型在训练样本存在严重分类不均衡或抽样偏差较大情况时的预测效果，而对于 ANN 模型和 BN 模型的改善效果并不明显，甚至适得其反。

（4）当训练样本量足够时，BN 模型的回判预测精度对训练样本量并不敏感，但与模型的复杂度密切相关。此外，BN 模型的泛化能力与训练样本量有着强相关性，即模型的泛化能力随着样本量增大而增大。然而，并非模型越复杂，其泛化能力越好。

（5）在确保 BN 模型满足一定预测精度的前提下，所需最小训练样本量与目标父节点的平均离散区间和最大入度相关，与 BN 模型的节点数和边数以及最大出度无关。与最大入度相比，改进的结构熵与 BN 模型的泛化能力相关性不高，但是它能够很好地描述 BN 模型的复杂度。此外，在训练样本量不足的条件下，增加相关变量的离散状态数并不能够提高模型的泛化能力。

（6）本研究提出并验证了最小训练样本量的经验公式，该公式在模型结构未知时同样适用。

第6章

基于 BN 的地震液化灾害风险评估

6.1 本章引言

在第 4 章中已经重点介绍了 BN 在地震液化预测中的应用,但建立的模型只能预测场地在地震中是否液化,而不能预测液化后是否会导致灾害以及灾害到底有多大。由于不是所有场地液化后都会引起灾害,如果根据预测结果对所有可能发生液化的场地进行抗液化处理,这样会带来很大的工程成本浪费,因此对于液化后的灾害评估会显得格外重要。本章将在第 4 章中混合 BN 模型的基础上,引入地震液化后通常引起的灾害类型,如侧向位移、沉降、喷砂冒水和地表裂缝等,建立一个能预测地震液化后的灾害风险评估模型,为抗震减灾工作提供理论支持和指导。此外通过和其他概率方法,如神将网络方法,对比预测结果来验证 BN 模型的准确性和有效性。

6.2 地震液化引起的灾害类型

地震液化通常会引起侧向位移、沉降、喷砂冒水、地表裂缝和地下结构上浮 5 个方面的宏观灾害,相关灾害图例可以参见图 1.2。关于对液化引起的灾害预测研究现状已经在第 1.2.4 节中做了详细介绍。下面针对这几种液化后的典型宏观灾害做简要介绍。

侧向水平位移(Lateral Spreading,简称 LS)是地震液化诱发小坡度地面发生侧向变形的一个常见现象,由于下部土层液化后,抗剪强度急剧下降,无法支撑上部土层结构的剪切力,在荷载的作用下发生侧向移动。在很多地震中都出现液化引起大范围地基侧移,导致大量地下设施和上部结构物破坏,造成巨大的经济损失,如 1906 年美国 8.3 级 San Francisco 地震中,液化引起的缓坡地面(<5°)侧向水平位移最大达 2m,破坏了大量建筑物、道路路面、桥梁桩基和地下管线[426];1964 年日本 7.5 级新潟地震中,液化导致松散土层向河道方向滑移约 10m,并造成岸边很多建筑结构、设施损坏[186];1995 年日本 7.2 级阪神地震中,地震液化引起的人工岛护岸结构最大侧向位移高约 4m,导致护岸的护壁、挡墙和管线系统等严重受损[427];2011 年新西兰 6.3 级 Christchurch 地震中,场地液化诱发的侧移破坏尤为严重,导致约 15000 栋住宅、1000 栋商业大楼、桥梁、土石坝、地下生命线设施等严重损害,是有史以来第一个以液化为震害主因的地震[428]。

沉降(Settlement,简称 S)是地震液化后液化层的超孔隙水压力在消散过程中,颗粒的重新排列导致排水再固结引起的地表下沉现象，在液化引起的侧向移动中都会伴随沉降的发生。在 1964 年日本新潟地震中，以及 1976 年我国唐山地震中，因地震液化诱发许多地区地表严重沉降不均匀，唐山地震中最大液化沉降高达 1m 左右，新潟地震中液化沉降高达 3.8m 左右，导致大量房屋损坏、倾斜，甚至倒塌[214]。2011 年日本东北地区太平洋近海岸地区发生 9.0 级地震，导致东京地区的液化沉降均在 0.3~0.5m 之间，最严重的液化沉降量高达 1m 左右，造成大量房屋、桥梁和地下工程设施破坏，带来了巨大经济损失[429]。

喷砂冒水（Sand Boils，简称 SB）是土层液化后超孔隙水压力累积超过上覆有效应力，冲破上覆土层，并夹带液化层的砂粒和水喷出地表的现象。喷砂冒水诱发的灾害损失没有液化后的侧向水平变形和沉降引起的大，但通常会造成大量水土流失、建筑物沉陷破坏。我国 1975 年海城地震和 1976 年唐山地震中，都发生大规模的喷砂冒水现象，导致大量农田受灾、水利渠道淤塞、道路和房屋破坏，带来巨大经济损失，这是这两次地震液化灾害的典型特性[430]。1989 年美国 6.9 级 Loma Prieta 地震中，发现 74 处液化喷砂冒水现象，喷冒覆盖体积达 3.5m^3，堵塞道路，甚至导致车库地面、人行道、沥青路面损坏，以及因喷砂冒水诱发的不均匀沉降，间接导致建筑物结构破坏[217]。

地表裂缝（Ground Crack，简称 GC）是由于土层在液化过程中冲破上覆未液化土层，并将其分割成若干区域，然后在荷载的往复运动中形成裂缝，通常会直接导致附近建筑结构破坏，甚至倒塌。在 1989 年美国 Loma Prieta 地震中，许多建筑物损害的地方附近都有发现液化引起的地表裂缝现象[217]。在 2008 年我国 8.0 级汶川地震中，德阳松柏村液化中伴随地表裂缝，导致大量房屋直接倒塌[222]。

地下结构物上浮（Underground Structure Uplift）是随着场地液化发生，砂土层中的孔隙水压力剧增、有效应力减小，结构物上覆土抗剪强度显著减小，导致结构物产生上浮反应，从而发生上浮现象。最常见的是地下管道上浮破坏，进而产生漏水、油、天然气等次生灾害，对于管道的复位和破坏断面修复也会带来很大的经济损失和施工困难。由于在历史地震液化调查资料中，液化引起的地下结构物上浮灾害相对其他液化灾害类型甚少，较典型的有 1993 年日本 Nansei-Oki 地震、1994 年日本 Hokkaido-Toho-Oki 地震和 2011 年日本东北地区地震中由于城市供水管线破坏，引起城市缺水，产生的严重次生灾害[431]。

6.3　地震液化灾害 BN 风险评估模型结构的构建

在第 4 章中混合 BN 模型中已经有了判别液化发生的 LP，但并不能预测场地的液化程度，如是轻微液化、中等液化还是严重液化，另外对于液化后的灾害程度也无法做出预测，因此，有必要引入两个指标，液化潜能指数（Liquefaction Potential Index，简称 LPI）和液化灾害指数（Severity of Liquefaction-induced Hazards，简称 SLH）。其中液化潜能指数是描述场地液化的程度到底有多大，是 Iwasaki 等[432] 在 1982 年提出来的一个指标，已纳入日本道桥规范中评估场地液化程度，但该指标不能完全反映地基液化失效程度，在一定程度上是和震害程度存在某种定性联系。液化灾害指数是融合了侧向位移、沉降、喷砂冒水和地表裂缝的一个综合指标，用来描述液化后的地基灾害程度有多大，从而宏观上定性反映地基失效程度对上部结构物的损害。因此，扩展后的 BN 液化灾害评估模型不仅可以预测场地是否液化以及液化的程度，还可以预测场地液化后的灾害具体有多大，是否会对生命工程设施和上部结构物造成损害，然后根据预测结果给出是否有必要采取相应的措施进行补救。在本节建立的 BN 液化灾害评估模型中未考虑地下结构液化上浮的预测，原因是其在历史地震液化中鲜有发生，而且历史现场调查数据不完善。

基于混合 BN 模型，只需要加入上述六个指标：LPI、LS、S、SB、GC 和 SLH，作为模型的输出节点，然后和 12 个变量连接上关系线就可以建立地震液化 BN 灾害评估模型。对于输出节点与 12 个变量间的关系，可以通过以往的经验模型或半经验模型获取，如表 6.1 所示。最后建立的地震液化 BN 灾害评估模型如图 6.1 所示，在模型中未考虑地表坡度对水平侧移和地表裂缝的影响，是因为本节收集的地震液化数据中未包括地表坡度这一因素。地震液化 BN 灾害评估模型包括三个部分：输入变量（表 6.1 中 LP 的 12 个液化重要影响因素）、中间状态变量（LP 和 LPI）和输出变量（SB、GC、LS、S 和 SLH），这样模型可以先通过输入变量预测场地液化的可能性以及液化潜能指数的大小来评判液化是否发生及液化的程度，如果场地未发生液化，则不需要继续评估灾害情况，反之则需要进一步预测出液化后各灾害类型的大小，最后通过综合指标液化灾害指数评估场地的灾害等级。因此，扩展的地震液化灾害 BN 模型不仅可以预测场地液化的发生，而且还可以预测液化后场地的灾害程度大小，为后续的减灾决策提供参考依据。

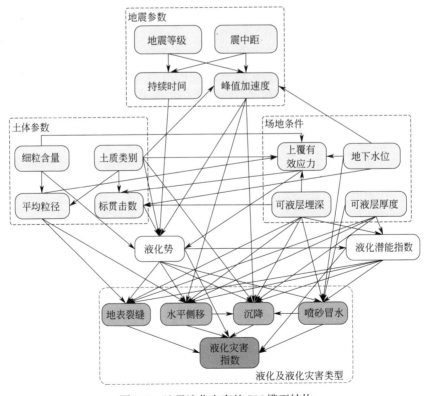

图 6.1　地震液化灾害的 BN 模型结构

类别	液化及灾害	因素	文献
液化状态	LP	M_w、R、PGA、t、FC、D_{50}、ST、N、σ_v'、D_w、D_s、T_s	本研究
	LPI	LP、D_s、T_s	[432]
液化灾害	SB	LP、LPI、D_s、T_s、D_w	[217]
	GC	LP、LPI、FC、D_s、T_s、S	[433]
	LS	LP、LPI、M_w、R、PGA、FC、D_s、T_s、S	[188]，[198]
	S	LP、LPI、PGA、D_s、T_s、ST、LS、SB	[204]，[206]
综合灾害指标	SLH	LP、LPI、LS、S、SB、GC	—

6.4　地震液化灾害 BN 模型风险评估结果分析

6.4.1　地震液化灾害数据收集

本章收集了 442 组基于 SPT 试验的地震液化灾害数据，包括 245 个液化场地和 197 个未液化场地。随机抽取 332 组地震液化灾害数据（184 组液化样本和 148 组未液化样本）作为训练样本，剩余的 110 组作为验证样本。由于液化灾害数据中存在数据缺失现象，如 FC 的缺失比例为 15.2%，σ_v' 的缺失比例为 29.4%，数据缺失比例最大的变量是 T_s，高达 38.9%，因此采用适合缺失数据学习的期望值最大化算法（EM）进行参数学习，获得模型变量的条件概率。442 组数据分别来源于 1999 年我国台湾 7.6 级集集地震（http://www.ces.clemson.edu/chichi/TW-LIQ/In-situ-Test.htm 和 http://peer.berkeley.edu/lifelines/research_projects/3A02/），1957 年美国 5.3 级 California Daly 地震以及 1987 年 5.9 级 Whittier Narrows 地震[366]，2011 年日本东北地区 9.0 级地震（日本德岛大学灾害与环境管理研究中心提供）。

这些地震液化灾害数据包含了喷砂冒水、地面沉降、地表裂缝和水平侧移 4 个灾害类型，导致大量农田破坏，工程管道淤堵，许多建筑物、道路路面、桥梁基础及港口码头结构损坏。液化及液化灾害类型根据领域知识和专家建议划分了等级标准，如表 6.2 所示。例如，液化后潜能指数根据 Iwasaki 等[432] 的建议，分为 4 个等级：未液化（LPI=0）、轻微液化（0<LPI≤5）、中等液化（5<LPI≤15）和严重液化（15<LPI）。

液化及液化灾害的等级标准及数据样本量　表 6.2

类别	等级数	级别	数据量	范围
液化势 LP	2	否	245	—
		是	197	—
液化潜能指数 LPI	4	未液化	145	0
		轻微液化	97	0<LPI≤5
		中等液化	106	5<LPI≤15
		严重液化	94	15<LPI

续表

类别	等级数	级别	数据量	范围
地面沉降 S(m)	4	无	238	0
		小	23	$0 < S \leq 0.1$
		中	54	$0.1 < S \leq 0.3$
		大	127	$0.3 < S$
喷砂冒水 SB	4	无	275	—
		少	21	—
		中	11	—
		多	135	—
地表裂缝 GC	2	无	106	—
		有	336	—
水平侧移 LS(m)	4	无	437	0
		小	0	$0 < LS \leq 0.1$
		中	0	$0.1 < LS \leq 0.3$
		大	5	$0.3 < LS$
液化灾害指数 SLH	4	无	238	—
		轻微	28	—
		中	46	—
		严重	130	—

液化灾害指数根据表 6.3 的描述划分为 4 个等级，并根据这 4 个等级将收集的数据进行统计分析，如图 6.2 所示，可以看出：

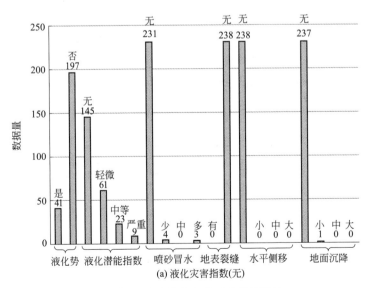

图 6.2　地震液化灾害类型的数据统计

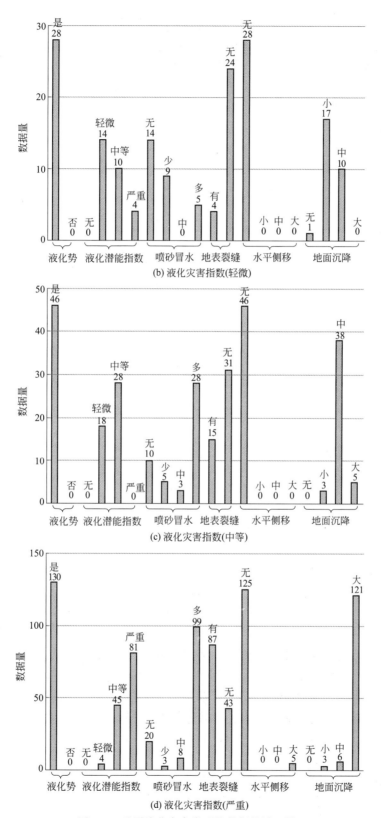

图 6.2　地震液化灾害类型的数据统计（续）

（1）液化并不一定会诱发灾害，但出现液化灾害的前提是场地发生了液化；

（2）液化潜能指数并不是一个能很好地反映实际场地液化灾害的指标，因为不同的液化灾害指标等级中都有不同等级的液化潜能指数，例如无液化灾害数据中存在严重液化样本（15<LPI）、中等液化样本（5<LPI≤15）等，而严重液化灾害数据中存在轻微液化样本（0<LPI≤5）和中等液化样本（5<LPI≤15）等，但大体规律是对的，液化潜能指数越大，液化灾害指数越大，液化灾害程度越大；

（3）喷砂冒水、地面沉降、地表裂缝和水平侧移是液化引起的宏观灾害现象，其越严重，液化灾害指数越大，液化灾害程度越大；

（4）各个灾害类型的分类和表6.2的描述基本相符。

液化灾害程度的描述 表 6.3

液化灾害指数	场地灾害描述
无	无液化发生；场地观测不到喷砂冒水、地表裂缝、侧向变形和明显沉降，对地基无影响
轻微	轻微液化；场地出现零星少数喷砂冒水现象，但无明显地表变形和破坏现象，地基存在轻微失效现象
中等	中等液化；场地多处出现喷砂冒水现象，持续时间短，规模小；地面出现小于液化层厚度3%的沉降量，危害到房屋、桥梁等结构物出现开裂、不均匀下沉和轻微倾斜，影响其结构稳定性，地基失效明显；地表出现细小裂缝，但无明显水平侧移扩展
严重	严重液化；场地出现大面喷砂冒水和较大裂缝，喷砂持续时间长且量大；水平侧移和沉降严重（大于液化层厚度的3%），易导致地基上部结构物开裂、倾斜严重，甚至倒塌

6.4.2　液化灾害评估结果对比与分析

由于本章数据存在缺失，且预测变量属于多分类问题，SVM预测方法并不适用。因此，本章采用ANN方法进行液化灾害的学习和预测，并将其预测结果与BN方法的结果进行对比，如表6.4所示。首先，对比两个模型的总体预测精度Acc和Brier评分，除了水平侧移，BN模型其他灾害类别的Acc值都明显大于ANN模型，且BN模型其他灾害类别的Brier值都明显小于ANN模型，因此，从整体预测结果来看，BN模型都优于ANN模型，而且BN模型的预测结果更可靠。然后，进一步对比其他性能指标F_1值和AUC，比较模型在不同状态中的预测结果，BN模型灾害类别的各个状态的F_1值和AUC几乎都要比ANN模型的大，这也说明BN模型各灾害类别的预测性能要比ANN好。最后，综合各指标结果，BN模型的预测性能和模型的可靠性都比ANN模型好。

对比BN和ANN，虽然都是监督学习方法，但BN是具有可解释性的生成模型，而ANN是判别模型，且是"黑箱"模型，无法解释结果。另外，BN方法可以获得参数的联合概率分布，使其能够用统计术语描述数据分布，并借鉴了强大的概率理论，使得解释具有客观性，且计算更快。当数据包含隐藏参数时，BN方法仍然可以开发出稳健的模型，但ANN方法不能[397]。在BN模型中，每个节点表示一个具有实际意义的随机变量，两个节点之间的联系意味着因果关系；相比之下，ANN模型中的节点不是随机变量，没有实际意义，节点之间的联系只是表示一种加权的功能关系，使得难以解释模型的输出结果。此外，所构建的BN模型除了预测液化引起的不同危害外，还可以预测 LP，预测准确度为 0.80，而 ANN 模型无法预测 LP。特别地，BN 方法可以向前和向后推理，以在给定的地震参数、土壤参数和现场条件下评估液化引起的危害，或在已知地震危害后确定可能的土壤性质和现场条件（这将在下一节进行介绍），而 ANN 方法只提供向前推理。

BN 模型和 ANN 模型的液化灾害预测结果对比　　　　　　　　　表 6.4

液化灾害类别	方法	OA	Brier	状态	Rec	Pre	F_1 值	AUC
地表裂缝	BN	0.909	0.070	是	0.742	0.920	0.821	0.780
				否	0.975	0.920	0.947	0.962
	ANN	0.873	0.091	是	0.581	0.947	0.720	0.641
				否	0.987	0.857	0.917	0.949
喷砂冒水	BN	0.918	0.106	多	0.932	0.911	0.921	0.558
				中	—	—	—	—
				少	0.857	0.857	0.857	0.667
				无	0.932	0.948	0.940	0.982
	ANN	0.736	0.130	多	0.591	0.813	0.684	0.652
				中	—	—	—	0.000
				少	0.000	0.000	—	0.000
				无	0.932	0.733	0.821	0.973
沉降	BN	0.836	0.110	大	0.867	0.703	0.776	0.845
				中	0.815	0.957	0.880	0.745
				小	1.000	0.600	0.750	1.000
				无	0.840	0.933	0.884	1.000
	ANN	0.745	0.130	大	0.667	0.741	0.702	0.815
				中	0.444	0.857	0.585	0.542
				小	0.000	0.000	—	0.000
				无	1.000	0.735	0.847	1.000
水平侧移	BN	0.955	0.024	大	1.000	0.286	0.445	1.000
				中	—	—	—	—
				小	—	—	—	—
				无	0.954	1.000	0.976	1.000
	ANN	0.982	0.018	大	0.000	—	—	0.000
				中	—	—	—	—
				小	—	—	—	—
				无	1.000	0.982	0.991	1.000
液化灾害指数	BN	0.936	0.124	严重	0.935	0.967	0.951	0.879
				中等	0.857	0.900	0.878	0.626
				轻微	0.875	0.700	0.778	1.000
				无	0.980	0.980	0.980	0.980

续表

液化灾害类别	方法	OA	Brier	状态	Rec	Pre	F_1 值	AUC
液化灾害指数	ANN	0.718	0.117	严重	0.710	0.710	0.710	0.785
				中等	0.333	0.636	0.437	0.776
				轻微	0.000	0.000	—	0.000
				无	1.000	0.746	0.855	1.000

注："—"表示无值，因为在测试样本中没有相关灾害状态的样本。

6.5 地震液化灾害 BN 评估模型的推理与诊断分析

基于开发的 BN 液化灾害评估模型，通过因果推理推断液化引起危害的概率。根据 BN 模型的推理能力，如果预测结果为液化，那么 LP 的预测结果可以作为后续灾害预测的输入信息，进一步推理后续各灾害程度的发生概率。表 6.5 列出了液化及液化灾害在不同模式情况下的所有后验概率，可以看出，当地震参数、土壤特性、现场条件等输入变量未知时，即模式 1 的情况下，除了水平侧移和喷砂冒水的各等级后验概率存在严重不平衡，其他输出变量各等级后验概率是相近的。然而，当场地被确定为液化时，LP 的"是"状态改为 100% 的发生概率，即模式 2 的情况下，液化导致的灾害类型等级为"严重"的概率都有所增加，也就是说当场地发生液化时，可能会触发一定程度的灾害发生。再进一步，在模式 3 的情况下，LP 为"是"和 LPI 为"严重"的概率为 100% 时，各灾害类型等级为"严重"的概率会继续增加，这表明发生严重液化的场地，液化引起严重危害的可能性会大大增加。此外，如果发现场地出现了地表裂缝和严重喷砂冒水等宏观液化现象，则根据预测结果可以发现场地发生严重侧移和沉降的概率也会进一步增加，这些推理规律符合液化灾害的物理机制。

根据上述推理过程，以一个实例来说明。例如，调查表明一个遭受长时间且超级大地震作用的场地，其 SLH 严重，沉降量大，无水平侧移，喷砂冒水严重，地面裂缝存在。已知场地调查表明：R 值较近，PGA 较高，ST 为含细颗粒的砂土，D_{50} 值中等，SPTN 值表明砂土较疏松，σ_v' 值为小，地下水位浅，砂土层埋深和厚度都适中。根据输入变量信息推理可知，LP 的发生概率值为 99.9%，LPI 被认定为严重的概率为 43.8%，这一结果与调查结果相符。此外，可根据 LP 和 LPI 的推理结果将 LP 的 "Yes" 和 LPI 的"严重"状态改为 100%，作为输入信息进一步进行推理。这样，喷砂冒水被识别为"多"的概率为 76.5%，地表裂缝发生概率为 100%，侧移被识别为"无"的概率为 85.0%，沉降被识别为"大"的概率为 53.1%，SLH 被识别为"严重"的概率为 52.6%，推理结果与调查结果完全一致。当喷砂冒水的"多"和地表裂缝的"是"状态改为 100% 时，侧移的"无"概率更新为 100%（增加了 15%），沉降的"大"概率更新为 100%（增加了 46.9%），SLH 的"严重"概率也被更新为 100%（增加了 47.4%）。

BN 液化灾害模型中输出变量的后验概率　　　　　　　　表 6.5

输出变量	等级	风险概率模式 1	风险概率模式 2	风险概率模式 3	风险概率模式 4
LP	是	0.572	**1**	**1**	**1**
	否	0.428	**0**	**0**	**0**
LPI	严重	0.220	0.385	**1**	**1**
	中等	0.257	0.450	**0**	**0**
	轻微	0.207	0.136	**0**	**0**
	无	0.316	0.286	**0**	**0**
地表裂缝	有	0.239	0.408	0.661	**1**
	无	0.761	0.592	0.339	**0**
喷砂冒水	多	0.304	0.515	0.696	**1**
	中	0.055	0.081	0.068	**0**
	少	0.051	0.073	0.035	**0**
	无	0.590	0.331	0.201	**0**
水平侧移	大	0.076	0.082	0.100	0.093
	中	0.070	0.070	0.076	0.078
	小	0.070	0.070	0.076	0.078
	无	0.784	0.778	0.748	0.751
沉降	大	0.255	0.362	0.498	0.523
	中	0.179	0.229	0.140	0.120
	小	0.162	0.198	0.212	0.240
	无	0.404	0.212	0.150	0.116
SLH	严重	0.277	0.416	0.641	0.746
	中等	0.168	0.225	0.096	0.070
	轻微	0.140	0.174	0.147	0.114
	无	0.415	0.185	0.116	0.070

　　为了回答什么情况下最可能导致严重的液化灾害情况，可以使用 BN 液化灾害模型的诊断推理能力，诊断出 LP＝是（100%）、LPI＝严重（100%）、GC＝是（100%）、SB＝多（100%）、LS＝大（100%）和 S＝大（100%）的最可能解释结果如表 6.6 所示。由表 6.6 可以看出，在地下水位浅、埋深（σ_v'）小、震中距中远的场地中，当可液化土层为中细颗粒（D_{50} 为中等）的松散粉砂（SM），在遭受中长持时的超大地震作用时，更容易发生液化。GC 发生和 SB＝多的最可能解释与或中度严重 LPI 条件下的几乎相同，但与 LS＝大和 S＝大的最可能解释略有不同（PGA 和 ST 的等级状态不同）。原因是 LS 和 S 为"大"比发生严重喷砂冒水和地裂缝需要更大的地震强度，而且纯砂比含细颗粒的砂土更容易发生流动，液化后会发生更大的压缩。另外，较大的 LS 和 S 往往伴随着许多砂沸现象，而地面裂缝可能会出现也可能不会出现。上述结果与图 6.2 的分析结果类似。此外，如果已知土壤特性、现场条件和液化灾害程度，则也可以利用 BN 模型诊断多大的地震强度（即地震震级、地震持续时间、PGA 和震中距）引起液化及对应的灾害程度，这为抗震设计提供了参考依据。

BN 液化灾害模型中液化触发、LPI 严重、存在 GC、SB 多、LS 和 *S* 大的最大可能解释 表 6.6

类别	变量	LP	LPI	GC	SB	LS	S
输入信息	M_w	超大	超大	超大	超大	超大	超大
	R	中等	中等	中等	中等	中等	中等
	t	中等	中等	中等	中等	中等	中等
	PGA	中等	中等	中等	中等	较高	较高
	FC	中等	中等	中等	中等	中等	中等
	ST	SM	SM	SM	SM	SP	SP
	D_{50}	中等	中等	中等	中等	中等	中等
	N	松散	松散	松散	松散	松散	松散
	σ_v'	小	小	小	小	小	小
	D_w	浅	浅	浅	浅	浅	浅
	D_s	浅	浅	浅	浅	浅	浅
	T_s	薄	中等	中等	薄	中等	薄
输出信息	LP	—	是	是	是	是	是
	LPI	—	—	严重	中等	严重	中等
	GC	—	—	—	无	有	无
	SB	—	—	—	—	多	多
	LS	—	—	—	—	—	无

6.6 地震液化灾害的敏感性分析

为了进一步分析各液化影响因素对液化后灾害的影响程度，对各液化灾害类型进行敏感性分析，结果如表 6.7 所示。由表 6.7 可以看到，可液化土层厚度是地表裂缝的最敏感因素，地下水位为不敏感因素。对于喷砂冒水，地下水位为最敏感因素，细粒含量和平均粒径为不敏感因素。对于沉降，峰值加速度是最敏感因素，细粒含量为不敏感因素。对于水平侧移，峰值加速度是最敏感因素，地震等级为不敏感因素。因此，液化灾害类型不同，其最敏感因素和最不敏感因素各不相同。

地震液化灾害类别的敏感分析　　　　　　表 6.7

变量	标准化的敏感重要性				
	地表裂缝	喷砂冒水	沉降	水平侧移	液化灾害指数
地震等级	0.002	0.003	0.002	0.001	0.002
震中距	**0.004**	0.007	**0.007**	0.002	**0.008**
持续时间	**0.008**	**0.016**	**0.013**	0.002	**0.015**
峰值加速度	**0.004**	**0.011**	**0.029**	**0.123**	**0.026**
细粒含量	0.001	0.001	0.001	0.003	0.001
土质类别	0.001	0.002	0.006	**0.013**	0.005
平均粒径	**0.009**	0.001	0.002	**0.029**	0.003

变量	标准化的敏感重要性				
	地表裂缝	喷砂冒水	沉降	水平侧移	液化灾害指数
标准贯入锤击数	**0.004**	**0.017**	**0.017**	0.003	**0.019**
上覆有效应力	0.001	**0.010**	**0.007**	**0.006**	**0.008**
地下水位	0.000	**0.054**	0.003	0.002	0.004
可液化层埋深	**0.013**	**0.010**	**0.009**	**0.014**	**0.010**
可液化层厚度	**0.035**	**0.023**	0.006	**0.028**	0.005

与第 4.5 节地震液化的敏感分析方式类似，对于每个液化灾害类型，取其敏感程度得分前六的因素为相对更敏感因素，则震中距、地震持续时间、峰值加速度、可液化土层埋深、平均粒径和标准贯入锤击数为地表裂缝的相对更敏感因素；地震持续时间、峰值加速度、标准贯入锤击数、上覆有效应力、地下水位、可液化土层埋深和可液化土层厚度为喷砂冒水的相对更敏感因素；震中距、地震持续时间、峰值加速度、标准贯入锤击数、上覆有效应力和可液化土层埋深为沉降的相对更敏感因素；峰值加速度、土质类别、平均粒径、上覆有效应力、可液化层埋深和可液化层厚度为水平侧移的相对更敏感因素。选取这些相对重要因素重复出现 3 次的因素作为更敏感因素，结果是地震持续时间、峰值加速度、标准贯入锤击数、上覆有效应力、可液化层埋深和可液化层厚度为各液化灾害类型统一的更敏感因素。对于液化灾害指数，其排分前六的因素为震中距、地震持续时间、峰值加速度、标准贯入锤击数、上覆有效应力和可液化土层埋深，几乎和 4 个液化灾害类型中综合选出的更敏感因素一致。此外，液化灾害的更敏感因素与第 4 章中液化势的更敏感因素几乎一致，说明液化后的灾害预测准确性很大程度上依赖于液化势的预测准确性。

6.7 地震液化灾害 BN 评估模型的工程应用

将上述建立的地震液化灾害 BN 模型应用于 2011 年 3 月 11 日的日本东北地区地震液化灾害评估中。日本茨城县、千叶县、埼玉县、神奈川县和东京都等地区的场地地基灾害指数的综合评估结果如图 6.3 所示，共包括 196 处。图 6.3 图例中左边一列的最大圆点表示液化灾害程度严重，第二大的圆点表示液化灾害程度中等，第三大的圆点表示液化灾害程度小，最小圆点表示无液化灾害，图例中右侧一列各圆点表示对应预测错误的场地。与实际液化灾害调查结果对比，这 196 处场地的各液化灾害类型的预测结果分别为水平侧移量的预测准确率达 99.50%、喷砂冒水量的预测准确率达 81.63%、地表沉降量的预测准确率达 80.61%、地面裂缝发生的预测准确率达 89.8% 以及综合液化灾害指标预测准确率达 84.1%，其中液化灾害指标的各等级（无液化灾害、液化灾害程度小、液化灾害程度中、液化灾害程度大）预测准确率分别为 79.83%、84.62%、81.25% 和 94.34%，说明模型的预测精度总体上来讲还是可靠的。在这次地震汇总中，液化灾害相对较多而且较大的地区为沿海的茨城县和东京都，共发生 78 处不同程度的液化灾害，其中中等及严重的液化灾害场地达 50 处之多。

从表 6.3 中可知，由于中等或严重的地震液化灾害程度容易导致自由场地出现大量喷砂冒水、路面开裂、水平侧移和沉降严重致使地基失效明显，危害房屋、桥梁等结构物稳定性和安全使用，甚至发生倒塌。因此，所建立的地震液化灾害 BN 模型不仅可以准确预测出地基的侧移量范围、沉降量范围、喷砂冒水程度、地表裂缝的发生，还可以高准确性地快速预测出场地在地震液化中的地基灾害程度大小，然后联合地基灾害的不同程度与上部结构物的危害性经验规律，可以定性判断上部结构的破坏，为工程的防灾减灾提供科学依据，力图减少地震液化带来的损失。

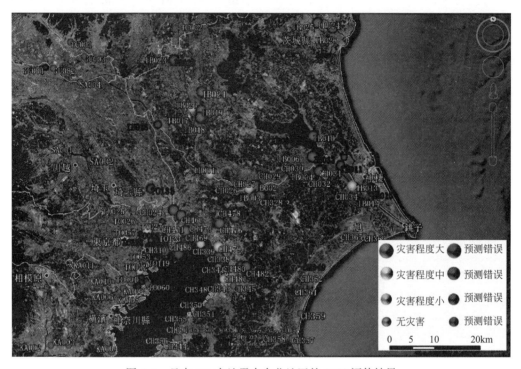

图 6.3　日本 311 大地震中东北地区的 SLH 评估结果

6.8　本章总结

　　本章首先在先前混合 BN 模型的基础上引入液化潜能指数、侧向位移、沉降、喷砂冒水、地表裂缝和液化灾害指数 6 个输出变量，建立一个既能预测场地液化发生，又能预测液化后场地宏观灾害大小的 BN 模型，该模型只能根据各液化灾害类型的预测结果从宏观上定量反映地基的失效程度，但对上部结构带来的损害程度，只能给出定性描述。然后采用地震液化历史灾害数据验证了该模型的准确性和有效性，并与 ANN 模型的预测结果对比，发现 BN 模型的预测性能和模型的可靠性要比 ANN 模型好。最后对各液化灾害类型进行敏感性分析，发现各液化灾害类型的最敏感因素和最不敏感因素都各不相同：地表裂缝的最敏感因素和不敏感因素分别是可液化土层厚度和地下水位；喷砂冒水的最敏感因素和不敏感因素分别是地下水位和细粒含量及平均粒径；沉降的最敏感因素和不敏感因素分别是峰值加速度和细粒含量；水平侧移的最敏感因素和不敏感因素分别是峰值加速度和地震等级。但在 12 个重要影响因素中，地震持续时间、峰值加速度、标准贯入锤击数、上覆有效应力、可液化层埋深和可液化层厚度为各灾害类型的统一更敏感因素，这与第 4 章中液化势的更敏感因素几乎一致。

第7章

基于 BN 的地震液化减灾决策分析

7.1 本章引言

地震液化的减灾决策是在众多抗液化措施中选出抗液化效果好且工程成本低的方案，即为最优决策。近 40 年来，采用各种地基处理措施作为减轻和预防场地液化灾害风险的对策已成为常态化趋势[239]。众多历史震害经验表明，通过采用地基处理的地基变形或沉降与邻近未经地基处理的场地相比液化灾害会更小。由于地震液化处理措施有多种，其抗液化效果和相应的工程成本也都不相同，抗液化效果好的措施工程成本高，而抗液化效果相对较差的措施工程成本低，这样对于不同的抗震等级设防和地质条件各异的可液化场地，需要综合考虑抗液化效果和相应成本，从众多抗液化措施中做出决策，选择相对这个工程场地而言的最优措施。但是由于目前缺乏定量的实际液化灾害数据，尚未建立各种地基处理措施的效果和成本与场地液化灾害的经验关系。针对这一问题，本章探讨了 BN 在地震液化决策分析中的应用，以某人工岛为例，分析了人工岛这一特殊工程在不同场地环境和工程特性中各种抗液化措施的有效性和适用性。然后在第 5 章 BN 灾害评估模型的基础上引入决策节点（地基处理措施）和效用节点（减灾效果和成本），建立地基液化处理的 BN 决策模型，同时考虑措施成本和减灾效果，评估人工岛抗液化的各种处理措施的优劣以及最优措施的决策。

7.2 贝叶斯决策网络模型

BN 模型是将概率论应用于复杂的领域，对描述的问题进行不确定性推理，而决策网是将决策论应用于复杂领域，在已知各种情况发生概率的基础上，对描述问题的所有解决方案进行期望效用评估，找出期望效用值最大的方案作为最优决策方案。这样贝叶斯决策网络模型将融合 BN 模型和决策网络于一体，针对不确定性、模糊性的决策问题，既能对系统问题做出精准的概率预测，又可以根据预测结果做出最优决策。在贝叶斯决策网络中通常是在贝叶斯拓扑结构基础上进行扩展，引入影响图法中的决策节点和效用节点形成一个完整的贝叶斯决策网络模型，该模型有三种不同的节点：机会节点（椭圆形表示）、决策节点（矩形表示）和效用节点（菱形表示）。机会节点是描述问题的相关变量，在第 2 章中已经做了详细介绍；决策节点是决策变量，表示对某一问题做出的解决方法或措施；

效用节点是效用函数，表示根据不同解决方法或措施产生的后果或成本。实际上影响图是 BN 拓扑结构的延伸，下面对影响图做详细介绍。

影响图是 Howard 和 Matheson[434] 在 1984 年提出的一种基于不确定性信息表达和分析复杂决策问题的图形方法。相比传统的决策树方法，影响图不受限于独立变量的假设，能充分考虑变量间、变量和决策方案间的相互依赖关系、不确定性和决策者的偏好信息，并且其可以采用逻辑图形式对变量间的关系进行定性分析，也可以采用贝叶斯公式进行定量分析。影响图的建模和计算与 BN 模型类似，先建立拓扑结构，然后获取先验概率，并进行计算得到后验概率，不同的是影响图多了一步决策时的效用或损失计算过程，能够有效地进行决策分析和不确定性推理，找出期望效用最大的最优决策方案。

影响图的三种节点用连线（弧）连接，通常分为 4 种弧：关联弧、影响弧、莫忘弧和信息弧。其中，关联弧是由机会节点指向机会节点和效用节点的连线，如图 7.1（a）和图 7.1（e）所示，分别表示机会节点对其父节点的概率依赖关系和效用节点对其父节点的函数依赖关系，这些依赖关系没有先后顺序的限制；影响弧是由决策节点指向机会节点或效用节点，如图 7.1（b）和图 7.1（e）所示，表示机会节点和效用节点的值会受决策节点的影响；莫忘弧是由决策节点指向决策节点，如图 7.1（c）所示，表示在做下一个决策之前，需要在前一个决策的基础上进行，所有决策节点是有先后顺序路径的，但也有一些决策问题是没有顺序限制的，即没有莫忘弧；信息弧是由机会节点指向决策节点的连线，如图 7.1（d）所示，表示在做决策之前决策者已知的信息，因此信息弧中蕴含着先后顺序，信息在前，决策在后。此外，影响图的效用节点不能有子节点。

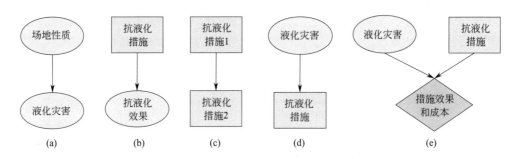

图 7.1　地震液化影响图模型中的连接类型

当决策模型的拓扑结构确定好后，需要基于已有信息（一般称作证据）进行定量的不确定性推理，计算每个决策方案的期望效用，再根据期望效用最大化准则进行决策选择。在决策模型中，每个机会节点可以通过贝叶斯参数学习，计算得到其条件概率表，用来描述节点状态关于其父节点状态的条件概率分布，表达决策者的信念；每个效用节点附一个效用函数，将效用节点的父节点的状态映射成实数，表达决策者的偏好[435]。例如，在地震液化处理的 BN 决策简易模型中，如图 7.2 所示，如果给定了随机变量场地性质 s（此处的场地性质包含了现场条件和土层特性）和地震特性 e，采用 x 综合表示该已知信息，一般看作信息证据，那么采用不同的抗液化措施 d_i 所产生的期望效用值为：

$$EU(d_i) = E[U(d_i, h_j) \mid x] = \sum_{j=1}^{2} [U(d_i, h_j)P(h_j \mid x)], i, j = 1, 2 \quad (7.1)$$

式中，i 表示抗液化决策方案的数量（图 7.2 中的简易模型共两种决策方案）；j 表示液化

灾害变量 h 的状态数，也是共两种状态；$EU(d_i)$ 为决策的期望效用，只需要计算出每个决策对应的期望效用值，对比找出最大值所对应的决策就是最优决策，但也有一些问题是找出最小的期望效用，应根据不同的问题选择不同方式；$U(d_i,h_j)$ 为损失函数，表示采取 d_i 所带来的损失；$P(h_j|x)$ 为已知证据情况下液化灾害 h 的条件概率，可由贝叶斯公式计算得到。

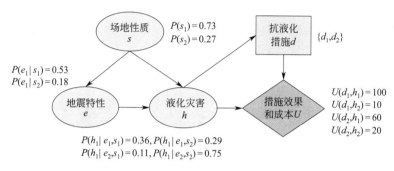

图 7.2　地震液化的减灾 BN 决策简易模型

图 7.2 中的各变量的条件概率分布已给出，首先可以根据贝叶斯公式计算各液化灾害状态的先验概率：

$$P(h_1)=\sum_{j=1}^{2}P(h_1\mid s_j,e_j)P(s_j,e_j)=0.41$$
$$P(h_2)=1-0.41=0.59$$

如果场地性质被确定为 s_1 时，则液化灾害的条件概率会发生变化，重新根据贝叶斯公式计算得到其后验概率：

$$P(h_1\mid s_1)=\sum_{j=1}^{2}P(h_1\mid s_1,e_j)P(s_1,e_j)=0.33$$
$$P(h_2\mid s_1)=1-0.33=0.67$$

于是，可以根据更新的液化灾害后验概率和效用函数计算各决策方案的效用值大小，然后再对比效用值大小选出最优决策方案。根据式（7.1）计算决策方案 d_1 和决策方案 d_2 的期望效用值，分别为：

$$EU(d_1)=\sum_{j=1}^{2}[U(d_1,h_j)P(h_j\mid s_1)]=U(d_1,h_1)P(h_1\mid s_1)+U(d_1,h_2)P(h_2\mid s_1)$$
$$=100\times0.33+10\times0.67=39.7$$

$$EU(d_2)=\sum_{j=1}^{2}[U(d_2,h_j)P(h_j\mid s_1)]=U(d_2,h_1)P(h_1\mid s_1)+U(d_2,h_2)P(h_2\mid s_1)$$
$$=60\times0.33+20\times0.67=33.2$$

最后通过对比两种决策方案的期望效用值，可知第一种方案的期望效用值较大，则为最佳方案。

7.3　地震液化的处理措施简介

为了保证可液化场地上的工程结构稳定性、安全性和正常使用功能，从总体决策思路上分析，共有 3 种选择[239]：

（1）改变工程的选址，避开可液化场地或者对有潜在场地液化威胁的部分工程进行重新规划，这种非工程结构性的措施一般情况下是难以实现的，因为对于实际工程而言，场地条件的变化会很大程度上影响整个结构物的设计、安全计算和施工等方面，如果改变之前的工程选址，会对前期的地质勘查和整个设计造成很大的人力和物力浪费；

（2）改变工程结构的形式，改变原有工程结构形式或者另增加其他形式的结构类型，从而改变可液化场地的应力状态，以降低工程结构下场地地基液化发生的可能性；

（3）改良工程的场地条件，采取相关地基液化处理措施，改良可液化土体的性质和应力状态，消除场地液化的威胁。

就大多数实际工程而言，第（1）和第（2）两种决策思路是难以接受的。因此，通常在实际工程中采用地基处理加固的方式，也就是第（3）种方式来增加工程结构的抗液化能力。通过工程界近几十年的经验，积累了多种有效地基抗液化处理措施，从原理上来划分主要可以分为：增加密实度、降低饱和度、增加上覆有效应力、改善级配和约束剪切变形等方法，各方法的原理、适用范围、特点以及相对工程成本如表 7.1 所示。下面对这些方法从分类、定义和工程案例角度分别作简要介绍。

抗液化处理措施对比表

表 7.1

方法名称	原理	适用范围	特点	相对费用
强夯法	增加密实度	处理有效深度 10m 以内。适用于大面积人工填土层、松散砂层、湿陷黄土等。对于饱和软土地基处理效果不显著	设备简单，施工方便，节省劳力，施工期短，节约材料，费用低廉，但振动影响大	低
挤密砂桩法	增加密实度	有效加固深度 35m 以内。适用于松散砂土、素填土等	施工速度快，可快速提高地基承载力及消除不均匀沉降，用料环保	中
振冲碎石桩法	增加密实度、消散孔隙水压力	有效加固深度 30m 以内。适用于埋藏较深具有较大厚度的饱和松散砂层的抗液化处理	机具简单，不需固结时间，振动影响范围不大，透水性好兼具排水作用	高
爆炸击密法	增加密实度	最大加固深度可达 20m。适用于干净的砂土或沉泥地基，特别适用于缺乏施工机械的场地	施工速度快，工艺简单，工期短，处理效果好，但对环境影响大	低
降低水位法	降低饱和度	降低水位 15～20m。适用于高水位情况下的松散砂土或沉泥质砂土、淤泥质黏土地基	对场地有要求，易造成过密实效果	不定
增加盖重法	增加上覆有效应力	有效加固深度达 10m。适用于软弱黏土或者松散砂土	施工容易，用料环保，但工期长	中
换填法	土粒改良	处理深度一般在 5m 以内，若可液化土层较厚，可根据工程考虑部分挖除，适用于浅埋松散易液化的砂质地基	原理相对简单，可就地取材，施工方便，无需特殊机械设备、工期短	低

续表

方法名称	原理	适用范围	特点	相对费用
化学注浆法	土粒改良	可以处理 20m 深的土层。适用于处理砂土、粉土、黏土、一般填土和碎石土地基，以及孔洞、裂隙处理，不适用于砂土层厚度大于 15m 的地基土	设备少，工艺简单，但钻孔工作量大，费用高且易造成土壤污染	高
围封法	抑制剪切变形	有效加固深度因可液化层的深度而定。适用于地基防渗、饱和松散砂土抗液化的土石坝或者填海工程	施工时无振动，噪声低，可大大限制基础侧移，减少沉降	高

1. 加密法

加密法（Increasing Compactness Method）是一种使用广泛、加固效果有效的措施。常用的方法有强夯法、挤密砂桩法、振冲碎石桩法、爆炸加密法。下面对这些常用方法进行简要介绍。

（1）强夯法

强夯法（Dynamic Consolidation Method）又称动力固结法或者冲击加密法，是 1969 年法国 Menard 技术公司提出的一种快速有效的地基加固方法。该方法是反复将 8～40t 的重锤提高到 6～40m 的高空使其自由下落，给地基土以强大的冲击和振动能量，降低地基土的压缩性，并提高其承载能力。目前，在建筑和公路等工程中，主要采用的是强夯法对地基土进行抗液化处理。其抗液化机理是通过重锤的冲击力减小土体孔隙，产生的超孔隙水压力从冲击力造成的土体裂隙中逐渐消散，增加土体密实度，从而提高土体的抗液化能力。一般通过强夯法加固后的地基，其强度可以提高 2～5 倍，压缩性可以降低 2～10 倍。在 1989 年美国加州 6.9 级的 Loma Prieta 地震中，旧金山港湾地区人工岛发生了大面积的地基液化现象，其中 Alameda 地区的港湾商业园由于采用了强夯法处理地基，未见液化破坏，而邻近的 Bay Farm 岛、奥克拉国际机场跑道和空军基地出现了喷砂冒水现象[436]。在 1999 年的我国台湾集集地震中，彰化滨海工业园部分场地采用强夯法处理地基，地震时未发生液化现象，而尚未强夯处理的地区发生了喷砂冒水现象且地表沉降达 33～45cm，严重的地方因喷砂冒水产生了直径约 90cm、深 60cm 的孔洞[437]。

（2）挤密砂桩法

挤密砂桩法（Sand Compaction Pile）源于 19 世纪 30 年代的欧洲，是利用振动、冲击或挤实等方式，将砂土通过沉管压入或者挤入到土层中，增加被加固土层的相对密实度，从而提高地基的整体抗剪强度和承载力，降低其液化的可能性。在 2011 年日本东北地区太平洋近海大地震中，Toyota 等[438] 通过调查发现，在浦安市今川的某住宅区经过挤密砂桩法处理后的地基仅在路面交接处有少量喷砂冒水现象，而周边未经地基处理的公路及停车场等场地喷砂冒水严重，最大喷砂堆积厚度约 10cm。Bhattacharya 等[439] 通过调查发现，在千叶县花见川地区的某工地，经挤密砂桩法处理后的场地完全没有发生液化现象，而同一地区没有经过抗液化处理的地基则液化严重。此外，在东京湾沿岸地区发生大规模液化现象，但经过地基处理的场地未发现有破坏现象，其中振动或挤密砂桩法占该地区所有抗液化措施的 90%[440]。

（3）振冲碎石桩法

振冲碎石桩法（Vibro-replacement Stone Column Method，简称 VSC）始于 1937 年的德国，首次用于德国柏林市郊某一建筑的地基抗液化处理，加固后的地基土的相对密实度和承载力都提高了 1 倍多。该方法通过机械振冲方式将卵石或者碎石等材料填充到砂土、粉砂等可液化土层中，改变可液化土层中土体的结构和性质，增加土层的孔隙率，减缓土层中超孔隙水压力的聚集，从而达到消除土层液化的目的。在 1989 年美国加州 6.9级的 Loma Prieta 地震中，位于 Treasure 人工岛的医疗中心采用振冲碎石桩法处理后地基在这次地震中未出现液化现象，而周边未处理的地基发生液化喷砂、地表裂缝和场地不均匀沉降现象[239]。

（4）爆破加密法

爆破加密法（Densification by Explosion Method，简称 DE）是将一定量的炸药埋入指定土层中，引爆后靠爆炸的冲击力挤压土层，先让土体液化，然后随着超孔隙水压力的消散使砂土层更加密实，起到抗液化的作用。该方法通常用于地基的深层振实和近海海岸结构物的地基加固，是一种简单且经济的有效动力加固技术。我国安徽花凉亭水库和横排头水库、河南鸭河口水库及内蒙古红山水库等土石坝地基的抗液化处理都曾采用过此方法，其爆炸影响范围一般可达 3~5 倍[441]。1986 年 Nigeria 在 Jebba 大坝的地基液化处理中采用爆炸加密法处理了深度约 39.3m 的砂土层，创造了当时地基处理深度之最的记录[442]。

2. 降低水位法

降低水位法（Groundwater Lowering Method）主要是通过降低地基土中的饱和度或限制其超孔隙水压力的累积，从而减小液化的可能性。在抗液化实际工程中，降低水位法一般不会单独使用，需要结合其他抗液化措施一起。

3. 增加盖重法

增加盖重法（Increasing Cover Stress Method，简称 ICS）是一种经济有效的防止液化方法，已被强震地区的应用实例所证实。该方法是在可液化土层上方填筑非液化土并压实，增加上覆土的有效应力，使其大于可能产生液化的临界压力，以达到抗液化的目的。盖重土层的厚度可视实际工程需求而定，一般盖重土层的厚度在 3m 以上时，下面的砂土层就比较难液化。在 1964 年日本新潟地震中，某一严重液化的地区内，有的建筑物建在原地面有 3m 厚的填土层上未出现损坏情况，而周围建在原地面上的建筑物因严重液化造成不同程度的损坏[443]。

4. 换填法

换填法（Exchange-fill Method）是将基础底面以下一定范围内的可液化土层挖走，然后分层填入强度较大的砂、碎石、灰土、素土及其他性能稳定且无侵蚀性的材料，并夯实至要求的密实度。此方法安全可靠，一劳永逸，适合可液化土层埋深较浅，且厚度较小的情况；如果换填的厚度太大，不仅造成开挖工程量大，回填工期长，而且不经济，更重要的是在分层碾压时土层不容易被压实，质量难以得到保证。但也有因工程特殊抗震需求进行大厚度置换的案例，如我国深圳机场、香港机场和澳门机场的抗液化处理采用的是换填法，置换厚度分别为 6~12m、15~20m 和 30m[444]。

5. 注浆法

注浆法（Grouting Method）是将能固化的浆液通过注浆管或压力泵均匀注入可液化土层中，以填充和挤密的方式驱走土层中的水和气体，待浆液硬化后，和土颗粒胶结形成一个强度高且压缩性低的整体，从而使地基得到加固，防止地震液化发生。在 1989 年美国加州的 Loma Prieta 地震中，在旧金山 Kaiser 的某医院场地和沿滨大道的桥梁附近，由于考虑到结构物的重要性程度和环境，采用的是注浆法，通过处理后未见液化破坏[436]。

6. 围封法

围封法（Underground Diaphragm Wall Method，简称 UDW）是在结构物四周可液化土层中用钢板桩、搅拌桩、旋喷桩、连续墙等结构进行围封，大大消除或者减少地基中砂土液化后破坏的可能性。它的作用主要是切断密封区域外液化层对地基的影响，防止地震发生时结构物的下卧液化土层发生侧移，造成对上部结构的破坏。围封法在处理地基加固时必须要有一定的深度，且要穿过可液化土层，否则该措施起不到应有的抗液化作用。在 1995 年日本阪神地震中，Merikan 码头东方酒店的 3 处地基经过围封法处理后都未发生液化[445]。

综上所述，对于易液化的工程场地，特别是沿海及围海造田的场地，针对场地质条件、工程抗震等级、施工费用、地基液化等级等，选取适宜的抗液化措施是地基处理不可缺少的环节。由于各种抗液化措施的加固效果、适用范围和费用往往不同，因此选取最优的液化处理措施是一个决策问题，应该因地制宜选用。

7.4　贝叶斯决策网络在人工岛抗液化中的应用

地震液化常常会引起人工岛基础的不均匀沉降及破坏，特别是护岸的沉降和水平侧移破坏带来巨大的经济损失。例如 1993 年日本北海道 7.8 级 Kushiro-Oki 地震中，Kushiro 人工岛上未经地基处理的护岸中回填土发生液化，导致护岸侧向滑移失稳破坏，最大侧移量达 2m，最大沉降量达 0.4m，相反经过挤密砂桩和碎石桩处理过的护岸在这次地震中没有发生液化灾害[446]；1995 年日本 7.3 级阪神地震中，神户港的 Port 人工岛和 Rokko 人工岛发生大面积液化，很多沉箱式护岸向海的方向发生很大侧移，最大达 5m，平均位移为 3m，倾斜 4°，且护岸后的填土发生同样量级的沉降，最大约 4.7m，而通过振冲、强夯、挤密砂桩等处理过的区域未发生液化灾害[445]；1999 年我国台湾 7.6 级集集地震中，滨海工业园鹿港填海区域发生大面积液化，多数地方出现喷砂冒水现象，直径约为 0.9m，且周边地表沉降达 0.33~0.45m，而部分通过强夯处理过的场地未观测到液化迹象[437]。因此，合理判别人工岛场地地基砂土液化灾害情况，并采取相应的合理抗液化措施，对于人工岛这一重大工程的抗液化设防至关重要。

7.4.1　人工岛地震液化灾害的贝叶斯决策网络模型构建

由于在数值模拟中部分液化影响参数无法考虑，因此在已经建立的地震液化灾害评估的 BN 模型基础上进行微调：去掉土质类别，在本节数值模拟中只考虑砂土的液化；去掉平均粒径，数值模拟中采用的本构模型未包含此变量；去掉喷砂冒水和地表裂缝，因为在本数值模拟中无法实现；将标准贯入锤击数换成初始孔隙比，因为初始孔隙比决定了相对密实度，相对密实度又可以和标准贯入锤击数相对应，因此初始孔隙比和标准贯入锤击数存在某种密切联系；将液化势用超孔隙水压比度量液化程度，因为超孔隙水压比也可以反映土层液化程度，当超孔隙水压比小于 0.7 时，认为土层未发生液化，反之，则土层发生液化[447]，根据发生液化的程度又可以分为轻微液化（0.7～0.8）、中等液化（0.8～0.9）和严重液化（0.9～1.0）；增加超固结比和土层的渗透系数两个变量。对新的因素根据专家意见和领域知识对原模型进行微调整，然后引入适合人工岛的各种抗液化措施、抗液化改善效果和损失及成本，分别作为决策节点和效用节点，最终形成地震液化减灾贝叶斯决策网络模型，如图 7.3 所示。此外在数据离散等级划分中，新加入的变量根据领域知识直接划分，例如超固结比分为三个等级，超固结（OCR＞1）、正常固结（OCR＝1）和欠固结（OCR＜1）。其他变量和前两章中的划分标准一致，除了对地表沉降和水平位移做了微调，因为人工岛的地震液化灾害中这两个变量的值要比自由场地中历史液化数据的值大很多，这两个变量的划分标准微调为：无（0m）、小（0～0.1m）、中（0.1～0.5m）、大（0.5～1m）和超大（＞1m）。

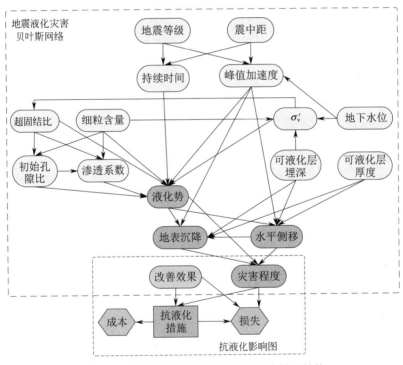

图 7.3　地震液化减灾贝叶斯决策网络模型结构

由于人工岛是一种特殊的工程结构，考虑场地环境和施工难度，常用的地基液化处理措施有强夯法、爆炸加密法、换填法、桩基法（挤密砂桩和振冲碎石桩）、增加盖重法和围封法，例如我国澳门国际机场人工岛工程采用的是换填法和增加盖重法（堆载排水固结法）相结合的方案；美国旧金山的 Treasure 人工岛采用的处理方式是振冲碎石桩法、挤密砂桩法、强夯法和注浆方法；日本神户港的 Port 和 Rokko 人工岛采用的处理方式是振冲法、强夯法、挤密砂桩法、围封法、加载预压（增加盖重法）。由于本节人工岛的下卧存在厚度较大的软弱淤泥质黏土层，换填法和强夯法不太适用，而且这两种方法的处理有效深度达不到工程要求，因此在数值模拟中采用的抗液化措施为振冲碎石桩、围封墙、爆炸击密和抛石加重 4 种方法。

7.4.2　人工岛地震液化灾害的数值模拟分析

（1）数值方法简介

本研究中所采用的数值方法是基于无限小应变假设的循环弹塑性本构模型。Oka 等[448]对该循环弹塑性本构模型进行了详细描述，并结合 Biot 水土二相耦合理论，采用 FEM-FDM（Finite Element Method-Finite Different Method）耦合方法建立土颗粒与水的耦合关系。该方法在空间上采用有限元方法（FEM）对水土二相耦合体的平衡方程进行空间离散，同时采用有限差分方法（FDM）对水土二相耦合体的连续方程进行空间离散；在时间上采用 Newmark-β 法再对得到的控制方程进行离散化，最后得到水土二相耦合的动态有限元方程。使用 FD-FE 方法不仅可以有效降低含有固相位移 u 和孔隙水压力 p 形式的控制方程的自由度，而且还可以有效避免 u 和 p 的插值函数不统一的问题。

该循环弹塑性本构模型的基本假定如下[449]：①应变是微小的；②弹塑性理论；③非关联流动法则；④超固结边界面理论；⑤非线性移动硬化准则。该本构模型与其他模型的区别在于采用了非关联流动规则和改进的非线性运动硬化准则。此外，该本构模型为了更好地描述应力路径特征和砂土液化过程，使用了一些特殊的土体参数（如：剪胀参数和硬化参数），且还考虑了应力-剪胀特性关系的非线性表达式和累积应变对于塑性剪切模量的依赖特性以及超孔隙水压力的累计和耗散同时运算。当土体单元的有效围压小于一定值后，此材料的组成将由弹塑性本构模型转换成液化流体材料本构模型。换言之，土体液化后将被设定等同于液体的材料性质，亦即将其泊松比设定为 0.5，且其抗剪强度被设定为极小值来进行分析。该本构模型的部分表达式见附录 C。

Matsuo 等[450]基于一系列含有可液化土层的土坝动力离心试验结果和 1933 年 Hokkaido Nansei-Oki 地震中大坝的实际损坏与该程序的模拟作对比，验证了该数值方法的正确性和有效性。此外，该方法已广泛用于分析地震液化中动态土-结构相互作用问题[451-452]和实际工程项目的地震液化灾害评估[453]。在地下结构上浮响应分析中，Otsushi 等[454-455]通过比较该数值模拟与振动台试验结果，证实了该方法模拟水槽结构上浮响应的有效性，且该本构模型能准确获得应力-应变关系，有效应力路径和抗液化强度曲线。

（2）人工岛数值模型构建

某近海人工岛的断面简化模型如图 7.4 所示，为了消除边界效应，在该模型两侧分别增加超长单元，模型网格全划分为四边形单元，节点总数为 7158，单元总数为 6948。采用 FEM-FDM 耦合的循环弹塑性本构模型计算人工岛地震液化响应过程，主要计算参数见表 7.2 和表 7.3。模型底部为完全固定的不排水边界，两侧为水平固定、竖向自由的不排水边界，海床面为自由排水边界。其中，振冲碎石桩的桩长为 22m，直径为 1.5m，桩间距取 2.5m（根据《建筑地基处理技术规范》JGJ 79—2012 建议的 75kW 振冲器布桩间距范围 1.5～3.0m 取中间值估算为 2.67m），主要起加快孔隙水压力消散的作用，也在一定程度上增加了土层抗液化强度；围封墙厚 2m，从海床深入直至基岩上，主要限制液化后护岸的大变形发生；爆炸击密是针对人工岛地基中的砂土层进行加密，增加其抗液化强度，在本算例中将砂土层松散状态（$e_0 = 1.3$）直接变为密实状态（$e_0' = 0.35$）；增加盖重法是在海床淤泥层抛石以增加砂土层的上覆有效应力来提高其抗液化能力。

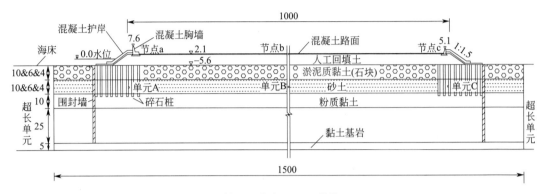

图 7.4　某人工岛断面图（单位：m）

人工岛土层参数　　　　　　　　　　　　　　　　　　　　　　表 7.2

材料参数	混凝土	回填土	淤泥土	砂土	粉质黏土	黏土	基岩
密度 $\rho(\text{kg/m}^3)$	2.55×10^3	1.6×10^3	1.1×10^3	1.7×10^3	1.15×10^3	1.45×10^3	2.94×10^3
初始孔隙比 e_0	0.25	0.8	1.4	1.3	0.6	0.5	0.50
压缩指数 λ	1.0×10^7	0.025	0.5	0.025	0.5	0.5	1.0×10^7
膨胀指数 κ	1.0×10^7	0.0025	0.05	0.0025	0.05	0.05	1.0×10^7
渗透系数 $k(\text{m/s})$	1.0×10^{-10}	1.8×10^{-6}	1.0×10^{-8}	2.0×10^{-5}	1.0×10^{-8}	1.0×10^{-8}	5.0×10^{-10}
剪切波速 $V_s(\text{m/s})$	4000	115	100	250	120	150	360
初始剪切模量比 G_0/σ_{m0}'	—	1039	675	660	934	667	—
变相应力比 M_m	—	0.91	1.83	0.98	1.83	1.38	—
破坏应力比 M_f	—	0.98	1.83	1.3	1.83	1.38	—
硬化参数 B_0	—	4242	1500	4500	1500	2000	—
硬化参数 B_1	—	80	37	90	30	40	—
硬化参数 C_f	—	3000	1500	0	2000	2000	—
超固结比 OCR	—	1.0	1.0	1.0	1.0	1.0	—
膨胀系数 D_0	—	—	—	1.0	—	—	—
膨胀系数 n	—	—	—	4.0	—	—	—
基准塑性应变 γ^P	—	1.0	—	0.01	—	—	—
基准弹性应变 γ^E	—	1.0	—	0.02	—	—	—
黏塑性参数 m_0'	—	—	18.5	—	18.5	18.5	—
黏塑性参数 $C_{01}(1/\text{s})$	—	—	3.0×10^{-7}	—	3.0×10^{-7}	3.0×10^{-7}	—
黏塑性参数 $C_{02}(1/\text{s})$	—	—	7.5×10^{-8}	—	7.5×10^{-8}	7.5×10^{-8}	—

　　本算例中的各种抗液化方法只考虑其单一情况，对于每一种抗液化措施都有其各种不

同的处理方案，如振冲碎石桩法，不同的桩长、不同的直径及不同桩间距都会影响处理后的抗液化效果，但在数值模拟中不可能把各种措施的所有可能情况都考虑进去，这样会带来很大的工作量。因此，本研究只考虑一种措施相应较好的处理情况，旨在通过数值模拟结果去验证 BN 决策模型的有效性，至于模拟是否能在实际人工岛抗液化处理中应用，还需要通过实际液化灾害数据去完善模型。

抗液化处理措施对应的材料参数　　　　　　　　　　　　　　表 7.3

材料参数	碎石桩	加密砂	围封强	淤泥碎石土
密度 ρ（kg/m³）	2.09×10^3	1.7×10^3	2.55×10^3	2.0×10^3
初始孔隙比 e_0	0.40	0.35	0.25	1.00
压缩指数 λ	0.01	0.015	1.5×10^7	0.01
膨胀指数 κ	0.0025	0.02	1.5×10^7	0.0025
渗透系数 k（m/s）	2.0×10^{-4}	1.0×10^{-5}	1.0×10^{-10}	1.0×10^{-4}
剪切波速 V_s（m/s）	300	250	4000	300
初始剪切模量比 G_0/σ'_{m0}	1837	906	—	837
变相应力比 M_m	0.91	1.38	—	0.91
破坏应力比 M_f	1.36	1.51	—	1.36
硬化参数 B_0	5000	3870	—	5000
硬化参数 B_1	100	77	—	100
硬化参数 C_f	15000	0	—	3000
超固结比 OCR	1.0	1.5	—	1.0
膨胀系数 D_0	0	1.0	—	0
膨胀系数 n	0	4.0	—	0
基准塑性应变 γ^P	9000	0.02	—	1000
基准弹性应变 γ^E	9000	0.2	—	1000
黏塑性参数 m'_0	—	—	—	—
黏塑性参数 C_{01}（1/s）	—	—	—	—
黏塑性参数 C_{02}（1/s）	—	—	—	—

（3）数值试验设计与数据库搭建

本节采用的地震波来源于 1981 年英国 Westmorland 地震、1989 年美国 Loma Prieta 地震、1995 年日本阪神地震、1999 年我国台湾集集地震和 2011 年日本东北地区太平洋近海地震，这些地震的相关信息如表 7.4 所示。对人工岛模型进行数值模拟时，分别改变模型中砂土层厚度、砂土层埋深、海面水位、超固结比、初始孔隙比、渗透系数、砂土层黏粒含量和抗液化措施来建立地震液化的灾害数据库，便于后续提供给地震液化减灾贝叶斯决策网络模型进行参数学习。所有算例见附录 D，共包括 168 个算例，每道算例取 3 组计算结果，见图 7.4 中节点 a 处的侧移、沉降及其下卧砂土层的超孔隙水压比为第一组结果，节点 b 处的侧移、沉降及其下卧砂土层单元 B 的超孔隙水压比为第二组结果，节点 c 处的侧移、沉降及其下卧砂土层单元 C 的超孔隙水压比为第三组结果。

地震相关信息　　　　　　　　　　　　　　　　　　表 7.4

地震名称	M_w	观测地点	R (km)	PGA (gal)	t_d (s)	计算总时长 (s)
英国 Westmorland 地震	5.9	Westmorland	6.9	465.6	15.2	86415.2
美国 Loma Prieta 地震	6.9	Treasure 岛	97.7	155.9	5.0	86405.0
日本阪神地震	7.3	神户中央区	16.5	891.0	22.3	86422.3
		大阪中央区	44.9	80.9	13.2	86413.2
中国台湾集集地震	7.6	南投县草屯镇	15.07	639.0	59.2	86459.2
		彰化县鹿港镇	45.99	68.0	36.6	86436.6
日本东北地区 太平洋近海地震	9.0	茨城县土浦市	324.9	856.0	124.0	86524.0
		千叶县中央港	370.8	168.2	65.6	86465.6

　　由于液化引起的灾害很大程度上发生在液化之后，如液化层排水固结产生的沉降，或液化层在上覆土重力作用下发生的滑移，液化后大变形的持续时间主要取决于液化后超孔隙水压力的消散时间。在对所有算例进行计算之前，先进行试算确定液化的消散时长，选用地震等级最大的日本东北地区太平洋近海地震，设计计算总时为 172924s（约 2d），地震持续时间为 124s。计算总时程曲线、超孔隙水压比、人工岛护岸的侧移及沉降的计算结果如图 7.5 所示。

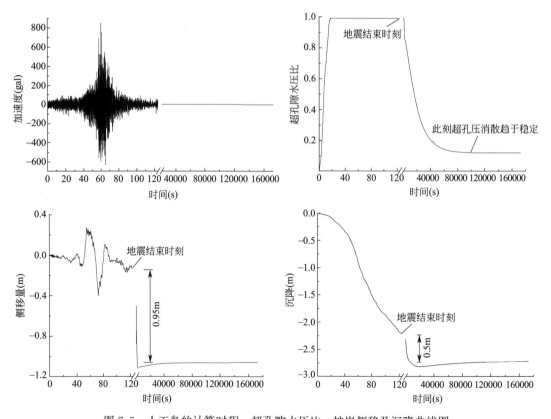

图 7.5　人工岛的计算时程、超孔隙水压比、护岸侧移及沉降曲线图

　　从图 7.5 中可以看出，超孔隙水压比在地震结束约 86400s（1d）后基本消散完毕，

不再发生变化，人工岛护岸的侧移量在地震过程中只有约-0.15m（负号表示向左，下同），而在地震结束的几小时内，侧移量达到了-1.1m，这说明人工岛护岸的破坏不仅是因为地震作用直接造成的，更大程度上是由于液化后护岸沿着液化层的滑移面在自重作用下发生侧移造成的。另外，人工岛的液化层在地震后由于超孔隙水压力的消散重新固结，造成一定程度的沉降，达 0.5m，约为地震过程中沉降量的 1/4。因此，为了更好地反映液化后的灾害（如侧移、沉降），在各地震主震结束后，所有算例另外加 86400s（1d）的计算时长。为了减少有限元计算时间，所有算例都采用多步长分段计算，地震过程采用 0.001s 的计算增分，超孔隙水压力消散过程统一采用大步长 1s 计算。

通过计算后，选取算例 76 中的护岸节点 a 和其下卧砂土层单元 A 在神户地震后人工岛液化灾害的计算结果，如表 7.5 所示。其中各措施的处理效果通过侧移量和沉降量计算得到，作为抗液化措施处理后的综合效果。效用比是由处理效果和相应成本计算得到，综合考虑效果好坏与成本代价，用来反映单位成本的抗液化效果程度。其计算表达式为：

$$L(D,\alpha_i)=\frac{0.6(LS_0-LS_i)+0.4(S_0-S_i)}{0.6LS_0+0.4S_0} \tag{7.2}$$

$$U(D,\alpha_i)=L(D,\alpha_i)/L(C,\alpha_i) \tag{7.3}$$

式中，$L(D,\alpha_i)$ 为措施的处理效果，其值越大，效果越好；LS_0 和 S_0 分别为未采取措施的侧移和沉降值；LS_i 和 S_i 是第 i 种抗液化措施处理后的侧移和沉降值，在人工岛的地震液化灾害中，通常侧移灾害的程度要大于沉降带来的灾害。因此，式（7.2）中侧移的权重值要略大于沉降的权重值；$U(D,\alpha_i)$ 为效用比，其值越大，表示抗液化效果好且工程成本低，为最佳处理措施；$L(C,\alpha_i)$ 为抗液化措施的成本。

从表 7.5 中可以看到，在无措施处理情况下，人工岛的地基砂土层在地震过程中的最大超孔隙水力比约为 0.8，即发生中等液化；侧移量约为 0.1m，程度为小，沉降量约为 0.3m，程度为中等。在各抗液化措施中除了增加盖重法、围封法和其组合方法外，人工岛地基通过其他措施处理后都未发生液化现象，其中碎石桩和爆炸击密的组合方法在抑制液化发生效果上最为显著。在本节人工岛算例中采用的增加盖重法通过向海中抛石使原来的淤泥土变成淤泥和碎石的混合体，从而增加上覆土有效应力，但在强震中增加的上覆有效应力无法抵抗地震荷载的动剪应力，故其下卧砂土层仍然会发生液化。另外，围封法是在护岸的坡脚处设置地下连续墙或圆筒连续桩，其无法抑制砂土层液化的发生，反而会阻碍液化后超孔隙水压力的消散，因此这两种方法抑制液化发生的效果并不理想。

在各种措施的减灾效果中，增加盖重与碎石桩组合的方法对护岸侧移量的减小效果最显著，而爆炸加密法对护岸沉降量的减小效果最显著。但对比处理效果后，发现围封墙、爆炸击密及其组合方法的抗液化减灾效果与其他方法相比而言明显要好，其中围封墙与爆炸加密的组合方法效果最显著，其对护岸的侧移和沉降抑制都有显著效果。但同时考虑处理效果与工程成本后，发现爆炸击密方法的效用比最大，因为该方法减灾效果相对较好，工程成本最低，故其效用比最强，但其对环境的影响很大，对一些有特殊要求的工程应该酌情考虑。此外围封墙与爆炸加密的组合方法效用比次之，即使其减灾效果最好，但工程成本要高很多，如果能在承受的工程成本范围内，此方法可以作为备选方案。总体来讲，组合抗液化方法的效果要优于其单一的抗液化方法，但其效用比反而不高，因为组合方法的工程成本太高。因此，在工程抗液化中，不能一味采用多种抗液化措施一起使用，要同时考虑处理效果和成本，针对具体工程折中选取适当的抗液化方式。

算例 76 和它的不同抗液化处理措施算例的计算结果　　表 7.5

算例编号	抗液化措施	超孔隙水压比	液化状态	侧移量（m）	沉降量（m）	成本（万元）	处理效果	效用比
76	无	0.802	中等液化	0.104	0.301	——	——	——
84	增加盖重	0.811	中等液化	0.015	0.433	15.00	0.003	0.0002
92	碎石桩	0.175	未液化	0.010	0.300	9.100	0.311	0.0341
100	围封墙	0.808	中等液化	0.040	0.167	11.00	0.503	0.0458
108	爆炸击密	0.316	未液化	0.102	0.021	2.250	0.619	**0.2752**
116	碎石桩＋增加盖重	0.200	未液化	0.009	0.344	24.10	0.218	0.0090
124	围封墙＋增加盖重	0.844	中等液化	0.020	0.306	26.00	0.265	0.0102
132	增加盖重＋爆炸击密	0.296	未液化	0.029	0.285	17.25	0.281	0.0163
140	碎石桩＋爆炸击密	0.072	未液化	0.035	0.259	11.35	0.318	0.0281
148	围封墙＋爆炸击密	0.361	未液化	0.035	0.096	13.25	**0.675**	0.0509
155	加重＋碎石桩＋爆炸击密	0.231	未液化	0.031	0.228	26.35	0.399	0.0152
164	加重＋围封墙＋爆炸击密	0.316	未液化	0.042	0.276	28.25	0.258	0.0091

7.4.3　贝叶斯抗液化决策模型的工程应用分析

本研究采用 Netica 软件，基于图 7.3 中的地震液化减灾决策模型进行贝叶斯决策推理计算，其中效用节点（Utility Ratio of Decision）的效用函数采用式（7.3）。首先根据算例 76 可知，BN 模型的证据信息为：地震等级为大地震（$7 \leqslant M_w < 8$）、震中距中等（$10km < R < 50km$）、峰值加速度小（$0 < PGA < 0.15g$）、持续时间短（$0 < t < 30s$）、砂土无黏粒含量（SP）、土层孔隙比大（相对松散，$e > 1.0$）、渗透性系数大（$10 \times 10^{-5}m/s < k < 10^{-3}m/s$）、土层正常固结（OCR＝1）、砂土层埋藏深（$10m < D_s < 20m$）、砂土层的厚度厚（$10m \leqslant T_s$）、地下水位正常（正常海平面标高）、上覆有效应力超大（$150kN/m^2 < \sigma'_v$），将它们对应范围值的概率调为 100%，预测结果如图 7.6 所示。从图 7.6 中可以看到模型的灾害预测结果是场地发生中等液化（概率为 78.7%）、侧移量小（概率为 97.2%）、沉降量中等（概率为 75.5%）、综合灾害程度为中等（概率为 70.3%），这一结论与算例 76 的数值模拟计算结果完全一致。

然后，根据灾害结果进行最优抗液化措施决策计算。将液化程度、侧移量、沉降量和灾害程度确定为各自对应的状态，其概率全部变为 100%，于是可以看到，决策节点中各抗液化措施的效用值都发生了变化，如图 7.7 所示。其中爆炸击密方法的效用值最大，即为最优抗液化措施，围封墙与爆炸击密组合方法的效用值其次，增加盖重法的效用值最低，这一结论与第 7.3.2 节中的计算结果完全一致，说明本节的地震液化减灾贝叶斯决策网络模型是有效的。此外，该决策模型可以根据不同的液化和灾害程度

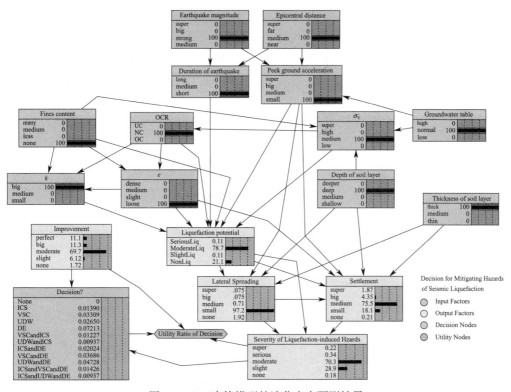

图 7.6　BN 决策模型的液化灾害预测结果

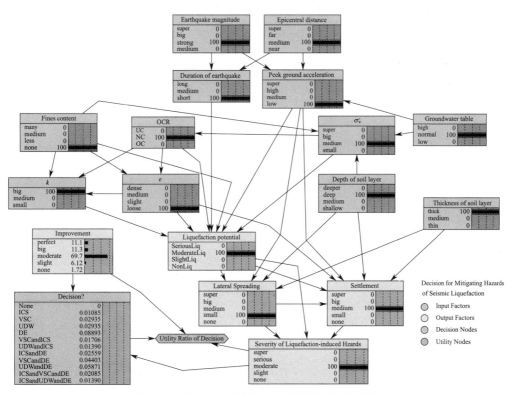

图 7.7　地震液化减灾的 BN 决策模型决策结果

给出不同的最优决策方案，如图 7.8 所示，列出无液化及液化灾害时的决策结果和严重液化及严重灾害时的决策结果。在一定抗震设防的场地中，当无液化及灾害发生时，是不需要采用任何抗液化处理措施的，如果采取任何一种措施，则都会造成经济浪费，不同的抗液化措施带来的工程成本费用不同，在图 7.8（a）决策节点中看到无措施是该情况下的最优决策，其他决策方案的效用值为负值，表示方案会带来负面效果（造成经济浪费），措施组合得越多，其效用值越小。当严重液化及灾害严重时，需要采取一定抗液化措施去减小灾害损失，从图 7.8（b）的决策节点中可以看到，组合抗液化措施方案的效用值基本要比单一抗液化措施的效用值大，其中围封墙与爆炸击密组合方法的效用值最大，为最优方案。因此，本节的人工岛数值算例结果分析验证了本研究中决策模型的有效性和正确性。

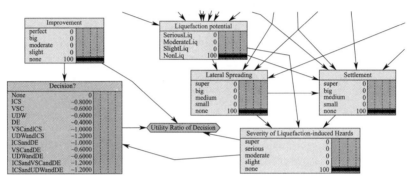

(a) 无液化及无灾害时的决策结果

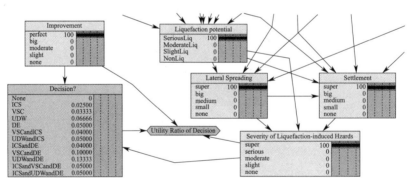

(b) 严重液化及严重灾害时的决策结果

图 7.8　不同地震液化灾害的 BN 决策结果（局部图）

7.5　本章总结

本章重点介绍了贝叶斯决策网络在地震液化灾害中的决策应用。首先，介绍了影响图的基本概念。其次，介绍了地震液化的各种处理措施，在第 5 章地震液化 BN 灾害评估模型的基础上，引入决策节点和效用节点建立了相应的 BN 减灾决策模型。最后，以人工岛地震液化为例，采用数值模拟方法获得了大量各种抗液化措施后的人工岛地震液化灾害数据，基于这些数据从减灾效果和成本角度分析了所选取的不同抗液化措施的效用，并根据数值结果验证了建立的贝叶斯决策网络模型的有效性和正确性。本章建立的地震液化贝叶斯决策网络模型集成了液化风险预测、液化灾害定量评估和风险决策 3 个模块，以实现合理的、高效决策分析。

　　由于本章决策模型中节点的条件概率值来源于单一工程结构（人工岛）的数值模拟结果，目前还难以应用于不同实际工程的抗液化决策中，还需要基于该决策模型收集大量各种抗液化处理的工程结构的液化灾害历史数据，更新模型节点的条件概率，同时也可以添加其他不同的抗液化措施，不断优化模型结构，使其能真正在实际工程中快速准确地做出液化预测、液化后的灾害预测以及最优减灾措施选取，为工程实践中的抗震减灾提供科学依据。

第8章

结论与展望

本书首先通过统计手段对地震液化的重要影响因素进行筛选，并构建了地震液化重要影响因素的因果结构图。其次，基于 SPT、CPT 和 V_s 原位试验数据，采用 BN 方法分别建立了适用于不同条件下的地震液化 BN 预测模型，与其他液化判别的确定性方法和概率方法对比验证了其准确性和可靠性。此外，针对模型不确定性和样本量对概率模型的影响进行深入分析，给出了常用的不同概率模型的最佳训练样本分类比例范围，以及构建了保证一定精度的 BN 模型训练所需要的最小样本量经验公式。随后，在地震液化 BN 预测模型基础上，加入液化后的灾害指标，采用历史液化灾害数据建立了地震液化灾害风险的 BN 评估模型，与 ANN 模型对比验证了所建模型的有效性。最后，在地震液化灾害风险的 BN 评估模型基础上，引入抗液化措施、损失及成本，分别作为决策节点和效用节点，建立了地震液化减灾的 BN 决策模型，并探讨了其在人工岛工程抗液化中的应用，验证了模型的有效性和可靠性。本书的研究结论和后期研究展望如下。

8.1 结论

本书主要研究 BN 方法在地震液化风险分析中的应用问题，主要结论如下：

（1）采用统计计量法和最大信息系数法分别从众多地震液化影响因素中筛选出 12 个重要因素。虽然两种方法分别是从定性和定量两个角度进行研究，但筛选出的关键因素差异性较小，间接相互验证了筛选结果的正确有效性。综合两种方法的结果，确定的重要影响因素分别为：M_w、R、PGA、t、ST、FC 或 CC、颗粒级配（如 D_{50}）、D_r（SPTN 或 q_c 或 V_s）、D_w、D_s（σ_v 或 σ_v'）、H_n、D_n 和 T_s。随后，基于这些关键因素，采用解释结构模型和路径分析方法建立了地震液化影响因素的层次因果结构图，并深入分析各因素间的结构关系和对液化的影响强弱关系，发现部分因素对液化的触发会产生间接作用，甚至存在遮掩效应，这在液化分析和预测时需要着重考虑。

（2）基于 SPT、CPT 和 V_s 数据，分别构建了多个适用范围不同的 BN 模型，并与其他确定性方法（如规范法、优选法、其他简化公式）和概率性方法（如 LR、ANN、SVM）对 BN 模型的性能进行了验证。此外，还融合 SPT、CPT 和 V_s 三种数据构建了一个混合 BN 模型，通过和单一试验建立的 BN 模型对比，混合 BN 模型的预测性能最好，基于 SPT 的 BN 模型性能次之，而基于 V_s 的 BN 模型性能最差。另外，针对地震液化预测中强度指标优选问题,从 31 个候选强度指标中确定 a_{rms} 是最优的一个,而 PGA 在无法获得 a_{rms} 时,可作为第二选择。这两个强度指标在地震液化分析中和液化触发都有着相对较好的关联性、有效性、适用性和充分性。本研究中采用 BN 方法建立的液化 BN 模型的性能都要比其他已被认可且被广泛使用的简化方法好,而且 BN 模型的逆推和诊断也是其他方法无法相比的,这验证了 BN 方法在地震液化预测中的优势和应用前景。但是,BN 方法能在地震液化的工程实践应用中被认可还有待进一步检验。

(3)深入研究了训练样本的分类不均衡和抽样偏差以及样本量对液化预测模型性能的影响。结果显示,训练样本分类越不均衡、抽样偏差越大,模型的回判性能越好,而预测性能却越差。在 LR、ANN、SVM 和 BN 模型中,分类不均衡和抽样偏差对 BN 模型的影响程度要比其他模型略小。4 种概率预测方法的最佳训练样本比例(液化样本与未液化样本的比值)范围值为:BN 方法介于 1~1.5;ANN 方法介于 0.67~1;LR 方法取 0.5附近值;SVM 方法介于 0.5~1。因此,在地震液化模型建立时,应该针对不同的预测方法选择不同的最佳训练样本比例,不能一概而论。随后,针对训练样本存在严重分类不均衡或抽样偏差的情况,探讨了过采样技术对在模型性能提升中的应用。研究发现,在处理严重分类不均衡问题时,保证处理后的样本分类比例与总样本的分类比例一致比和模型的最优比例一致要重要得多。如果知道描述问题的样本真实分类比例,则通过过采样技术使训练样本的分类比例与真实分类比例一致,可以使模型得到更好的预测效果;如果描述问题的样本真实分类比例未知,则可以通过采样技术使训练样本的分类比例与模型的最优训练样本分类比例一致,也可以达到较好的预测效果。此外,过采样技术对 LR 模型和SVM 模型在训练样本存在严重分类不均衡或抽样偏差较大情况时的改善效果要明显好于ANN 模型和 BN 模型。最后,研究样本量对液化预测模型性能的影响发现,在确保 BN模型满足一定预测精度的前提下,所需平均最小训练样本量 $\overline{N}$ 与目标父节点的平均离散区间数 k_a 和最大入度 k_{max}^{in} 相关,与 BN 模型的节点数和边数以及最大出度无关。通过拟合平均最小训练样本量 $\overline{N}$、k_{max}^{in} 与 k_a 之间的关系,确定了给定 BN 模型结构且保证 80%预测精度前提下的所需最小训练样本量经验公式,并通过两个案例验证了该公式的正确有效性。

(4)在 BN 液化模型的基础上引入了液化潜能指数、侧向位移、沉降、喷砂冒水、地表裂缝和液化灾害指数 6 个输出变量,建立了一个既能预测场地液化发生,又能预测液化后场地灾害大小的 BN 风险评估模型,并采用地震液化历史数据验证了该模型的准确性和有效性,也与 ANN 模型进行了对比分析。随后,对各液化灾害类型进行了敏感性分析,发现各液化灾害类型的最敏感因素和最不敏感因素都各不相同:地表裂缝的最敏感因素和不敏感因素分别是 T_s 和 D_w;喷砂冒水的最敏感因素和不敏感因素分别是 D_w、FC 及D_{50};沉降的最敏感因素和不敏感因素分别是 PGA 和 FC;水平侧移的最敏感因素和不敏感因素分别是 PGA 和 M_w。但在这些重要影响因素中,PGA、t、N、σ_v'、D_s 和 T_s 为各灾害类型统一的更敏感因素。此外,液化灾害的敏感因素与液化势的几乎一致。

(5)基于 BN 液化灾害评估模型,引入决策节点和效用节点,建立了地震液化减灾的贝叶斯决策网络模型。以人工岛地震液化为例,采用数值模拟法获得了大量各种抗液化措施后人工岛地震液化灾害数据,基于这些数据建立了地震液化减灾的贝叶斯决策网络模型,与数值模型计算结果对比,验证了其有效性和正确性。所建立的地震液化减灾决策模型可以实现合理高效的决策分析，可为人工岛工程的抗震减灾提供参考依据。

8.2 展望

本书基于 3 种不同的原位试验数据，采用 BN 方法探讨了其在地震液化中的应用，虽然取得了不错的效果，但在模型的结构学习算法、预测精度和适用范围以及数据的质量等方面还有待完善和拓展的空间。根据目前已经取得的部分研究成果和研究过程中遇到的一些难点，对未来的研究工作做以下展望：

（1）本书只探讨了地震液化 BN 模型如何建立，并未对 BN 模型的结构学习算法进行改进，在今后的研究中可以尝试改进已有的结构学习算法来获得更好的模型拓扑结构，从而进一步提高模型的预测精度。

（2）虽然本书第 4 章结合了液化数据和液化机理构建了多个 BN 模型，但这些 BN 模型仍然无法描述液化的触发机制。因此，有必要引入一些新的变量，如超孔隙水压比和土体的当前有效应力，这样能反映液化过程的连续变量，使 BN 模型具有液化触发的机理可解释性。此外，地震液化是一个动态非线性问题，本书介绍的所有 BN 模型是静态的。因此，有必要考虑地震液化触发的机制，构建一个动态 BN 液化预测和灾害评估模型。

（3）虽然本书第 5 章探讨了模型不确定性对常用概率模型的影响，并给出了最佳训练样本分类比例范围，但该范围是粗略的，在今后研究中可以在该比例范围内，进一步细化训练样本的比例，可以结合蚁群算法找出更细化的最优比例范围。此外，参数不确定性对模型预测结果的影响也是一个可研究的方向，如 a_{rms}、N、q_c 和 V_s 等，本身就具有空间变异性，有必要对这些变量的空间变异性进行研究，降低其给模型造成的参数不确定性，从而进一步提高模型的预测性能。

（4）本书未考虑液化数据样本的质量问题。对于机器学习模型而言，一个高性能的模型不仅取决于一个好的学习算法，更大程度上取决于学习样本的质量。如果选定了某一学习算法，高质量的数据样本往往会得到一个高性能的模型，反之错误的数据样本很大程度上会得到一个较差的模型。所以，有必要在构建模型之前，先对数据样本进行清洗。

（5）由于缺少实际工程中采用各种措施处理和不采用措施的地震液化灾害历史数据，且考虑的各种地震抗液化措施的方案单一，本书基于数值模拟数据建立的地震液化减灾贝叶斯决策网络模型具有一定局限性，目前还无法应用于实际工程的抗震减灾决策中。今后，可以收集相关地震液化历史减灾数据，并进一步完善决策模型的拓扑结构，考虑更多抗液化措施的不同处理方案，同时更新模型中各变量的条件概率，使其真正能为不同工程实际中的抗液化处理提供决策理论依据。

附录 A

地震液化的 SPT 数据库

地震名称	时间	编号	M_w	R(km)	D_w(m)	D_s(m)	N	液化
日本新潟地震	1802	1	6.6	39	1	6	6	否
		2	6.6	39	1	6	12	否
日本新潟地震	1887	3	6.1	47	1	6	6	否
		4	6.1	47	1	6	12	否
日本浓尾地震	1891	5	8.4	32	1	13.5	17	是
		6	8.4	32	2	9	10	是
		7	8.4	32	2	7.5	19	否
		8	8.4	32	2.5	6	16	是
美国圣塔巴巴拉地震	1925	9	6.3	11	4.5	7.5	3	是
美国埃而森特罗地震	1940	10	7	8	4.5	4.5	9	是
		11	7	8	6	7.5	4	是
		12	7	8	1.5	6	1	是
日本十胜冲地震	1944	13	8.3	161	1.5	4	4	是
		14	8.3	161	0.6	2.5	1	是
日本福井地震	1948	15	7.2	6	1	7	28	否
		16	7.2	6	3.5	7	18	是
		17	7.2	6	1.5	3	3	是
		18	7.2	6	1	6	5	是
美国圣塔巴巴拉地震	1957	19	5.5	6	2.5	3	7	是
智利地震	1960	20	8.4	113	3.5	6	18	否
		21	8.4	113	3.5	4.5	6	是
		22	8.4	113	3.5	4.5	8	是
中国河源地震	1962	23	6.4	5	0	7	6.1	否
日本新潟地震	1964	24	7.5	52	3.5	7.5	6	否
		25	7.5	52	1	6	12	否
		26	7.5	52	1	7.5	15	是
		27	7.5	52	1	7.5	15	是
美国阿拉斯加地震	1964	28	8.3	97	0	6	5	是
		29	8.3	113	0	7.5	60	否
		30	8.3	97	2.5	6	5	是
		31	8.3	89	0	6	10	是
		32	8.3	56	1.5	6	13	是

续表

地震名称	时间	编号	M_w	R（km）	D_w（m）	D_s（m）	N	液化
中国邢台地震	1966	33	6.7	35	0	2.86	13.6	否
		34	6.7	31.5	2.12	1.15	6.8	是
		35	6.7	31.5	2.02	3.33	15.7	否
		36	6.7	31.5	0	3.25	10.4	是
		37	6.7	31.5	1.03	4.41	14.6	否
		38	6.7	14	2.63	1.52	4.3	是
		39	7.2	24.5	1.29	2.13	9.3	是
		40	7.2	24.5	1.03	4.41	14.6	是
		41	7.2	10.5	2.77	1.45	12	是
		42	7.2	10.5	2.5	1.9	12.5	是
		43	7.2	10.5	1	2.85	12	是
		44	7.2	24.5	1	1.15	6.8	是
		45	7.2	24.5	2.02	3.33	15.7	是
中国河间地震	1967	46	6.3	122.5	1.45	2.34	7	是
日本十胜冲地震	1968	47	7.8	172	1	3.5	14	否
		48	7.8	172	1.5	3	15	否
		49	7.8	172	1	3.5	6	是
		50	7.8	161	1	4.5	6	是
中国渤海地震	1969	51	7.4	102	0.2	3	9.3	是
	1969	52	7.4	102	0.1	3	9.6	是
中国阳江地震	1969	53	6.4	33	1	2	2.5	是
	1969	54	6.4	33	1	5	2.5	是
	1969	55	6.4	33	0	1	2.5	是
	1969	56	6.4	33	0	0.9	2.1	否
中国通海地震	1970	57	7.8	16.4	0.7	0.76	15	否
		58	7.8	14	0.45	0.8	13	否
		59	7.8	15.2	0.3	1.4	6	是
		60	7.8	13.6	1.15	1.4	14	否
		61	7.8	13	1.3	1.44	13.5	否
		62	7.8	13.1	0.75	0.7	8.5	是
		63	7.8	10	1.63	1.04	7	是
		64	7.8	8.5	0.52	0.6	10	否
		65	7.8	10	1.4	1.74	18	否
		66	7.8	12.6	0.81	1	18	否
		67	7.8	12	1.4	1.4	18	否
		68	7.8	35	1	1.18	6.8	是

续表

地震名称	时间	编号	M_w	R（km）	D_w（m）	D_s（m）	N	液化
中国通海地震	1970	69	7.8	35	1	2.96	34	否
		70	7.8	35	0	0.5	·8.9	是
		71	7.8	35	0.74	1.6	9.3	是
		72	7.8	35	0.85	0.8	3.9	是
		73	7.8	35	0.85	1.03	7.1	是
		74	7.8	35	1.05	1.68	10	是
		75	7.8	35	0.4	1.8	13.6	是
		76	7.8	35	1	2.1	16	是
		77	7.8	35	2.35	5.4	28.6	否
		78	7.8	35	1.08	4.38	50	否
		79	7.8	35	1.3	3.8	17	否
		80	7.8	35	2	4.4	32	否
		81	7.8	35	1.05	2.8	17	否
		82	7.8	35	2	1	15	是
		83	7.8	35	0.8	1.6	5.7	是
		84	7.8	35	1	1.5	16	是
		85	7.8	35	2	4.6	8.9	是
		86	7.8	35	1	2	13	是
		87	7.8	35	1.5	2	9.3	是
		88	7.8	12	1.3	0.65	15	是
中国海城地震	1975	89	7.3	64	1.5	6.2	8	是
		90	7.3	59	1	8	20	否
		91	7.3	64	1.5	5.2	5.5	是
		92	7.3	64	1.5	6.4	6	是
		93	7.3	64	1.5	7	6	是
		94	7.3	41	1.5	10.5	11	是
		95	7.3	59	1	8	15	否
		96	7.3	59	1	12	20	否
中国唐山地震	1976	97	7.8	42.5	1.35	2.3	12	是
		98	7.8	25	1	7	4	是
		99	7.8	70	0.85	1.8	2	是
		100	7.8	68.6	1.09	4.15	5	是
		101	7.8	83.3	1.2	2.45	8	是
		102	7.8	83.3	0.8	1.35	6	是
		103	7.8	76.8	0.5	1.7	3	是
		104	7.8	71	1.6	2.1	8	是

续表

地震名称	时间	编号	M_w	$R(km)$	$D_w(m)$	$D_s(m)$	N	液化
		105	7.8	78.6	0.76	3.9	5	是
		106	7.8	80.8	1.1	3.3	7	是
		107	7.8	80.2	1.4	2.3	2	是
		108	7.8	82.2	1.1	6.3	9	是
		109	7.8	81.2	1.4	4.35	9	是
		110	7.8	81.2	1.25	1.8	4	是
		111	7.8	81.8	1.15	4.3	7	是
		112	7.8	81	1.2	2.3	3.7	是
		113	7.8	92	0.6	1.8	2	是
		114	7.8	91	0.7	2.3	1	是
		115	7.8	103.4	0.95	3.3	9	是
		116	7.8	117	2	9.5	6	否
		117	7.8	117.4	3.15	6.38	12	否
		118	7.8	82.6	1.6	2.3	9	否
		119	7.8	60.8	1.59	6.65	23	否
		120	7.8	63.4	2	8.65	10	否
		121	7.8	82	1.2	14.9	21	否
中国唐山地震	1976	122	7.8	74	0.76	4.3	16	否
		123	7.8	79	1.37	3.6	19	否
		124	7.8	81.8	1.04	2.05	9	否
		125	7.8	81.2	1.05	4.3	12	否
		126	7.8	81.2	1.05	8.8	14	否
		127	7.8	83.3	1.05	3.3	19	否
		128	7.8	90.6	0.65	3.9	10	否
		129	7.8	57.8	2.5	4.3	9	否
		130	7.8	49	1	4.8	14	否
		131	7.8	42	0.65	14.4	16	否
		132	7.8	116.4	1.6	8.7	8	是
		133	7.8	116.4	3.3	5.8	5	是
		134	7.8	116.6	1.12	9.22	12	是
		135	7.8	116.8	3	5.1	9	是
		136	7.8	117.4	3.2	7.2	8	是
		137	7.8	66	2.3	3.3	9	是
		138	7.8	64	2.25	2.3	4	是
		139	7.8	64.6	2.3	5.3	10	是
		140	7.8	65.3	2.5	2.3	4	是

续表

地震名称	时间	编号	M_w	R(km)	D_w(m)	D_s(m)	N	液化
		141	7.8	66.4	2.9	5.3	9	是
		142	7.8	43.5	0.6	1.3	8	是
		143	7.8	40	3	3.3	12.2	是
		144	7.8	44.2	1.35	4.3	1	是
		145	7.8	45	1.1	5.3	6	是
		146	7.8	44	0.75	9.4	11	是
		147	7.8	31	0.65	8.45	11.5	是
		148	7.8	31	1	2.9	7.5	是
		149	7.8	44	0.65	5.3	1.1	是
		150	7.8	41	1.5	2.65	6	是
		151	7.8	70.9	2.3	12.3	13	否
		152	7.8	47	2	3.46	8	否
		153	7.8	116	3.3	13.8	17	否
		154	7.8	115	3.85	9.1	17	否
		155	7.8	117	1.53	11.9	26	否
		156	7.8	38.7	1.1	1.3	15	否
		157	7.8	37	2.8	3.3	16	否
中国唐山地震	1976	158	7.8	44.2	3.1	4.3	15	否
		159	7.8	25	3.1	9.3	51	否
		160	7.8	22	0.43	2.61	10	是
		161	7.8	22	1	2.75	9	是
		162	7.8	22	1.15	4.5	22.2	是
		163	7.8	31.4	3.65	5.85	16.8	是
		164	7.8	31.4	3.5	4.45	13	是
		165	7.8	21	1.37	5.12	4	是
		166	7.8	21	1.05	5.05	10	是
		167	7.8	22	2.44	3.35	11	是
		168	7.8	12	1.05	5.59	9	是
		169	7.8	15	1.25	6.8	10.5	是
		170	7.8	9	1.98	8.62	7	是
		171	7.8	11	0.85	3.3	14	是
		172	7.8	9.9	1	2.3	11	是
		173	7.8	12.6	1.01	1.8	7	是
		174	7.8	13	1.3	3.6	16.5	是
		175	7.8	12.6	1.5	6.4	16	是
		176	7.8	13	1.57	3.75	5	是

续表

地震名称	时间	编号	M_w	R(km)	D_w(m)	D_s(m)	N	液化
		177	7.8	9	1.45	5.4	5	是
		178	7.8	18	5.6	20	45	否
		179	7.8	18	5.3	14.8	73	否
		180	7.8	14	5	13.52	64	否
		181	7.8	14	4.9	9.38	61	否
		182	7.8	11	5.9	6.43	14	否
		183	7.8	17.8	2.3	6.4	18	否
		184	7.8	11	5.7	10.15	34	否
		185	7.8	22	1.8	4	12	否
		186	7.8	9.6	3.5	8.35	31	否
		187	7.8	11	4.5	4.5	22	否
		188	7.8	11	4.54	7.3	18	否
		189	7.8	11	5.5	9.95	30	否
		190	7.8	30	1	3.4	1	是
		191	7.8	140	2	14.2	11	否
		192	7.8	45	0.8	1.2	4	是
		193	7.8	58	2.5	3.3	5.5	是
中国唐山地震	1976	194	7.8	91	2	5.1	8	是
		195	7.8	140	2.3	7.5	15	是
		196	7.8	80	1.2	7.8	18	是
		197	7.8	36	0.6	5.6	4	是
		198	7.8	110	3.8	4.3	33	否
		199	7.8	38	1.2	2.45	8	是
		200	7.8	13	1.6	3.7	5	是
		201	7.8	82	1	3.9	6	是
		202	7.8	65	1.3	2.1	4	是
		203	7.8	67	2.9	7.3	10	是
		204	7.8	10	3.5	8.4	31	否
		205	7.8	12	1.1	5.8	9	是
		206	7.8	70	1.5	5.4	5	是
		207	7.8	86	2	15.2	11	否
		208	7.8	81	1.3	2.8	1.2	是
		209	7.8	76	0.8	3.9	5	是
		210	7.8	79	0.6	1.8	2	是
		211	7.8	103	1	7.3	9	是
		212	7.8	79	1.4	3.6	19	否

续表

地震名称	时间	编号	M_w	$R(km)$	$D_w(m)$	$D_s(m)$	N	液化
中国唐山地震	1976	213	7.8	90	0.7	4	11	否
		214	7.8	100	3.4	8.5	31	是
		215	7.8	17	0.6	3.8	4	是
		216	7.8	37	2.8	4.5	32	否
		217	7.8	103	2.7	3.3	8	是
		218	7.8	44	3.2	4.3	15	否
		219	7.8	15	5	14.8	64	否
		220	7.8	103	0.8	14.5	19	否
		221	7.8	65	4.2	5.3	16	是
		222	7.8	13	1.3	3.6	15	是
中国台湾集集地震	1999	223	7.6	19.81	5	6.03	7	是
		224	7.6	20.42	2.8	4.65	5	是
		225	7.6	20.42	2.8	6	10	是
		226	7.6	19.6	1.2	5	23	是
		227	7.6	19.82	0.65	3	6	是
		228	7.6	19.82	0.65	4.6	14	是
		229	7.6	19.82	0.65	6	11	是
		230	7.6	19.82	0.65	7.5	23	是
		231	7.6	19.82	0.65	10.5	17	是
		232	7.6	18.55	5	1.5	3	是
		233	7.6	20.25	9.6	14	19	否
		234	7.6	17.14	2.4	3.2	5	是
		235	7.6	17.14	2.4	4.45	16	是
		236	7.6	20.29	2.8	7.7	12	是
		237	7.6	19.53	2.8	6.1	4	是
		238	7.6	19.7	1.9	3.2	21	是
		239	7.6	19.45	1.5	3.95	10	是
		240	7.6	19.45	1.5	7.5	17	是
		241	7.6	34.5	0.6	3	5	是
		242	7.6	33.28	1	4.99	5	是
		243	7.6	33.41	1.6	4.5	4	否
		244	7.6	34.27	2	6	7	否
		245	7.6	34.27	2	8.45	11	否
		246	7.6	34.27	2	9.45	11	否
		247	7.6	34.27	2	12	11	否
		248	7.6	32.37	0.85	9.45	12	否

续表

地震名称	时间	编号	M_w	R(km)	D_w(m)	D_s(m)	N	液化
		249	7.6	33.12	2.2	12	10	否
		250	7.6	33.12	2.2	13.5	17	否
		251	7.6	33.12	2.2	15	20	否
		252	7.6	33.12	2.2	16.5	23	否
		253	7.6	32.31	0.6	3	3	是
		254	7.6	32.67	0.8	10.5	12	是
		255	7.6	32.12	1	3	4	是
		256	7.6	31.09	0.4	9	12	否
		257	7.6	31.09	0.4	10.5	13	否
		258	7.6	31.09	0.4	12	14	否
		259	7.6	31.09	0.4	13.5	14	否
		260	7.6	31.09	0.4	18	15	否
		261	7.6	30.81	2.3	4.5	4	是
		262	7.6	30.81	2.3	6.2	5	是
		263	7.6	30.81	2.3	7.5	4	是
		264	7.6	30.46	2	2.5	6	是
		265	7.6	30.46	2	4.5	3	是
中国台湾集集地震	1999	266	7.6	30.46	2	6	4	是
		267	7.6	30.46	2	7.5	11	是
		268	7.6	30.49	1.1	4	6	是
		269	7.6	30.49	1.1	5.5	6	是
		270	7.6	30.49	1.1	7	7	是
		271	7.6	30.49	1.1	8.5	12	是
		272	7.6	32.43	4.2	4.5	5	否
		273	7.6	33.2	2	7.5	12	否
		274	7.6	33.2	2	9	19	否
		275	7.6	33.2	2	15	14	否
		276	7.6	30.18	2.3	3	6	是
		277	7.6	30.18	2.3	6	4	是
		278	7.6	30.18	2.3	7.5	6	是
		279	7.6	27.02	0.2	5	4	是
		280	7.6	31.4	0.9	10.5	18	否
		281	7.6	31.4	0.9	12	18	否
		282	7.6	31.4	0.9	13.5	20	否
		283	7.6	30.71	0.5	10.5	14	是
		284	7.6	30.22	1.4	4.5	4	是

续表

地震名称	时间	编号	M_{w}	$R(\mathrm{km})$	$D_{\mathrm{w}}(\mathrm{m})$	$D_{\mathrm{s}}(\mathrm{m})$	N	液化
		285	7.6	30.22	1.4	6	6	是
		286	7.6	30.22	1.4	7.5	8	是
		287	7.6	30.13	1.3	4.5	4	是
		288	7.6	30.13	1.3	6	4	是
		289	7.6	30.61	1	3	5	是
		290	7.6	32.24	1.38	2.45	22	是
		291	7.6	32.26	1.3	2.55	2	是
		292	7.6	31.8	1.2	3.2	13	是
		293	7.6	31.8	1.2	4.5	7	是
		294	7.6	31.23	3.2	3.9	12	是
		295	7.6	31.23	3.2	6	12	是
		296	7.6	30.92	1.95	1.5	5	是
		297	7.6	30.82	1.4	3.2	9	是
		298	7.6	30.82	1.4	4.45	11	是
		299	7.6	31.67	0.9	3	7	是
		300	7.6	31.67	0.9	4.5	4	是
		301	7.6	31.67	0.9	6	10	是
中国台湾集集地震	1999	302	7.6	30.6	4.2	4.5	5	是
		303	7.6	31.73	0.9	3	3	是
		304	7.6	34.76	3.5	1.5	11	是
		305	7.6	65.69	1.6	4.2	4	否
		306	7.6	65.69	1.6	10.2	10	否
		307	7.6	65.69	1.6	14.8	12	否
		308	7.6	65.69	1.6	16.2	13	否
		309	7.6	65.69	1.6	22.2	13	否
		310	7.6	67.08	2	5.8	7	否
		311	7.6	67.08	2	8.2	11	否
		312	7.6	67.08	2	9.2	11	否
		313	7.6	67.08	2	11.8	11	否
		314	7.6	67.08	2	26.8	18	否
		315	7.6	64.32	2.5	25.2	32	否
		316	7.6	64.32	2.5	19.2	27	否
		317	7.6	64.32	2.5	5.8	3	否
		318	7.6	63.58	1.6	12.8	41	否
		319	7.6	63.58	1.6	13.8	42	否
		320	7.6	65.06	0.85	17.8	16	否

续表

地震名称	时间	编号	M_w	$R(km)$	$D_w(m)$	$D_s(m)$	N	液化
中国台湾集集地震	1999	321	7.6	65.06	0.85	20.8	16	否
		322	7.6	66.75	2.95	31.8	25	否
		323	7.6	63.10	2.2	13.2	17	否
		324	7.6	63.10	2.2	14.8	20	否
		325	7.6	64.20	0.4	8.8	12	否
		326	7.6	64.20	0.4	10.2	13	否
		327	7.6	64.20	0.4	11.8	14	否
		328	7.6	64.20	0.4	13.2	14	否
		329	7.6	64.20	0.4	16.2	14	否
		330	7.6	64.20	0.4	17.8	15	否
		331	7.6	65.78	4.2	7.2	4.5	否
		332	7.6	65.78	4.2	14.8	10	否
		333	7.6	65.78	4.2	23.8	26	否
		334	7.6	65.78	4.2	29.8	23	否
		335	7.6	66.70	2	7.2	12	否
		336	7.6	66.70	2	8.8	19	否
		337	7.6	66.70	2	10.2	25	否
		338	7.6	66.70	2	28	27	否
		339	7.6	64.04	0.9	10.2	18	否
		340	7.6	64.04	0.9	11.8	18	否
		341	7.6	64.04	0.9	13.2	20	否
		342	7.6	64.04	0.9	20.8	21	否
		343	7.6	64.04	0.9	25.2	26	否
		344	7.6	64.04	0.9	26.8	26	否
		345	7.6	53.51	5.3	8.8	13	否
		346	7.6	53.51	5.3	7.2	13	否
		347	7.6	53.94	9.6	8.8	23	否
		348	7.6	53.11	2.8	10.2	30	否
		349	7.6	57.22	1.38	2.2	22	否
		350	7.6	56.01	0.5	14.8	38	否

基于原位试验的地震液化简化预测模型

(1) I&B 模型

Seed 和 Idriss[28] 在 1971 年提出了一种预测地震液化的简化方法。该方法是将土体的循环阻尼比（Cyclic Resistance Ratio，CRR）和地震引起的等效循环剪应力比（Cyclic Stress Ratio，CSR）进行比较，用来计算地震液化的安全系数 F_s，公式如下：

$$F_s = CRR/CSR \tag{B.1}$$

式中，F_s 大于 1 表示土体不发生液化；CSR 的计算公式见式（1.1）。

Idriss 和 Boulanger[391] 采用新的液化数据对 Seed 的简化法进行了改进。CSR 的计算考虑了震级和上覆有效应力（土层埋深）的影响，其计算公式如下：

$$CSR_{M_w=7.5,\sigma'_{vc}=1atm} = 0.65 r_d \frac{\sigma_v}{\sigma'_v} \frac{a_{max}}{g} \frac{1}{MSF} \frac{1}{K_\sigma} \tag{B.2}$$

式中，σ_v 和 σ'_v 分别为上覆竖向总应力和上覆竖向有效应力；g 为重力加速度；a_{max} 为地表峰值加速度；r_d 为剪应力衰减系数；MSF 为地震震级修正系数；K_σ 为上覆竖向有效应力的修正系数。r_d、MSF 和 K_σ 的表达式分别如下：

$$r_d = \exp\left[0.106M_w + 0.118M_w \sin\left(5.142 + \left(\frac{z}{11.28}\right)\right) - 1.012 - 1.126\sin\left(5.133 + \left(\frac{z}{11.73}\right)\right)\right] \tag{B.3}$$

$$MSF = 6.9\exp\left(-\frac{M_w}{4}\right) - 0.058 \leqslant 1.8 \tag{B.4}$$

$$K_\sigma = 1 - C_\sigma \ln\left(\frac{\sigma'_v}{P_a}\right) \leqslant 1.1, C_\sigma = \frac{1}{18.9 - 2.55\sqrt{(N_1)_{60,cs}}} \leqslant 0.3 \tag{B.5}$$

式中，z 为埋深；M_w 为地震震级；P_a 为标准大气压，取值约为 101.325kPa；$(N_1)_{60,cs}$ 为考虑锤击能量和细粒含量修正后的标准贯入锤击数，其计算公式为：

$$(N_1)_{60,cs} = (N_1)_{60} + \Delta(N_1)_{60} \tag{B.6}$$

式中，$\Delta(N_1)_{60}$ 为考虑细粒含量修正的调整锤击数，其计算公式为：

$$\Delta(N_1)_{60} = \exp\left[1.63 + \frac{9.7}{FC+0.01} - \left(\frac{15.7}{FC+0.01}\right)^2\right] \tag{B.7}$$

式中，FC 为细粒含量，取%前的数值部分进行计算。

$(N_1)_{60}$ 为考虑设备参数和能量修正后的标准贯入锤击数，其计算公式如下：

$$(N_1)_{60} = C_N N_{60} = C_N C_E C_B C_S C_R N \tag{B.8}$$

式中，$C_N = (P_a/\sigma'_v)^m \leqslant 1.7; m = 0.784 - 0.0768\sqrt{(N_1)_{60,cs}}$；$C_B$ 是孔径修正系数，由于

本研究中标准贯入试验的孔径范围为 $65\sim115\mathrm{mm}$，因此该修正系数取值为 1；C_S 为是否安装标贯衬管的修正系数，本研究中取值 1；C_R 为杆长修正系数，杆长为 $0\sim3\mathrm{m}$、$3\sim4\mathrm{m}$、$4\sim6\mathrm{m}$、$6\sim10\mathrm{m}$ 和 $10\sim30\mathrm{m}$ 对应的 C_R 值分别取 0.75、0.8、0.85、0.95 和 1.0；N 为标准贯入锤击数；C_E 为能量因子为 60% 的修正系数，穿心锤、安全锤和自动落锤三种方式的取值分别为 $0.5\sim1.0$、$0.7\sim1.2$ 和 $0.8\sim1.3$。

Idriss 和 Boulanger[391] 采用修正后的标准贯入锤击数 $(N_1)_{60,cs}$ 来表征土体的循环阻尼比 CRR，并给出了如下表达式：

$$\mathrm{CRR}=\exp\left[\frac{(N_1)_{60,cs}}{14.1}+\left(\frac{(N_1)_{60,cs}}{126}\right)^2-\left(\frac{(N_1)_{60,cs}}{23.6}\right)^3+\left(\frac{(N_1)_{60,cs}}{25.4}\right)^4-2.8\right] \tag{B.9}$$

将式(B.2)和式(B.9)代入式(B.1)就可以基于标准贯入试验数据进行液化的发生预测，该模型在本研究中被简称 I&B 模型。Juang 等[456] 采用 Bayes 理论将 I&B 模型转换成概率模型，其表达式为：

$$P_L(F_S)=1-\varPhi\left[\frac{\ln(F_S)+0.13}{0.13}\right] \tag{B.10}$$

（2）B&I 模型

Boulanger 和 Idriss[398] 基于上述 I&B 模型的思想，提出了基于静力触探试验数据的液化预测模型，在本研究中被简称为 B&I 模型。该模型对式(B.2)中的 MSF 重新进行了修正，公式如下：

$$\mathrm{MSF}=1+(\mathrm{MSF_{max}}-1)\left(8.64\exp\left(-\frac{M_w}{4}\right)-1.325\right) \tag{B.11}$$

式中，$\mathrm{MSF_{max}}$ 是与等效洁净砂锥头阻力 q_{c1Ncs} 有关的修正系数，其计算公式如下：

$$\mathrm{MSF_{max}}=1.09+\left(\frac{q_{c1Ncs}}{180}\right)^3\leqslant2.2 \tag{B.12}$$

式(B.2)中的 K_σ 计算公式被改写为：

$$K_\sigma=1-C_\sigma\ln\left(\frac{\sigma_v'}{P_a}\right)\leqslant1.1,C_\sigma=\frac{1}{37.3-8.27(q_{c1Ncs})^{0.264}}\leqslant0.3 \tag{B.13}$$

等效洁净砂锥头阻力 q_{c1Ncs} 的计算公式为：

$$q_{c1Ncs}=q_{c1N}+\Delta q_{c1N} \tag{B.14}$$

式中：q_{c1N} 为锥头阻力 q_c 在等效标准大气压下 P_a 的无量纲数；Δq_{c1N} 是考虑细粒含量 FC 修正的锥头阻力。q_{c1N} 和 Δq_{c1N} 的计算公式分别为：

$$q_{c1N}=C_q q_c/P_a \tag{B.15}$$

$$\Delta q_{c1N}=\left(11.9+\frac{q_{c1N}}{14.6}\right)\cdot\exp\left[1.63-\frac{9.7}{\mathrm{FC}+2}-\left(\frac{15.7}{\mathrm{FC}+2}\right)^2\right] \tag{B.16}$$

式中，C_q 为和 C_N 类似的修正系数，其计算公式为：

$$C_q=(P_a/\sigma_{v0}')^\beta\leqslant1.7,\beta=1.338-0.249(q_{c1Ncs})^{0.264} \tag{B.17}$$

式中，β 为一个有界的系数，可根据 q_{c1Ncs} 的限制范围 $21\sim254$ 取值为 $0.264\sim0.782$。式(B.14)~式(B.17)可以采用 Excel 软件进行迭代计算。

Boulanger 和 Idriss[398] 采用修正后的 q_{c1Ncs} 来表征土体的循环阻尼比 CRR，并给出如下表达式：

$$CRR_{\langle q_{c1Ncs}\rangle} = \exp\left[\frac{q_{c1Ncs}}{113} + \left(\frac{q_{c1Ncs}}{1000}\right)^2 - \left(\frac{q_{c1Ncs}}{140}\right)^3 + \left(\frac{q_{c1Ncs}}{137}\right)^4 - 2.8\right] \tag{B.18}$$

将式(B.18)和式(B.2)代入到 $\hat{g} = \ln(CRR_{q_{c1Ncs}}) - \ln(CSR_{M_w=7.5,\sigma'_{vc}=1atm})$ 中，并采用最大似然方法可以得到概率预测液化的临界状态方程：

$$P_L = \Phi\left[-\frac{\frac{q_{c1Ncs}}{113} + \left(\frac{q_{c1Ncs}}{1000}\right)^2 - \left(\frac{q_{c1Ncs}}{140}\right)^3 + \left(\frac{q_{c1Ncs}}{137}\right)^4 - 2.6 - \ln(CSR_{M_w=7.5,\sigma'_{vc}=1atm})}{0.2}\right]$$

$$\tag{B.19}$$

式中，P_L 为液化概率，16% 为临界概率值，当大于该值时，认为液化发生，反之不发生；$\Phi(\cdot)$ 为标准正态分布的分布函数。

（3）MO 模型

Moss[399] 基于贝叶斯更新方法，采用静力触探数据提出了一个鲁棒的概率液化预测模型，在本研究中简称其为 MO 模型。该模型可以考虑参数和模型的不确定性。该概率预测方程为：

$$P_L = \Phi\left(-\frac{q_{c1}^{1.045} + q_{c1}(0.11R_f) + (0.11R_f) + c(1+0.85R_f) - 7.177 \cdot}{\ln(CSR) - 0.848\ln(M_w) - 0.002\ln(\sigma'_v) - 20.923} {1.632}\right) \tag{B.20}$$

式中，P_L 的临界值取 15%；R_f 为静力触探的摩阻比，等于侧壁的摩擦力和锥尖阻力之比；q_{c1} 为标准化的锥尖阻力。CSR 可以根据式(1.1)进行计算，但 r_d 需采用下列公式进行计算：

$$r_d = \begin{cases} \dfrac{1 + \dfrac{-9.147 - 4.173a_{max} + 0.652M_w}{10.567 + 0.089e^{0.089(-3.28d - 7.76a_{max} + 78.576)}}}{1 + \dfrac{-9.147 - 4.173a_{max} + 0.652M_w}{10.567 + 0.089e^{0.089(-7.76a_{max} + 78.576)}}} & d < 20m \\[6mm] \dfrac{1 + \dfrac{-9.147 - 4.173a_{max} + 0.652M_w}{10.567 + 0.089e^{0.089(-3.28d - 7.76a_{max} + 78.576)}}}{1 + \dfrac{-9.147 - 4.173a_{max} + 0.652M_w}{10.567 + 0.089e^{0.089(-7.76a_{max} + 78.576)}}} - 0.0014(3.28d - 65) & d \geqslant 20m \end{cases}$$

$$\tag{B.21}$$

式中，d 为关键土层的中心点埋深。

标准化的锥尖阻力 q_{c1} 的计算公式为：

$$q_{c1} = \left(\frac{P_a}{\sigma'_v}\right)^c q_c \tag{B.22}$$

$$c = 0.78(q_c)^{-0.33}\left(\frac{R_f}{|(\log(10 + q_c))^{1.21}|}\right)^{0.32(q_c)^{-0.35} - 0.49} \tag{B.23}$$

（4）A&S 模型

Andrus 和 Stokoe[37] 基于 I&B 模型的思想，采用剪切波速数据建立一个液化预测模型，在本研究中简称其为 A&S 模型。该模型中的 CSR 只考虑了震级的修正，其计算公式为：

$$CSR_{M_w=7.5} = 0.65r_d\frac{\sigma_v}{\sigma'_v}\frac{a_{max}}{g}\frac{1}{MSF} \tag{B.24}$$

$$r_d = \begin{cases} 1.0 - 0.00765z & z \leqslant 9.15\text{m} \\ 1.174 - 0.0267z & 9.15\text{m} < z \leqslant 23\text{m} \\ 0.744 - 0.008z & 23\text{m} < z \leqslant 30\text{m} \end{cases} \tag{B.25}$$

$$\text{MSF} = (M_w/7.5)^{-2.56} \tag{B.26}$$

CRR 的计算公式为:

$$\text{CRR} = 0.022(V_{slcs}/100)^2 + 2.8[1/(215 - V_{slcs}) - (1/215)] \tag{B.27}$$

式中，V_{slcs} 为等效为纯砂土的剪切波速，即考虑了细粒含量的修正，其计算公式为[457]：

$$V_{slcs} = K_{cs}V_{sl} \tag{B.28}$$

式中，V_{sl} 为考虑上覆有效应力的剪切波速，其极限值取 210m/s；K_{cs} 为考虑细粒含量的修正系数。V_{sl} 的计算公式为：

$$V_{sl} = V_s(P_a/\sigma_v')^{0.25} \tag{B.29}$$

K_{cs} 的计算公式为：

$$K_{cs} = \begin{cases} 1 & \text{FC} \leqslant 5\% \\ 1 + (\text{FC} - 5)T & 5\% < \text{FC} < 35\% \\ 1 + 30T & \text{FC} \geqslant 35\% \end{cases} \tag{B.30}$$

$$T = 0.009 - 0.0109\left(\frac{V_{sl}}{100}\right) + 0.0038\left(\frac{V_{sl}}{100}\right)^2 \tag{B.31}$$

同样地，将式（B.24）和式（B.27）代入式（B.1）就可以进行地震液化的预测。Juang 等[55] 采用贝叶斯更新方法对该模型进行了变换，使其成为一个概率预测公式：

$$P_L(F_S) = \frac{1}{1 + (F_S/0.73)^{3.4}} \tag{B.32}$$

式中，P_L 的临界值为 0.26，大于该值则为液化，反之为不液化。

（5）KA 模型

Kayen 等[116] 基于剪切波速数据，采用贝叶斯回归和可靠度方法建立了一个液化概率预测模型，在本研究中简称其为 KA 模型。他们认为剪切波速和细粒含量相关性很小，故不需要对 V_s 进行细粒含量修正，但需要考虑上覆有效应力的修正，可采用式（B.29）计算。CSR 可以根据式（1.2）进行计算，但公式中的 r_d 可根据下列公式计算：

$$r_d = \frac{1 + \dfrac{-23.013 - 2.949a_{max} + 0.999M_w + 0.0525V_{s,12m}^*}{16.258 + 0.201e^{0.341(-d + 0.0785V_{s,12m}^* + 7.586)}}}{1 + \dfrac{-23.013 - 2.949a_{max} + 0.999M_w + 0.0525V_{s,12m}^*}{16.258 + 0.201e^{0.341(0.0785V_{s,12m}^* + 7.586)}}} \pm \sigma_{\varepsilon r_d} \tag{B.33}$$

式中，$V_{s,12m}^*$ 为 12.2m 埋深的土层平均剪切波速，表示场地的刚度，但如果很难得到该变量值时，可以在 150～200m/s 之间取值；$\sigma_{\varepsilon r_d}$ 是 r_d 的标准差，其计算公式为：

$$\sigma_{\varepsilon r_d} = \begin{cases} 0.0198d^{0.85} & d < 12.2\text{m} \\ 0.0198 \cdot 12.2^{0.85} & d \geqslant 12.2\text{m} \end{cases} \tag{B.34}$$

Kayen 等[116] 通过大量剪切波速数据得出液化的概率计算公式为：

$$P_L = \Phi\left(\frac{-(0.0073V_{sl})^{2.8011} + 1.946\ln(\text{CSR}) + 2.6168\ln(M_w) + 0.0099\ln(\sigma_v') - 0.0028\text{FC}}{0.4809}\right) \tag{B.35}$$

式中，P_L 的临界值为 0.15，大于该值则为液化，反之为未液化。

附录 C

FEM-FDM 耦合有限元方法简介

（1）动力方程的离散

基于 Biot 的理论，饱和土的平衡方程推导为：

$$\boldsymbol{\sigma}_{ij,j} + \rho \boldsymbol{b}_i - \rho \ddot{\boldsymbol{u}}_i^s = 0 \qquad (C.1)$$

式中，$\boldsymbol{\sigma}_{ij}$ 是 Cauchy 全应力张量；ρ 是水土混合体密度；$\boldsymbol{b}_i$ 是体积分布力；$\ddot{\boldsymbol{u}}_i^s$ 是固体的加速度矢量。饱和土的连续性方程推导为：

$$p^f \ddot{\boldsymbol{u}}_{ii}^s - p_{d,ii} - \frac{\gamma_w}{k}\left(\dot{\varepsilon}_{ii}^s - \frac{n}{K^f}\dot{P}_d\right) = 0 \qquad (C.2)$$

式中，p^f 是水的密度；$p_{d,ii}$ 是孔隙水压力；γ_w 是孔隙水的单位重度；k 是土的渗透系数；$\dot{\varepsilon}_{ii}^s$ 是土的体积应变率；n 是孔隙率；K^f 是孔隙水的体积模量。式（C.1）和式（C.2）分别通过有限单元方法（FEM）和有限差分方法（FDM）在空间域中进行离散化。表达式如下：

$$\boldsymbol{M}\ddot{\boldsymbol{u}}_N + \boldsymbol{C}\dot{\boldsymbol{u}}_N + \boldsymbol{K}\Delta\boldsymbol{u}_N + \boldsymbol{K}_v P_{dE} = \boldsymbol{F}_d - \boldsymbol{R}_d \qquad (C.3)$$

$$\rho^f [\boldsymbol{K}_v]^T \ddot{\boldsymbol{u}}_N - \frac{\gamma_w}{nk}[\boldsymbol{K}_v]^T \dot{\boldsymbol{u}}_N - \alpha P_{dE} - \sum_{i=1}^m \alpha_i P_{dEi} + \dot{P}_{dE}\int_v \frac{n\gamma_w}{kK^f}dv = 0 \qquad (C.4)$$

式中，$\boldsymbol{M}$、$\boldsymbol{C}$ 和 $\boldsymbol{K}$ 分别是质量、瑞利阻尼和刚度矩阵；$\boldsymbol{K}_v$ 是随体积变化的刚度矢量；$\ddot{\boldsymbol{u}}_N$、$\dot{\boldsymbol{u}}_N$ 和 $\boldsymbol{u}_N$ 分别是节点的加速度、速度和位移矩阵；P_{dE} 是单元重心的动孔隙水压力；$\boldsymbol{F}_d$ 是外力的合力；$\boldsymbol{R}_d$ 是土骨架和孔隙水之间的相互作用力；α 由相邻两个单元的重心和单元某一边的两个节点分别在 x、y 方向上的距离确定，公式为 $\alpha = \sum_{i=1}^m \alpha_i = \sum_{i=1}^m \left(\frac{-s_{xi}b_{yi} + s_{yi}b_{xi}}{s_{xi}^2 + s_{yi}^2}\right)$，其中，$m$ 为单元数。式（C.3）和式（C.4）的解可以通过使用 Newmark-β 方法在时域中进行离散来获得。

为了考虑黏滞阻尼，使用 $\boldsymbol{M}$ 和 $\boldsymbol{K}$ 的线性组合将瑞利阻尼 $\boldsymbol{C}$ 结合到上述方程中，表达式如下：

$$\boldsymbol{C} = \alpha_0 \boldsymbol{M} + \alpha_1 \boldsymbol{K} \qquad (C.5)$$

式中，α_0 和 α_1 为常数，可以从系统的一次及二次固有圆振频率求得。

（2）砂土的本构模型

在本研究的本构模型中，屈服面 f、正常固结边界面 f_b、塑性势面 f_p 以及非线性硬化变量 dX_{ij} 的方程可以表达如下：

$$f = |\eta_{ij} - X_{ij}| - k_s = 0 \qquad (C.6)$$

$$f_b = |\eta_{ij}| + M_m \ln(\sigma'_m/\sigma'_{me}) = 0 \tag{C.7}$$

$$f_p = |\eta_{ij} - X_{ij}| + M_s \ln(\sigma'_m/\sigma'_{me}) = 0 \tag{C.8}$$

$$dX_{ij} = B(M_f de^p_{ij} - X_{ij} de^p) \tag{C.9}$$

式中，η_{ij} 是应力比，$\eta_{ij} = S_{ij}/\sigma'_m$，其中 S_{ij} 和 σ'_m 分别是偏应力和平均有效应力；σ'_{me} 是等压固结后的平均有效应力；k_s 是屈服面的斜率；M_m、M_s、M_f 和 B 是材料参数，分别代表转点应力比、极限应力比和硬化参数，可从三轴试验中获得；X_{ij} 是材料的动态硬化状态；de^p_{ij} 为塑性应变增量。

附录 D

人工岛数值模拟算例汇总

算例编号	震级	震中距 (km)	峰值加速度 (gal)	持续时间 (s)	砂土层埋深(m)	砂土层厚度(m)	地下水位 (m)	上覆有效应力(kPa)	超固结比	初始孔隙比	渗透系数 (m/s)	黏粒含量 (%)	抗液化措施类别
1	5.9	6.90	465.6	15.2	10	10	0	188.718	1.0	1.3	2.0×10^{-5}	0	无
2	6.9	97.70	155.9	5.0	10	10	0	188.718	1.0	1.3	2.0×10^{-5}	0	无
3	7.3	16.50	891.0	22.3	10	10	0	188.718	1.0	1.3	2.0×10^{-5}	0	无
4	7.3	44.90	80.9	13.2	10	10	0	188.718	1.0	1.3	2.0×10^{-5}	0	无
5	7.6	15.07	639.0	59.2	10	10	0	188.718	1.0	1.3	2.0×10^{-5}	0	无
6	7.6	45.99	68.0	36.6	10	10	0	188.718	1.0	1.3	2.0×10^{-5}	0	无
7	9.0	324.90	856.0	124.0	10	10	0	188.718	1.0	1.3	2.0×10^{-5}	0	无
8	9.0	370.80	168.2	65.6	10	10	0	188.718	1.0	1.3	2.0×10^{-5}	0	无
9	5.9	6.90	465.6	15.2	10	6	0	188.718	1.0	1.3	2.0×10^{-5}	0	无
10	6.9	97.70	155.9	5.0	10	6	0	188.718	1.0	1.3	2.0×10^{-5}	0	无
11	7.3	16.50	891.0	22.3	10	6	0	188.718	1.0	1.3	2.0×10^{-5}	0	无
12	7.3	44.90	80.9	13.2	10	6	0	188.718	1.0	1.3	2.0×10^{-5}	0	无
13	7.6	15.07	639.0	59.2	10	6	0	188.718	1.0	1.3	2.0×10^{-5}	0	无
14	7.6	45.99	68.0	36.6	10	6	0	188.718	1.0	1.3	2.0×10^{-5}	0	无

续表

算例编号	震级	震中距(km)	峰值加速度(gal)	持续时间(s)	砂土层埋深(m)	砂土层厚度(m)	地下水位(m)	上覆有效应力(kPa)	超固结比	初始孔隙比	渗透系数(m/s)	黏粒含量(%)	抗液化措施类别
15	9.0	324.90	856.0	124.0	10	6	0	188.718	1.0	1.3	2.0×10^{-5}	0	无
16	9.0	370.80	168.2	65.6	10	6	0	188.718	1.0	1.3	2.0×10^{-5}	0	无
17	5.9	6.90	465.6	15.2	10	4	0	188.718	1.0	1.3	2.0×10^{-5}	0	无
18	6.9	97.70	155.9	5.0	10	4	0	188.718	1.0	1.3	2.0×10^{-5}	0	无
19	7.3	16.50	891.0	22.3	10	4	0	188.718	1.0	1.3	2.0×10^{-5}	0	无
20	7.3	44.90	80.9	13.2	10	4	0	188.718	1.0	1.3	2.0×10^{-5}	0	无
21	7.6	15.07	639.0	59.2	10	4	0	188.718	1.0	1.3	2.0×10^{-5}	0	无
22	7.6	45.99	68.0	36.6	10	4	0	188.718	1.0	1.3	2.0×10^{-5}	0	无
23	9.0	324.90	856.0	124.0	10	4	0	188.718	1.0	1.3	2.0×10^{-5}	0	无
24	9.0	370.80	168.2	65.6	10	4	0	188.718	1.0	1.3	2.0×10^{-5}	0	无
25	5.9	6.90	465.6	15.2	10	4	1.1	174.435	1.0	1.3	2.0×10^{-5}	0	无
26	6.9	97.70	155.9	5.0	10	4	1.1	174.435	1.0	1.3	2.0×10^{-5}	0	无
27	7.3	16.50	891.0	22.3	10	4	1.1	174.435	1.0	1.3	2.0×10^{-5}	0	无
28	7.3	44.90	80.9	13.2	10	4	1.1	174.435	1.0	1.3	2.0×10^{-5}	0	无
29	7.6	15.07	639.0	59.2	10	4	1.1	174.435	1.0	1.3	2.0×10^{-5}	0	无
30	7.6	45.99	68.0	36.6	10	4	1.1	174.435	1.0	1.3	2.0×10^{-5}	0	无
31	9.0	324.90	856.0	124.0	10	4	1.1	174.435	1.0	1.3	2.0×10^{-5}	0	无
32	9.0	370.80	168.2	65.6	10	4	1.1	174.435	1.0	1.3	2.0×10^{-5}	0	无
33	5.9	6.90	465.6	15.2	10	4	-0.8	195.141	1.0	1.3	2.0×10^{-5}	0	无
34	6.9	97.70	155.9	5.0	10	4	-0.8	195.141	1.0	1.3	2.0×10^{-5}	0	无
35	7.3	16.50	891.0	22.3	10	4	-0.8	195.141	1.0	1.3	2.0×10^{-5}	0	无
36	7.3	44.90	80.9	13.2	10	4	-0.8	195.141	1.0	1.3	2.0×10^{-5}	0	无

续表

算例编号	震级	震中距 (km)	峰值加速度 (gal)	持续时间 (s)	砂土层埋深(m)	砂土层厚度(m)	地下水位(m)	上覆有效应力(kPa)	超固结比	初始孔隙比	渗透系数(m/s)	黏粒含量(%)	抗液化措施类别
37	7.6	15.07	639.0	59.2	10	4	−0.8	195.141	1.0	1.3	2.0×10^{-5}	0	无
38	7.6	45.99	68.0	36.6	10	4	−0.8	195.141	1.0	1.3	2.0×10^{-5}	0	无
39	9.0	324.90	856.0	124.0	10	4	−0.8	195.141	1.0	1.3	2.0×10^{-5}	0	无
40	9.0	370.80	168.2	65.6	10	4	−0.8	195.141	1.0	1.3	2.0×10^{-5}	0	无
41	5.9	6.90	465.6	15.2	10	4	0	188.718	0.8	0.85	3.6×10^{-5}	0	无
42	6.9	97.70	155.9	5.0	10	4	0	188.718	0.8	0.85	3.6×10^{-5}	0	无
43	7.3	16.50	891.0	22.3	10	4	0	188.718	0.8	0.85	3.6×10^{-5}	0	无
44	7.3	44.90	80.9	13.2	10	4	0	188.718	0.8	0.85	3.6×10^{-5}	0	无
45	7.6	15.07	639.0	59.2	10	4	0	188.718	0.8	0.85	3.6×10^{-5}	0	无
46	7.6	45.99	68.0	36.6	10	4	0	188.718	0.8	0.85	3.6×10^{-5}	0	无
47	9.0	324.90	856.0	124.0	10	4	0	188.718	0.8	0.85	3.6×10^{-5}	0	无
48	9.0	370.80	168.2	65.6	10	4	0	188.718	0.8	0.85	3.6×10^{-5}	0	无
49	5.9	6.90	465.6	15.2	10	4	0	188.718	1.0	0.456	9.0×10^{-6}	10	无
50	6.9	97.70	155.9	5.0	10	4	0	188.718	1.0	0.456	9.0×10^{-6}	10	无
51	7.3	16.50	891.0	22.3	10	4	0	188.718	1.0	0.456	9.0×10^{-6}	10	无
52	7.3	44.90	80.9	13.2	10	4	0	188.718	1.0	0.456	9.0×10^{-6}	10	无
53	7.6	15.07	639.0	59.2	10	4	0	188.718	1.0	0.456	9.0×10^{-6}	10	无
54	7.6	45.99	68.0	36.6	10	4	0	188.718	1.0	0.456	9.0×10^{-6}	10	无
55	9.0	324.90	856.0	124.0	10	4	0	188.718	1.0	0.456	9.0×10^{-6}	10	无
56	9.0	370.80	168.2	65.6	10	4	0	188.718	1.0	0.456	9.0×10^{-6}	10	无
57	5.9	6.90	465.6	15.2	10	4	0	188.718	1.0	0.456	1.2×10^{-6}	15	无
58	6.9	97.70	155.9	5.0	10	4	0	188.718	1.0	0.456	1.2×10^{-6}	15	无

续表

算例编号	震级	震中距(km)	峰值加速度(gal)	持续时间(s)	砂土层埋深(m)	砂土层厚度(m)	地下水位(m)	上覆有效应力(kPa)	超固结比	初始孔隙比	渗透系数(m/s)	黏粒含量(%)	抗液化措施类别
59	7.3	16.50	891.0	22.3	10	4	0	188.718	1.0	0.456	1.2×10^{-6}	15	无
60	7.3	44.90	80.9	13.2	10	4	0	188.718	1.0	0.456	1.2×10^{-6}	15	无
61	7.6	15.07	639.0	59.2	10	4	0	188.718	1.0	0.456	1.2×10^{-6}	15	无
62	7.6	45.99	68.0	36.6	10	4	0	188.718	1.0	0.456	1.2×10^{-6}	15	无
63	9.0	324.90	856.0	124.0	10	4	0	188.718	1.0	0.456	1.2×10^{-6}	15	无
64	9.0	370.80	168.2	65.6	10	4	0	188.718	1.0	0.456	1.2×10^{-6}	15	无
65	5.9	6.90	465.6	15.2	10	4	0	188.718	1.0	0.456	6.8×10^{-5}	5	无
66	6.9	97.70	155.9	5.0	10	4	0	188.718	1.0	0.456	6.8×10^{-5}	5	无
67	7.3	16.50	891.0	22.3	10	4	0	188.718	1.0	0.456	6.8×10^{-5}	5	无
68	7.3	44.90	80.9	13.2	10	4	0	188.718	1.0	0.456	6.8×10^{-5}	5	无
69	7.6	15.07	639.0	59.2	10	4	0	188.718	1.0	0.456	6.8×10^{-5}	5	无
70	7.6	45.99	68.0	36.6	10	4	0	188.718	1.0	0.456	6.8×10^{-5}	5	无
71	9.0	324.90	856.0	124.0	10	4	0	188.718	1.0	0.456	6.8×10^{-5}	5	无
72	9.0	370.80	168.2	65.6	10	4	0	188.718	1.0	0.456	6.8×10^{-5}	5	无
73	5.9	6.90	465.6	15.2	4	6	0	151.954	1.0	1.3	2.0×10^{-5}	0	无
74	6.9	97.70	155.9	5.0	4	6	0	151.954	1.0	1.3	2.0×10^{-5}	0	无
75	7.3	16.50	891.0	22.3	4	6	0	151.954	1.0	1.3	2.0×10^{-5}	0	无
76	7.3	44.90	80.9	13.2	4	6	0	151.954	1.0	1.3	2.0×10^{-5}	0	无
77	7.6	15.07	639.0	59.2	4	6	0	151.954	1.0	1.3	2.0×10^{-5}	0	无
78	7.6	45.99	68.0	36.6	4	6	0	151.954	1.0	1.3	2.0×10^{-5}	0	无
79	9.0	324.90	856.0	124.0	4	6	0	151.954	1.0	1.3	2.0×10^{-5}	0	无
80	9.0	370.80	168.2	65.6	4	6	0	151.954	1.0	1.3	2.0×10^{-5}	0	无

续表

算例编号	震级	震中距 (km)	峰值加速度 (gal)	持续时间 (s)	砂土层埋深 (m)	砂土层厚度 (m)	地下水位 (m)	上覆有效应力 (kPa)	超固结比	初始孔隙比	渗透系数 (m/s)	黏粒含量 (%)	抗液化措施类别
81	5.9	6.90	465.6	15.2	4	6	0	206.245	1.0	1.3	2.0×10^{-5}	0	增加盖重
82	6.9	97.70	155.9	5.0	4	6	0	206.245	1.0	1.3	2.0×10^{-5}	0	增加盖重
83	7.3	16.50	891.0	22.3	4	6	0	206.245	1.0	1.3	2.0×10^{-5}	0	增加盖重
84	7.3	44.90	80.9	13.2	4	6	0	206.245	1.0	1.3	2.0×10^{-5}	0	增加盖重
85	7.6	15.07	639.0	59.2	4	6	0	206.245	1.0	1.3	2.0×10^{-5}	0	增加盖重
86	7.6	45.99	68.0	36.6	4	6	0	206.245	1.0	1.3	2.0×10^{-5}	0	增加盖重
87	9.0	324.90	856.0	124.0	4	6	0	206.245	1.0	1.3	2.0×10^{-5}	0	增加盖重
88	9.0	370.80	168.2	65.6	4	6	0	206.245	1.0	1.3	2.0×10^{-5}	0	增加盖重
89	5.9	6.90	465.6	15.2	4	6	0	151.954	1.0	1.3	2.0×10^{-5}	0	碎石桩
90	6.9	97.70	155.9	5.0	4	6	0	151.954	1.0	1.3	2.0×10^{-5}	0	碎石桩
91	7.3	16.50	891.0	22.3	4	6	0	151.954	1.0	1.3	2.0×10^{-5}	0	碎石桩
92	7.3	44.90	80.9	13.2	4	6	0	151.954	1.0	1.3	2.0×10^{-5}	0	碎石桩
93	7.6	15.07	639.0	59.2	4	6	0	151.954	1.0	1.3	2.0×10^{-5}	0	碎石桩
94	7.6	45.99	68.0	36.6	4	6	0	151.954	1.0	1.3	2.0×10^{-5}	0	碎石桩
95	9.0	324.90	856.0	124.0	4	6	0	151.954	1.0	1.3	2.0×10^{-5}	0	碎石桩
96	9.0	370.80	168.2	65.6	4	6	0	151.954	1.0	1.3	2.0×10^{-5}	0	碎石桩
97	5.9	6.90	465.6	15.2	4	6	0	151.954	1.0	1.3	2.0×10^{-5}	0	围封墙
98	6.9	97.70	155.9	5.0	4	6	0	151.954	1.0	1.3	2.0×10^{-5}	0	围封墙
99	7.3	16.50	891.0	22.3	4	6	0	151.954	1.0	1.3	2.0×10^{-5}	0	围封墙
100	7.3	44.90	80.9	13.2	4	6	0	151.954	1.0	1.3	2.0×10^{-5}	0	围封墙
101	7.6	15.07	639.0	59.2	4	6	0	151.954	1.0	1.3	2.0×10^{-5}	0	围封墙
102	7.6	45.99	68.0	36.6	4	6	0	151.954	1.0	1.3	2.0×10^{-5}	0	围封墙

续表

算例编号	震级	震中距(km)	峰值加速度(gal)	持续时间(s)	砂土层埋深(m)	砂土层厚度(m)	地下水位(m)	上覆有效应力(kPa)	超固结比	初始孔隙比	渗透系数(m/s)	黏粒含量(%)	抗液化措施类别
103	9.0	324.90	856.0	124.0	4	6	0	151.954	1.0	1.3	2.0×10^{-5}	0	围封墙
104	9.0	370.80	168.2	65.6	4	6	0	151.954	1.0	1.3	2.0×10^{-5}	0	围封墙
105	5.9	6.90	465.6	15.2	4	6	0	151.954	1.5	0.35	1.0×10^{-5}	0	爆炸加密
106	6.9	97.70	155.9	5.0	4	6	0	151.954	1.5	0.35	1.0×10^{-5}	0	爆炸加密
107	7.3	16.50	891.0	22.3	4	6	0	151.954	1.5	0.35	1.0×10^{-5}	0	爆炸加密
108	7.3	44.90	80.9	13.2	4	6	0	151.954	1.5	0.35	1.0×10^{-5}	0	爆炸加密
109	7.6	15.07	639.0	59.2	4	6	0	151.954	1.5	0.35	1.0×10^{-5}	0	爆炸加密
110	7.6	45.99	68.0	36.6	4	6	0	151.954	1.5	0.35	1.0×10^{-5}	0	爆炸加密
111	9.0	324.90	856.0	124.0	4	6	0	151.954	1.5	0.35	1.0×10^{-5}	0	爆炸加密
112	9.0	370.80	168.2	65.6	4	6	0	151.954	1.5	0.35	1.0×10^{-5}	0	爆炸加密
113	5.9	6.90	465.6	15.2	4	6	0	206.245	1.0	0.456	8.9×10^{-5}	0	碎石桩+盖重
114	6.9	97.70	155.9	5.0	4	6	0	206.245	1.0	0.456	8.9×10^{-5}	0	碎石桩+盖重
115	7.3	16.50	891.0	22.3	4	6	0	206.245	1.0	0.456	8.9×10^{-5}	0	碎石桩+盖重
116	7.3	44.90	80.9	13.2	4	6	0	206.245	1.0	0.456	8.9×10^{-5}	0	碎石桩+盖重
117	7.6	15.07	639.0	59.2	4	6	0	206.245	1.0	0.456	8.9×10^{-5}	0	碎石桩+盖重
118	7.6	45.99	68.0	36.6	4	6	0	206.245	1.0	0.456	8.9×10^{-5}	0	碎石桩+盖重
119	9.0	324.90	856.0	124.0	4	6	0	206.245	1.0	0.456	8.9×10^{-5}	0	碎石桩+盖重
120	9.0	370.80	168.2	65.6	4	6	0	206.245	1.0	0.456	8.9×10^{-5}	0	碎石桩+盖重
121	5.9	6.90	465.6	15.2	4	6	0	206.245	1.0	0.456	8.9×10^{-5}	0	围封墙+盖重
122	6.9	97.70	155.9	5.0	4	6	0	206.245	1.0	0.456	8.9×10^{-5}	0	围封墙+盖重
123	7.3	16.50	891.0	22.3	4	6	0	206.245	1.0	0.456	8.9×10^{-5}	0	围封墙+盖重
124	7.3	44.90	80.9	13.2	4	6	0	206.245	1.0	0.456	8.9×10^{-5}	0	围封墙+盖重

续表

算例编号	震级	震中距(km)	峰值加速度(gal)	持续时间(s)	砂土层埋深(m)	砂土层厚度(m)	地下水位(m)	上覆有效应力(kPa)	超固结比	初始孔隙比	渗透系数(m/s)	黏粒含量(%)	抗液化措施类别
125	7.6	15.07	639.0	59.2	4	6	0	206.245	1.0	0.456	8.9×10^{-5}	0	雨封墙+盖重
126	7.6	45.99	68.0	36.6	4	6	0	206.245	1.0	0.456	8.9×10^{-5}	0	雨封墙+盖重
127	9.0	324.90	856.0	124.0	4	6	0	206.245	1.0	0.456	8.9×10^{-5}	0	雨封墙+盖重
128	9.0	370.80	168.2	65.6	4	6	0	206.245	1.0	0.456	8.9×10^{-5}	0	雨封墙+盖重
129	5.9	6.90	465.6	15.2	4	6	0	206.245	1.5	0.195	1.2×10^{-6}	0	爆炸加密+盖重
130	6.9	97.70	155.9	5.0	4	6	0	206.245	1.5	0.195	1.2×10^{-6}	0	爆炸加密+盖重
131	7.3	16.50	891.0	22.3	4	6	0	206.245	1.5	0.195	1.2×10^{-6}	0	爆炸加密+盖重
132	7.3	44.90	80.9	13.2	4	6	0	206.245	1.5	0.195	1.2×10^{-6}	0	爆炸加密+盖重
133	7.6	15.07	639.0	59.2	4	6	0	206.245	1.5	0.195	1.2×10^{-6}	0	爆炸加密+盖重
134	7.6	45.99	68.0	36.6	4	6	0	206.245	1.5	0.195	1.2×10^{-6}	0	爆炸加密+盖重
135	9.0	324.90	856.0	124.0	4	6	0	206.245	1.5	0.195	1.2×10^{-6}	0	爆炸加密+盖重
136	9.0	370.80	168.2	65.6	4	6	0	206.245	1.5	0.195	1.2×10^{-6}	0	爆炸加密+盖重
137	5.9	6.90	465.6	15.2	4	6	0	151.954	1.5	0.195	1.2×10^{-6}	0	爆炸加密+碎石桩
138	6.9	97.70	155.9	5.0	4	6	0	151.954	1.5	0.195	1.2×10^{-6}	0	爆炸加密+碎石桩
139	7.3	16.50	891.0	22.3	4	6	0	151.954	1.5	0.195	1.2×10^{-6}	0	爆炸加密+碎石桩
140	7.3	44.90	80.9	13.2	4	6	0	151.954	1.5	0.195	1.2×10^{-6}	0	爆炸加密+碎石桩
141	7.6	15.07	639.0	59.2	4	6	0	151.954	1.5	0.195	1.2×10^{-6}	0	爆炸加密+碎石桩
142	7.6	45.99	68.0	36.6	4	6	0	151.954	1.5	0.195	1.2×10^{-6}	0	爆炸加密+碎石桩
143	9.0	324.90	856.0	124.0	4	6	0	151.954	1.5	0.195	1.2×10^{-6}	0	爆炸加密+碎石桩
144	9.0	370.80	168.2	65.6	4	6	0	151.954	1.5	0.195	1.2×10^{-6}	0	爆炸加密+碎石桩
145	5.9	6.90	465.6	15.2	4	6	0	151.954	1.5	0.195	1.2×10^{-6}	0	爆炸加密+雨封墙
146	6.9	97.70	155.9	5.0	4	6	0	151.954	1.5	0.195	1.2×10^{-6}	0	爆炸加密+雨封墙

续表

算例编号	震级	震中距 (km)	峰值加速度 (gal)	持续时间 (s)	砂土层埋深 (m)	砂土层厚度 (m)	地下水位 (m)	上覆有效应力 (kPa)	超固结比	初始孔隙比	渗透系数 (m/s)	黏粒含量 (%)	抗液化措施类别
147	7.3	16.50	891.0	22.3	4	6	0	151.954	1.5	0.195	1.2×10^{-6}	0	爆炸加密+围封墙
148	7.3	44.90	80.9	13.2	4	6	0	151.954	1.5	0.195	1.2×10^{-6}	0	爆炸加密+围封墙
149	7.6	15.07	639.0	59.2	4	6	0	151.954	1.5	0.195	1.2×10^{-6}	0	爆炸加密+围封墙
150	7.6	45.99	68.0	36.6	4	6	0	151.954	1.5	0.195	1.2×10^{-6}	0	爆炸加密+围封墙
151	9.0	324.90	856.0	124.0	4	6	0	151.954	1.5	0.195	1.2×10^{-6}	0	爆炸加密+围封墙
152	9.0	370.80	168.2	65.6	4	6	0	206.245	1.5	0.195	1.2×10^{-6}	0	爆炸加密+围封墙
153	5.9	6.90	465.6	15.2	10	10	0	206.245	1.5	0.35	1.0×10^{-5}	0	盖重+碎石桩+加密
154	6.9	97.70	155.9	5.0	10	10	0	206.245	1.5	0.35	1.0×10^{-5}	0	盖重+碎石桩+加密
155	7.3	16.50	891.0	22.3	10	10	0	206.245	1.5	0.35	1.0×10^{-5}	0	盖重+碎石桩+加密
156	7.3	44.90	80.9	13.2	10	10	0	206.245	1.5	0.35	1.0×10^{-5}	0	盖重+碎石桩+加密
157	7.6	15.07	639.0	59.2	10	10	0	206.245	1.5	0.35	1.0×10^{-5}	0	盖重+碎石桩+加密
158	7.6	45.99	68.0	36.6	10	10	0	206.245	1.5	0.35	1.0×10^{-5}	0	盖重+碎石桩+加密
159	9.0	324.90	856.0	124.0	10	10	0	206.245	1.5	0.35	1.0×10^{-5}	0	盖重+碎石桩+加密
160	9.0	370.80	168.2	65.6	10	10	0	206.245	1.5	0.35	1.0×10^{-5}	0	盖重+碎石桩+加密
161	5.9	6.90	465.6	15.2	10	10	0	206.245	1.5	0.35	1.0×10^{-5}	0	盖重+围封墙+加密
162	6.9	97.70	155.9	5.0	10	10	0	206.245	1.5	0.35	1.0×10^{-5}	0	盖重+围封墙+加密
163	7.3	16.50	891.0	22.3	10	10	0	206.245	1.5	0.35	1.0×10^{-5}	0	盖重+围封墙+加密
164	7.3	44.90	80.9	13.2	10	10	0	206.245	1.5	0.35	1.0×10^{-5}	0	盖重+围封墙+加密
165	7.6	15.07	639.0	59.2	10	10	0	206.245	1.5	0.35	1.0×10^{-5}	0	盖重+围封墙+加密
166	7.6	45.99	68.0	36.6	10	10	0	206.245	1.5	0.35	1.0×10^{-5}	0	盖重+围封墙+加密
167	9.0	324.90	856.0	124.0	10	10	0	206.245	1.5	0.35	1.0×10^{-5}	0	盖重+围封墙+加密
168	9.0	370.80	168.2	65.6	10	10	0	206.245	1.5	0.35	1.0×10^{-5}	0	盖重+围封墙+加密

参 考 文 献

[1] 汪闻韶. 土的液化机理 [J]. 水利学报, 1981, 11 (5): 22-34.

[2] Terzaghi Karl, Peck Ralph B, Gholamreza M. Soil mechanics in engineering practice [M]. New York: John Wiley and Sons, Inc, 1996.

[3] Mogami T, Kubo K. The behavior of soil during vibration [C]. In Proceedings of 3rd International Conference on Soil Mechanics and Foundation Engineering, Switzerland, 1953, 1: 152-153.

[4] 袁晓铭. 越来越凶狠的隐形杀手: 地震液化灾害 [M]. 北京: 中国发展研究中心, 2020.

[5] 姜伟, 李兆焱, 卢坤玉, 等. 5.28吉林松原地震液化特征初步分析 [J]. 地震工程与工程振动, 2019, 39 (3): 52-60.

[6] 1964年日本新潟地震. 建筑物不均匀沉降.

[7] 1964年美国阿拉斯加地震. 公路路面裂缝.

[8] 1995年日本阪神地震. 桥梁基础水平侧移.

[9] 1999年中国台湾集集地震. 堤防结构破坏.

[10] 1999年中国台湾集集地震. 室内喷砂冒水.

[11] Tobita T, Kan G C, Iai S. Uplift behavior of buried structures under strong shaking [C]. In: 7th International Conference on Physical Modeling in Geotechnics (ICPMG 2010), Zurich, 2010, 1439-1444.

[12] Seed R B, Cetin K O, Moss R E S, et al. Recent advances in soil liquefaction engineering: a unified and consistent framework [R]. No. EERC 2003-06, Long Beach, California: University of California, Berkeley, 2003.

[13] 张连文, 郭海鹏. 贝叶斯网引论 [M]. 北京: 科学出版社, 2006.

[14] Marcuson W F. Definition of terms related to liquefaction [J]. Journal of the Geotechnical Engineering Division, ASCE, 1978, 104 (9): 1197-1200.

[15] Seed H B, Lee K L. Liquefaction of saturation during cyclic loading [J]. Journal of the Soil Mechanics and Foundation Division, ASCE, 1966, 92 (6): 105-134.

[16] Casagrande A. Liquefaction and cyclic deformation of sands: a critical review [C]. Proc. of the Fifth Pan American Conference on Soil Mechanics and Foundation Engineering, Buens Aires, Argentina, 1975, 5: 80-133.

[17] Castro G. Liquefaction and cyclic mobility of saturated sand [J]. Journal of the Geotechnical Engineering Division, ASCE, 1975, 101 (6): 551-569.

[18] Castro G, Poulos J. Factors affecting liquefaction and cyclic mobility [J]. Journal of the Geological Engineering Division, 1977, 103 (6): 201-506.

[19] 谢定义. 土动力学 [M]. 北京: 高等教育出版社, 2011.

[20] Poulos S, Castro G, France J. Liquefaction evaluation procedure [J]. Journal of Geotechnical Engineering Division, ASCE, 1985, 111 (6): 772-792.

[21] Seed H B. Design problem in soil liquefaction [J]. Journal of Geotechnical Engineering Division, ASCE, 1987, 113 (8): 827-845.

[22] Castro G, Seed R B, Keller T O. Steady state strength analysis of Lower San Feranado dam slide [J]. Journal of Geotechnical Engineering, ASCE, 1992, 118 (3): 406-427.

[23] Kuhn M, Johnson K. Applied predictive modeling [M]. New York, NY: Springer New York. 2013.

［24］ Tang X W，Hu J L，Qiu J N. Identifying significant influence factors of seismic soil liquefaction and analyzing their structural relationship ［J］. KSCE Journal of Civil Engineering，2016，20：2655-2663.

［25］ Saikia R，Chetia M. Critical review on the parameters influencing liquefaction of soils ［J］. International Journal of Innovative Research in Science，Engineering and Technology，2014，3（4）：110-116.

［26］ Yao C R，Wang B，Liu Z Q，et al. Evaluation of liquefaction potential in saturated sand under different drainage boundary conditions—an energy approach ［J］. J. Mar. Sci. Eng.，2019，7（411）：1-15.

［27］ Chen L W，Yuan X M，Cao Z Z，et al. Characteristics and triggering conditions for naturally deposited gravelly soils that liquefied following the 2008 Wenchuan M_w 7.9 earthquake，China ［J］. Earthquake Spectra，2018，34（3）：1091-1111.

［28］ Seed H B，Idriss I M. Simplified procedure for evaluating soil liquefaction potential ［J］. Journal of the Soil Mechanics and Foundation Engineering Division，ASCE，1971，97（9）：1249-1273.

［29］ Dalvi A N，Pathak S R，Rajhans N R. Entropy analysis for identifying significant parameters for seismic soil liquefaction ［J］. Geomechanics & Geoengineering：An International Journal，2014，9（1）：1-8.

［30］ 朱淑莲. 唐山地震时砂土液化影响因素的统计分析 ［J］. 地震地质，1980，2（2）：79-80.

［31］ 盛俭，袁晓铭，王禹萌，等. 岩土震害影响因子权重研究——以砂土液化为例 ［J］. 自然灾害学报，2012，21（2）：76-82.

［32］ NCEER. National Center for Earthquake Engineering Research ［R］. New York：University of Buffalo，1997.

［33］ Youd T L，Idriss I M，Andrus R D，et al. Liquefaction resistance of soils：summary report from the 1996 NCEER and 1998 NCEER/NSF workshops on evaluation of liquefaction resistance of soils ［J］. Journal of Geotechnical and Geoenvironmental Engineering，2001，127（10）：817-833.

［34］ Seed H B，Tokimatsu K，Harder L F，et al. Influence of SPT Procedures in Soil Liquefaction Resistance Evaluation ［J］. Journal of Geotechnical Engineering，ASCE，1985，111（12）：1425-1445.

［35］ Robertson P，Wride C. Evaluating cyclic liquefaction potential using the cone penetration test ［J］. Canadian Geotechnical Journal，1998，35（3）：442-459.

［36］ Andrus R D，Stokoe K H. Liquefaction resistance based on shear wave velocity ［R］. NCEER-97-0022，New York：National Center for Earthquake Engineering，1997.

［37］ Andrus R D，Stokoe K H. Liquefaction resistance of soils from shear-wave velocity ［J］. Journal of Geotechnical and Geoenvironmental Engineering，2000，126（11）：1015-1025.

［38］ Harder L F. Application of the Becker penetration test for evaluating the liquefaction potential of gravelly soils ［C］. Proc. NCEER Workshop on Evaluation of Liquefaction Resistance of Soils. National Center for Engineering Research. Buffalo，NY，1997，129-148.

［39］ ASCE/SEI 7-05 Minimum design loads for buildings and other structures ［S］. American Society of Civil Engineers，2005.

［40］ BS-EN-1998-5-2004 Eurocode 8：Design of structures for earthquake resistance，Part 5：Foundations retaining structures and geotechnical aspects ［S］. European Committee for Standardization，2004.

［41］ 岩崎敏男，龍岡文夫，常田賢一，等. 地震時地盤液状化の程度の予測について ［J］. 土と基

础，1980，1164：23-29.

［42］ Fumio T，Toshio I，Kenichi T，et al. Standard penetration tests and soil liquefaction potential evaluation［J］. Soils and Foundations，1980，20（4）：95-111.

［43］ 中华人民共和国住房和城乡建设部. 建筑抗震设计规范：GB 50011—2010［S］. 北京：中国建筑工业出版社，2010.

［44］ 谢君斐. 关于修改抗震规范砂土液化判别式的几点意见［J］. 地震工程与工程振动，1984，4（2）：95-126.

［45］ 陈国兴，胡庆兴，刘雪珠. 关于砂土液化判别的若干意见［J］. 地震工程与工程振动，2002，22（1）：141-151.

［46］ 袁晓铭，孙锐. 我国规范液化分析方法的发展设想［J］. 岩土力学，2011，32（S2）：351-358.

［47］ 李颖，贡金鑫. 国内外抗震规范地基土液化判别方法比较［J］. 水运工程，2008（8）：30-38.

［48］ 曾凡振，侯建国，李扬. 中美抗震规范地基土液化判别方法的比较研究［J］. 建筑结构学报，2010，31（S2）：309-314.

［49］ 陈亮，陈昌斌，王庶懋. 中欧抗震设计规范的对比［J］. 武汉大学学报（工学版），2013，46（S1）：129-134.

［50］ 凌贤长，唐亮，苏雷，等. 中日规范中关于液化和侧向扩流场地桥梁桩基抗震设计考虑之比较［J］. 防灾减灾工程学报，2011，31（5）：490-495.

［51］ Liao S S C，Veneziano D，Whitman R V. Regression models for evaluating liquefaction probability［J］. Journal of Geotechnical Engineering，1988，114：389-411.

［52］ Youd T L，Noble S K. Liquefaction criteria based on statistical and probabilistic analyses［R］. NCEER-97-0022，Buffalo，New York：State University of New York at Buffalo，1997.

［53］ Topark S，Holzer T L，Bennett M J，et al. CPT and SPT based probabilistic assessment of liquefaction potential［C］. Proceedings of 7th US-Japan Workshop on Earthquake Resistant Design of Lifeline Facilities and Countermeasures Against Liquefaction，Seattle，1999.

［54］ Juang C H，Chen C J，Jiang T. A probabilistic framework for liquefaction potential by shear wave velocity［J］. Journal of Geotechnical and Geoenvironmental Engineering，2001，127（8）：670-678.

［55］ Juang C H，Jiang T，Andrus R D. Assessing probability-based methods for liquefaction potential evaluation［J］. Journal of Geotechnical and Geoenvironmental Engineering，2002，128（7）：580-589.

［56］ Jafarian Y，Baziar M H，Rezania M，et al. Probabilistic evaluation of seismic liquefaction potential in field conditions［J］. Engineering Computations，2011，28（6）：675-700.

［57］ Lai S Y，Chang W J，Lin P S. Logistic Regression Model for Evaluating Soil Liquefaction Probability Using CPT Data［J］. Journal of Geotechnical and Geoenvironmental Engineering，2006，132（6）：694-704.

［58］ 潘建平，孔宪京，邹德高. 基于 Logistic 回归模型的砂土液化概率评价［J］. 岩土力学，2008，29（9）：2567-2571.

［59］ 潘健，刘利艳. 土的地震液化概率评估模型［J］. 华南理工大学学报（自然科学版），2007，35（3）：90-99.

［60］ 袁晓铭，曹振中. 基于土层常规参数的液化发生概率计算公式及其可靠性研究［J］. 土木工程学报，2014，47（4）：99-108.

［61］ 张菊连，沈明荣. 基于逐步判别分析的砂土液化预测研究［J］. 岩土力学，2010，31（S1）：298-302.

［62］ 王军龙. 砂土液化等级预测的主成分-Logistic 回归模型［J］. 长江科学院院报，2015，32（9）：134-139.

［63］ Zhang J，Zhang L M，Huang H W. Evaluation of generalized linear models for soil liquefaction probability prediction［J］. Environmental Earth Sciences，2013，68（7）：1925-1933.

［64］ Haykin Simon. 神经网络原理［M］. 叶世伟，史忠直，译. 北京：机械工业出版社，2004.

［65］ 蔡煜东，宫家文，姚林声. 砂土液化预测的人工神经网络模型［J］. 岩土工程学报，1993，15（6）：53-58.

［66］ Goh A T C. Seismic liquefaction potential assessed by neural networks［J］. Journal of Geotechnical and Geoenvironmental Engineering，1994，120（9）：1467-1480.

［67］ Rahman M S，Wang J. Fuzzy neural network models for liquefaction prediction［J］. Soil Dynamics and Earthquake Engineering，2002，22（8）：685-694.

［68］ 任文杰，苏经宇，窦远明，等. 砂土液化判别的人工神经网络方法［J］. 河北工业大学学报，2002，31（2）：21-25.

［69］ 任文杰，苏经宇，窦远明，等. 基于遗传神经网络的砂土液化判别模型［J］. 地震工程与工程振动，2003，23（3）：145-149.

［70］ 刘红军，薛新华. 砂土地震液化预测的人工神经网络模型［J］. 岩土力学，2004，25（12）：1942-1946.

［71］ 潘健，刘利艳，林慧常. 基于 BP 神经网络的砂土液化影响因素的综合评估［J］. 华南理工大学学报（自然科学版），2006，34（11）：76-80.

［72］ 李方明，陈国兴. 基于 BP 神经网络的饱和砂土液化判别方法［J］. 自然灾害学报，2005，14（2）：108-114.

［73］ 王星华，崔科宇，周海林，等. 振动力作用下饱和砂土液化的模糊神经网络预测［J］. 中国铁道科学，2010，31（6）：26-31.

［74］ 薛新华，陈群. 基于 GRNN 的砂土液化危害等级评价模型研究［J］. 四川大学学报（工程科学版），2010，42（1）：42-47.

［75］ 赵胜利，赵红英，刘燕. 基于 SOFM 神经网络的砂土液化评价［J］. 华中科技大学学报（城市科学版），2005，22（2）：23-26.

［76］ 周瑞林，刘燕，赵胜利. 基于 RBF 神经网络的砂土液化预测［J］. 河南大学学报（自然科学版），2005，35（4）：101-104.

［77］ 陈国兴，李方明. 基于径向基函数神经网络模型的砂土液化概率判别方法［J］. 岩土工程学报，2006，28（3）：301-305.

［78］ 勾丽杰，刘家顺. RBF 神经网络模型在砂土液化判别中的应用研究［J］. 长江科学院院报，2013，30（5）：76-81.

［79］ Goh A T C. Neural-network modeling of CPT seismic liquefaction data［J］. Journal of Geotechnical and Geoenvironmental Engineering，1996，122（1）：70-73.

［80］ Goh A T. Probabilistic neural network for evaluating seismic liquefaction potential［J］. Canadian Geotechnical Journal，2002，39（1）：219-232.

［81］ Juang C H，Chen C J，Tien Y M. Appraising cone penetration test based liquefaction resistance evaluation methods：artificial neural network approach［J］. Canadian Geotechnical Journal，1999，36：443-454.

［82］ Baziar M H，Nilipour N. Evaluation of liquefaction potential using neural-networks and CPT results［J］. Soil Dynamics and Earthquake Engineering，2003，23（7）：631-636.

［83］ 康飞，彭涛，杨秀萍. 基于剪切波速与神经网络的砂砾土地震液化判别［J］. 地震工程与工程振

动，2014，34（1）：110-116.

[84] Vapnik V N. The nature of statistical learning [M]. New York：Springer，1995.

[85] Pal M. Support vector machines-based modelling of seismic liquefaction potential [J]. International Journal for Numerical and Analytical Methods in Geomechanics，2006，30（10）：983-996.

[86] 夏建中，罗战友，龚晓南，等．基于支持向量机的砂土液化预测模型 [J]．岩石力学与工程学报，2005，24（22）：4139-4144.

[87] 陈荣淋，林建华，黄群贤．支持向量机在砂土液化预测中的应用研究 [J]．中国地质灾害与防治学报，2005，16（2）：15-18.

[88] 李志雄．基于最小二乘支持向量机的砂土液化预测方法 [J]．西北地震学报，2007，29（2）：133-136.

[89] 张向东，冯胜洋，王长江．基于网格搜索的支持向量机砂土液化预测模型 [J]．应用力学学报，2011，28（1）：24-28.

[90] Samui P. Least square support vector machine and relevance vector machine for evaluating seismic liquefaction potential using SPT [J]. Natural Hazards，2011，59（2）：811-822.

[91] Lee C Y，Chern S G. Application of a support vector machine for liquefaction assessment [J]. Journal of Marine Science and Technology，2013，21（3）：318-324.

[92] Samui P. Seismic liquefaction potential assessment by using Relevance Vector Machine [J]. Earthquake Engineering and Engineering Vibration，2007，6（4）：331-336.

[93] 刘勇健．基于聚类-二叉树支持向量机的砂土液化预测模型 [J]．岩土力学，2008，29（10）：2764-2768.

[94] Su Y H，Ma N，Hu J，et al. Estimation of sand liquefaction based on support vector machines [J]. Journal of Central South University of Technology，2008，15（S2）：15-20.

[95] 师旭超，韩阳．砂土地震液化判别的支持向量机多分类模型 [J]．水力发电学报，2010，29（3）：191-195.

[96] Samui P，Sitharam T G. Machine learning modelling for predicting soil liquefaction susceptibility [J]. Natural Hazards and Earth System Science，2011，11（1）：1-9.

[97] Samui P，Karthikeyan J. The Use of a Relevance Vector Machine in Predicting Liquefaction Potential [J]. Indian Geotechnical Journal，2014，44（4）：458-467.

[98] Goh A T C，Goh S H. Support vector machines：Their use in geotechnical engineering as illustrated using seismic liquefaction data [J]. Computers and Geotechnics，2007，34（5）：410-421.

[99] Zhou J，Huang S，Wang M X，et al. Performance evaluation of hybrid GA-SVM and GWO-SVM models to predict earthquake-induced liquefaction potential of soil：a multi-dataset investigation [J]. Engineering with Computers，2021，01418.

[100] Juang C H，Rosowsky D V，Tang W H. Reliability-based method for assessing liquefaction potential of soils [J]. Journal of Geotechnical and Geoenvironmental Engineering，1999，125（8）：684-689.

[101] Juang C H，Chen C J，Rosowsky D V，et al. CPT-based liquefaction analysis，Part 2：Reliability for design [J]. Geotechnique，2000，50（5）：593-599.

[102] Juang C H，Jiang T. Assessing probabilistic methods for liquefaction potential evaluation [C]. Soil Dynamics and Liquefaction 2000，New York，2000，148-162.

[103] Juang C H，Chen C J，Jiang T，et al. Risk-based liquefaction potential evaluation using standard penetration tests [J]. Canadian Geotechnical Journal，2000，37（6）：1195-1208.

[104] Juang C H，Yuan H，Lee D H，et al. Simplified Cone Penetration Test-based Method for Evalua-

ting Liquefaction Resistance of Soils [J] . Journal of Geotechnical and Geoenvironmental Engineering, 2003, 129 (1): 66-80.

[105] Juang C H, Fang S Y, Tang W H, et al. Evaluating model uncertainty of an SPT based simplified method for reliability analysis for probability of liquefaction [J] . Soils and Foundations, 2009, 49 (1): 135-152.

[106] Juang C H, Luo Z, Atamturktur S, et al. Bayesian Updating of Soil Parameters for Braced Excavations Using Field Observations [J] . Journal of Geotechnical and Geoenvironmental Engineering, 2013, 139 (3): 395-406.

[107] Cetin K O, Kiureghian A D, Seed R B. Probabilistic models for the initiation of seismic soil liquefaction [J] . Structural Safety, 2002, 24 (1): 67-82.

[108] Moss R E S, Cetin K O, Seed R B. Seismic liquefaction triggering correlations within a Bayesian framework [C] . Proc. 9th International of Conference Applications of Statistics and Probability in Civil Engineering, Berkeley, California, 2003.

[109] Moss R E S, Seed R B, Kayen R E, et al. CPT-Based Probabilistic and Deterministic Assessment of In Situ Seismic Soil Liquefaction Potential [J] . Journal of Geotechnical and Geoenvironmental Engineering, 2006, 132 (8): 1032-1051.

[110] Juang C H, Ching J, Luo Z. Assessing SPT-based probabilistic models for liquefaction potential evaluation: a 10-year update [J] . Georisk: Assessment and Management of Risk for Engineered Systems and Geohazards, 2013, 7 (3): 137-150.

[111] Christian J T, Baecher G B. Bayesian Methods and Liquefaction [C] . 12th International Conference on Applications of Statistics and Probability in Civil Engineering, Vancouver, Canada, 2015, 12-15.

[112] Wang J P, Xu Y. Estimating the standard deviation of soil properties with limited samples through the Bayesian approach [J] . Bulletin of Engineering Geology and the Environment, 2015, 74 (1): 271-278.

[113] Muduli P K, Das S K. First-Order Reliability Method for Probabilistic Evaluation of Liquefaction Potential of Soil Using Genetic Programming [J] . International Journal of Geomechanics, 2015, 15 (3): 529-543.

[114] Zhang J, Juang C H, Martin J R, et al. Inter-region variability of Robertson and Wride method for liquefaction hazard analysis [J] . Engineering Geology, 2016, 203: 191-203.

[115] Wang S N, Chen P Y, Yu H M. Prediction of soil liquefaction and indicator analysis based on Bayes discriminant [J] . Electronic Journal of Geotechnical Engineering, 2014, 19: 8783-8796.

[116] Kayen R E, Moss R E S, Thompson E M, et al. Shear-Wave Velocity—Based Probabilistic and Deterministic Assessment of Seismic Soil Liquefaction Potential [J] . Journal of Geotechnical and Geoenvironmental Engineering, 2013, 139 (3): 407-419.

[117] John T C, Baecher G B. Sources of uncertainty in liquefaction triggering procedures [J] . Georisk: Assessment and Management of Risk for Engineered Systems and Geohazards, 2015: 1-6.

[118] 禹建兵, 刘浪. 不同判别准则下的砂土地震液化势评价方法及应用对比 [J] . 中南大学学报（自然科学版）, 2013, 44 (9): 3849-3856.

[119] 张紫昭, 陈巨鹏, 陈凯, 等. 砂土地震液化预测的 Bayes 判别模型及其应用 [J] . 桂林理工大学学报, 2014, 34 (1): 63-67.

[120] 文畅平, 段绍伟. 砂土液化势评价的 Bayes 判别分析法及其应用 [J] . 解放军理工大学学报（自然科学版）, 2014, 15 (6): 552-557.

[121] Bayraktarli Y Y. Application of Bayesian probabilistic networks for liquefaction of soil [C]. 6th International PhD Symposium in Civil Engineering, Zurich, Switzerland, 2006.

[122] Bensi M T, Kiureghian A D, Straub D. A Bayesian Network Methodology for Infrastructure Seismic Risk Assessment and Decision Support [R]. Report No. 2011/02, Berkeley: Pacific Earthquake Engineering Research Center, 2011.

[123] 金志仁. 基于距离判别分析方法的砂土液化预测模型及应用 [J]. 岩土工程学报, 2008, 30 (5): 776-780.

[124] 颜可珍, 刘能源, 夏唐代. 基于判别分析法的地震砂土液化预测研究 [J]. 岩土力学, 2009, 30 (7): 2049-2052.

[125] 刘年平, 王宏图, 袁志刚, 等. 砂土液化预测的 Fisher 判别模型及应用 [J]. 岩土力学, 2012, 33 (2): 554-557, 622.

[126] 陈新民, 罗国煜. 地震砂土液化可能性的非确定性灰色预测方法 [J]. 桂林理工大学学报, 1997, 17 (2): 106-109.

[127] 赵艳林, 杨绿峰, 吴敏哲. 砂土液化的灰色综合评判 [J]. 自然灾害学报, 2000, 9 (1): 72-79.

[128] 罗战友, 龚晓南. 基于经验的砂土液化灰色关联系统分析与评价 [J]. 工业建筑, 2002, 32 (11): 36-39.

[129] 丁丽宏. 基于改进灰色关联分析和 AHP 法的沙土液化评价 [J]. 人民黄河, 2012, 34 (11): 126-128.

[130] 李波, 苏经宇, 马东辉, 等. 地震砂土液化判别的灰色关联-逐步分析耦合模型 [J]. 中南大学学报 (自然科学版), 2016, 47 (1): 232-238.

[131] 汪明武, 罗国煜. 可靠性分析在砂土液化势评价中的应用 [J]. 岩土工程学报, 2000, 22 (5): 542-544.

[132] Hwang J H, Yang C W, Juang D S. A practical reliability-based method for assessing soil liquefaction potential [J]. Soil Dynamics and Earthquake Engineering, 2004, 24 (9-10): 761-770.

[133] Jha S K, Suzuki K. Reliability analysis of soil liquefaction based on standard penetration test [J]. Computers and Geotechnics, 2009, 36 (4): 589-596.

[134] Johari A, Javadi A A, Makiabadi M H, et al. Reliability assessment of liquefaction potential using the jointly distributed random variables method [J]. Soil Dynamics and Earthquake Engineering, 2012, 38: 81-87.

[135] 汪明武, 李丽, 罗国煜. 基于 Monte Carlo 模拟的砂土液化评估研究 [J]. 工程地质学报, 2001, 9 (2): 214-217.

[136] Bagheripour M H, Shooshpasha I, Afzalirad M. A genetic algorithm approach for assessing soil liquefaction potential based on reliability method [J]. Journal of Earth System Science, 2012, 121 (1): 45-62.

[137] 高健, 潘健. 基于改进一次二阶矩法的砂土液化判别方法 [J]. 建筑科学与工程学报, 2009, 26 (1): 121-126.

[138] 翁焕学. 砂土地震液化模糊综合评判实用方法 [J]. 岩土工程学报, 1993, 15 (2): 74-79.

[139] 刘章军, 叶燎原, 彭刚. 砂土地震液化的模糊概率评判方法 [J]. 岩土力学, 2008, 29 (4): 876-880.

[140] Xue X, Yang X. Seismic liquefaction potential assessed by fuzzy comprehensive evaluation method [J]. Natural Hazards, 2014, 71 (3): 2101-2112.

[141] 尚新生, 邵生俊, 谢定义. 突变理论在砂土液化分析中的应用 [J]. 岩石力学与工程学报,

2004，23（1）：35-38.

[142] Midorikawa S，Wakamatsu K. Intensity of earthquake ground motion at liquefied sites ［J］. Japanese Society of Soil Mechanics and Foundation Engineering，1988，28（2）：73-84.

[143] Kayen R E，Mitchell J K. Assessment of liquefaction potential during earthquakes by arias intensity ［J］. J. Geotech. Geoenviron. Eng.，1997，123（12）：1162-1174.

[144] Kayen R E，Mitchell J K. Arias intensity assessment of liquefaction test sites on the east side of San Francisco Bay affected by the LomaPrieta，California，Earthquake of 17 October 1989 ［J］. Natural Hazards，1997，16（2）：243-265.

[145] Kramer S L，Mitchell R A. Ground Motion Intensity Measures for Liquefaction Hazard Evaluation ［J］. Earthquake Spectra，2006，22（2）：413-438.

[146] Karimi Z，Dashti S. Effects of ground motion intensity measures on liquefaction triggering and settlement near structures ［C］. 1st International Conference on Natural Hazards & Infrastructure. Chania，Greece：2016.

[147] Athanasopoulos-Zekkos A，Saadi M. Ground motion selection for liquefaction evaluation analysis of earthen levees ［J］. Earthquake Spectra，2012，28（4）：1331-1351.

[148] Chen Z，Cheng Y，Xiao Y，et al. Intensity measures for seismic liquefaction hazard evaluation of sloping site ［J］. Journal of Central South University，2015，22（10）：3999-4018.

[149] 张建民，谢定义. 饱和砂土振动礼隙水压力理论与应用研究进展来 ［J］. 力学进展，1992，23（2）：165-180.

[150] Terzaghi K. Theoretical soil mechanics ［M］. New York：John Wiley and Sons Inc.，1943.

[151] 汪闻韶. 饱和砂土振动孔隙水压力的产生、扩散和消散 ［C］. 中国土木工程学会第一届土力学及基础工程学术，北京，1964：224-235.

[152] Seed H B，Booker J R. Stabilization of potentially liquefiable sand deposits using gravel drains ［J］. Journal of Geotechnical Engineering Division，ASCE，1977，103（GT7）：757-768.

[153] Wilson N E，Elgohary M M. Consolidation of soils under cyclic loading ［J］. Canadian Geotechnical Journal，1974，2：420-423.

[154] Baligh M M，Levadoux J N. Consolidation theory for cyclic loading ［J］. Journal of the Geotechnical Engineering Division，ASCE，1978，104（4）：415-431.

[155] Alonso E E，Krizek R J. Randomness of settlement rate under stochastic load ［J］. Journal of the Geotechnical Engineering Division，ASCE，1974，100（6）：1211-1226.

[156] Biot M A. General Theory of Three-Dimensional Consolidation ［J］. Journal of Applied Physics，1941，12（2）：155.

[157] Ghaboussi J，Dikmen S U. Liquefaction analysis of horizontally layered sands ［J］. Journal of the Geotechnical Engineering Division，ASCE，1978，104（GT3）：341-356.

[158] 徐志英，沈珠江. 土坝地震孔隙水压力产生、扩散和消散的有限单元法动力分析 ［J］. 华东水利学院学报，1981（4）：1-16.

[159] Zienkiewicz O C，Shiomi T. Dynamic behavior of saturated porous media：the generalized Biot formulation and its numerical solution ［J］. International Journal of Numerical Analytical Methods in Geomechanics，1984，8：71-96.

[160] 盛虞，卢盛松，姜朴. 土工建筑物动力固结的偶合振动分析 ［J］. 水利学报，1989（12）：31-42.

[161] 张建民. 饱和砂土瞬态动力学理论及其实用研究 ［D］. 西安：陕西机械学院，1991.

[162] Le M B. An introduction to hydrodynamics and water waves ［M］. New York：Springer，1976.

[163] Yamamoto T. Wave induced pore pressure and effective stresses in inhomogeneous seabed foundations [J]. Ocean Engineering, 1981, 8 (1): 1-16.

[164] Seed H B, J L, Martin P P. Pore-water pressure changes during soil liquefaction [J]. Journal of the Geotechnical Engineering Division, ASCE, 1976, 102 (4): 323-346.

[165] Martin G R, Finn W D L, Seed H B. Fundamentals of liquefaction under cyclic loading [J]. Journal of Geotechnical and Geoenvironmental Engineering, 1975, 101 (GT5): 423-438.

[166] Finn W D L, Bhatia S K. Predictions of seismic pore water pressure [C]. Proc. 10th ICSMFE, Stockholm, 1981, 3: 225-237.

[167] Yasuda S, Nagase H, Kiku H, et al. A simplified procedure for the analysis of the permanent ground displacement [R]. NCEER-91-0001, National Center for Earthquake Research, 1991.

[168] Towhata I, Sasaki Y, Tokida K I, et al. Prediction of permanent displacement of liquefied ground by means of minimum energy principle [J]. Soils and Foundations, 1992, 32 (3): 97-116.

[169] Toboada V M, Dobry R. Centrifuge Modeling of Earthquake-Induced Lateral Spreading in Sand [J]. Journal of Geotechnical and Geoenvironmental Engineering, 1998, 124 (12): 1195-1206.

[170] Dobry R, Taboada U, Liu L. Centrifuge modeling of liquefaction effects during earthquakes [C]. Proc. First International Conference on Earthquake Geotechnical Engineering, Tokyo, Japan, 1995, 3: 1291-1324.

[171] 周云东, 刘汉龙, 高玉峰, 等. 砂土地震液化后大位移室内试验研究探讨 [J]. 地震工程与工程振动, 2002, 22 (1): 152-157.

[172] 刘汉龙, 周云东, 高玉峰. 砂土地震液化后大变形特性试验研究 [J]. 岩土工程学报, 2002, 24 (2): 142-146.

[173] Silver M L, Seed H B. Volume changes in sands during cyclic loading [J]. Journal of the Soil Mechanics and Foundations Division, 1971, 97 (9): 1171-1182.

[174] Lee K L, Albasisa A. Earthquake-induced settlements in saturated sands [J]. Journal of the Soil Mechanics and Foundations Division, 1974, 100 (4): 387-400.

[175] Tatsuoka F, Sasaki T, Yamada S. Settlement in saturated sand induced by cyclic undrained simple shear [C]. Proceeding of 8th World Conference on Earthquake Engineering, San Francisco, California, 1984, 95-102.

[176] Tokimatsu K, Seed H B. Evaluation of settlements in sands due to earthquake shaking [J]. Journal of Geotechnical Engineering, ASCE, 1987, 113 (8): 864-878.

[177] Ishihara K, Yoshimine M. Evaluation of settlements in sand deposits following liquefaction during earhtuqkes [J]. Soils and Foundations, 1992, 32 (1): 173-188.

[178] Stewart D P, Settgast R R, Kutter B L, et al. Cyclic settlement and sliding of caisson seawalls [C]. 12th World Conference on Earthquake Engineering, Auckland, 2000.

[179] Shamoto Y, Sato M, Zhang J M. Simplified Estimation of Earthquake-Induced Settlements in Saturated Sand Deposits [J]. Soils and Foundations, 1996, 36 (1): 39-50.

[180] Shamoto Y, Zhang J M, Tokimatsu K. New methods for evaluating large residual post-liqueafction ground settlement and horizontal displacement [J]. Soils and Foundations, 1998, 38 (S2): 69-84.

[181] Ueng T S, Wu C W, Cheng H W, et al. Settlements of saturated clean sand deposits in shaking table tests [J]. Soil Dynamics and Earthquake Engineering, 2010, 30 (1-2): 50-60.

[182] Adalier K, Elgamal A. Liquefaction of over-consolidated sand: a centrifuge investigation [J]. Journal of Earthquake Engineering, 2005, 9 (1): 127-150.

[183] 周燕国，李永刚，丁海军，等. 砂土液化后再固结体变规律表征与离心模型试验验证 [J]. 岩土工程学报，2014，36（10）：1838-1845.

[184] Scott R F, Zuckerman K A. Sand bolws and liquefaction [C]. Great Alaskan Earthquake of 1964-Enginnering Volume, Washington，1973，179-189.

[185] 刘惠珊，乔太平. 液化喷冒机理与形态 [J]. 工程勘察，1987，14（4）：8-12.

[186] Hamada M，Yasuda S, Isoyama R，et al. Study on liquefaction-induced permanent ground displacement [R]. Tokyo：Association for the Development of Earthquake Prediction in Japan，1986.

[187] Youd T L，Perkins D M. Mapping of liquefaction severity index [J]. Journal of Geotechnical and Geoenvironmental Engineering，1987，113（11）：1374-1392.

[188] Bartlett S F，Youd T L. Empirical prediction of liquefaction indued Lateral Spread [J]. Journal of Geotechnical Engineering，1995，121（4）：316-329.

[189] Youd T L，Hansen C M，Bartlett S F. Revised Multilinear Regression Equations for Prediction of Lateral Spread Displacement [J]. Journal of Geotechnical and Geoenvironmental Engineering，2002，128（12）：1007-1017.

[190] Zhang G，Robertson P K，Brachman R W I. Estimating liquefaction-induced lateral displacements using the standard penetration test or cone penetration test [J]. Journal of Geotechnical and Geoenvironmental Engineering，2004，130（8）：861-871.

[191] Franke K W，Kramer S L. Procedure for the empirical evaluation of lateral spread displacement hazard curves [J]. Journal of Geotechnical and Geoenvironmental Engineering，2014，140（1）：110-120.

[192] Goh A T C，Zhang W G. An improvement to MLR model for predicting liquefaction-induced lateral spread using multivariate adaptive regression splines [J]. Engineering Geology，2014，170：1-10.

[193] 刘惠珊，徐凤萍，李鹏程，等. 液化引起的地面大位移对工程的影响及研究现状 [J]. 特种结构，1997，14（2）：47-50.

[194] 张建民. 地震液化后地基大变形的实用预测方法 [A] //第八届土力学及岩土工程学术会议论文集 [C]. 北京：万国学术，1999：173-576.

[195] Zhang J，Zhao J X. Empirical models for estimating liquefaction-induced lateral spread displacement [J]. Soil Dynamics and Earthquake Engineering，2005，25（6）：439-450.

[196] 郑晴晴，夏唐代，刘芳. 基于震害调查数据的液化侧向变形预测模型框架 [J]. 地震工程学报，2014，36（3）：504-509.

[197] 佘跃心，刘汉龙，高玉峰. 地震诱发的侧向水平位移神经网络预测模型 [J]. 世界地震工程，2003，2003（1）：96-101.

[198] Wang J，Rahman M S. A neural network model for liquefaction-induced horizontal ground displacement [J]. Soil Dynamics and Earthquake Engineering，1999，18（8）：555-568.

[199] Baziar M H，Ghorbani A. Evaluation of lateral spreading using artificial neural networks [J]. Soil Dynamics and Earthquake Engineering，2005，25（1）：1-9.

[200] García S R，Romo M P，Botero E. A neurofuzzy system to analyze liquefaction-induced lateral spread [J]. Soil Dynamics and Earthquake Engineering，2008，28（3）：169-180.

[201] Javadi A A，Rezania M，Nezhad M M. Evaluation of liquefaction induced lateral displacements using genetic programming [J]. Computers and Geotechnics，2006，33（4-5）：222-233.

[202] Rezania M，Faramarzi A，Javadi A A. An evolutionary based approach for assessment of earth-

quake-induced soil liquefaction and lateral displacement［J］. Engineering Applications of Artificial Intelligence，2011，24（1）：142-153.

［203］ Das S K，Samui P，Kim D，et al. Lateral Displacement of Liquefaction Induced Ground Using Least Square Support Vector Machine［J］. International Journal of Geotechnical Earthquake Engineering，2011，2（2）：29-39.

［204］ Zhang G，Robertson P K，Brachman R W I. Estimating liquefaction-induced ground settlements from CPT for level ground［J］. Canadian Geotechnical Journal，2002，39（5）：1168-1180.

［205］ Wu J，Seed R B. Estimation of liquefaction-induced ground settlement（Case Studies）［C］. Proceedings：Fifth International Conference on Case Histories in Geotechnical Engineering，New York，2004，13-17.

［206］ Cetin K O，Bilge H T，Wu J，et al. Probabilistic model for the assessment of cyclically induced reconsolidation（volumetric）settlements［J］. Journal of Geotechnical and Geoenvironmental Engineering，2009，135（3）：387-398.

［207］ Lu C C，Hwang J H，Juang C H，et al. Framework for assessing probability of exceeding a specified liquefaction-induced settlement at a given site in a given exposure time［J］. Engineering Geology，2009，108（1）：24-35.

［208］ Gong W，Tien Y M，Juang C H，et al. Calibration of empirical models considering model fidelity and model robustness—Focusing on predictions of liquefaction-induced settlements［J］. Engineering Geology，2016，203：168-177.

［209］ Gyori E，Toth L，Graczer Z，et al. Liquefaction and post-liquefaction settlement assessment-a probabilistic approach［J］. Acta Geod. Geoph. Hugn.，2011，46（3）：347-369.

［210］ Juang C H，Ching J，Wang L，et al. Simplified procedure for estimation of liquefaction-induced settlement and site-specific probabilistic settlement exceedance curve using cone penetration test（CPT）［J］. Canadian Geotechnical Journal，2013，50：1055-1066.

［211］ Zhang Y P. Parameter estimation for settlement prediction model using Bayesian inference approach［C］. Foundation Analysis and Design Innovative Methods，Shanghai，China，2006，GSP 153：336-342.

［212］ 陈国兴，李方明. 基于 RBF 神经网络模型的砂土液化震陷预估法［J］. 自然灾害学报，2008，17（1）：180-185.

［213］ 郭小东，田杰，王威，等. 基于 GA-SVR 的建筑物液化震陷预测方法［J］. 北京工业大学学报，2011（6）：829-835.

［214］ 叶斌，叶冠林，长屋淳一. 砂土地基地震液化沉降的两种简易计算方法的对比分析［J］. 岩土工程学报，2010，32（S2）：33-36.

［215］ Wang F，Su J，Wang Z. Forecasting of building settlements due to earthquake liquefaction based on LS-SVM with mixed kernel［J］. Electronic Journal of Geotechnical Engineering，2015，20（1）：11-19.

［216］ Housner G. The mechanism of sand blows［J］. Bull. Seismo. Soc. of Am.，1958，58：155-161.

［217］ Bardet J P，Kapuskar M. Liquefaction Sand Boils in San Francisco during 1989 LomaPrieta earthquake［J］. Journal of Geotechnical and Geoenvironmental Engineering，1993，119（3）：543-562.

［218］ Castilla R A，Audemard F A. Sand blows as a potential tool for magnitude estimation of pre-instrumental earthquakes［J］. Journal of Seismology，2007，11（4）：473-487.

［219］ Ninfo A，Zizioli D，Meisina C，et al. The survey and mapping of sand-boil landforms related to the Emilia 2012 earthquakes：preliminary results［J］．Annals of Geophysics，2012，55（4）：2-8.

[220] 王锺琦．地震液化的宏观研究［J］．岩土工程学报，1982，4（3）：1-10.

[221] 宿文姬，刘利艳，林慧常，等．浅基础水平场地砂土液化危害性评价［J］．华南地震，2006，4（3）：9-15.

[222] 曹振中，李雨润，徐学燕，等．德阳松柏村典型液化震害剖析［J］．岩土工程学报，2012，34（3）：546-551.

[223] 王富强．自然排水条件下砂土液化变形规律与本构模型研究［D］．北京：清华大学，2010.

[224] 梅玉龙，陶桂兰．换填法垫层厚度的优化设计［J］．中国港湾建设，2006，143（3）：36-38.

[225] 张平仓，汪稔．强夯法施工实践中加固深度问题浅析［J］．岩土力学，2000，21（1）：76-80.

[226] 缪林昌，刘松玉．振冲动力法加固地基的机理［J］．东南大学学报（自然科学版），2001，31（4）：71-74.

[227] 蔡袁强，陈仁伟，徐长节．强夯加固机理的大变形数值分析［J］．浙江大学学报（工学版），2005，39（1）：66-70.

[228] Tsukamoto Y，Ishihara K，Umeda K，et al. Cyclic resistance of clean sand improved by silicate-based permeation grouting［J］．Soils and Foundations，2006，465（2）：233-245.

[229] 雷金山，阳军生，杨秀竹．饱和砂土振动注浆的有限元模拟［J］．振动与冲击，2010，29（9）：235-237.

[230] Boulanger R，Idriss I M，Stewart D P，et al. Drainage capacity of stone columns or gravel drains for mitigating liquefaction［C］．Proc. Geotechnical Earthquake Engineering and Soil Dynamics Ⅲ，Reston，1998，75：678-690.

[231] Adalier K，Elgamal A. Mitigation of liquefaction and associated ground deformations by stone columns［J］．Engineering Geology，2004，72（3-4）：275-291.

[232] 杨生彬，刘志伟，李灿．大厚度饱和砂土液化治理试验研究［J］．岩土力学，2009，30（S2）：430-433.

[233] 何剑平，陈卫忠．地下结构碎石排水层抗液化措施数值试验［J］．岩土力学，2011，32（10）：3177-3184.

[234] 卢之伟，谢旭升，黄雨，等．地震时地下连续墙围束效应与围束土壤超孔隙水压力之探讨［J］．岩土工程学报，2007，29（6）：861-865.

[235] Juang C H，Yang S H，Yuan H，et al. Liquefaction in the Chi-Chi earthquake-effect of fines and capping non-liquefiable layers［J］．Soils and Foundations，2005，45（6）：88-101.

[236] 史宏彦，刘保健．饱和砂层不同的边界排水条件对填土压重法抗液化能力的影响［J］．中国公路学报，1997，10（2）：48-55.

[237] Yasuda S，Nagase H，Kiku H，et al. Appropriate countermeasures against permanent ground displac due to liquefaction［C］．10th World Conference on Earthquake Engineering，Madrid，Spain，1992，1471-1476.

[238] 顾卫华，王余庆．砾石排水桩与地面压重的抗液化效果［J］．岩土工程学报，1985，7（4）：34-44.

[239] 陈国兴，顾小锋，常向东，等．1989～2011期间8次强地震中抗液化地基处理成功案例的回顾与启示［J］．岩土力学，2015，36（4）：1102-1118.

[240] 刘洋，张铎，闫鸿翔．吹填土强夯加排水地基处理的数值分析与应用［J］．岩土力学，2013，2013（5）：1478-1486.

[241] Pear J. Bayesian networks［J］．UCLA：Department of Statistics，UCLA，2011. Retrieved from https：//escholarship. org/uc/item/53n4f34m.

［242］ 厉海涛，金光，周经伦，等．贝叶斯网络推理算法综述［J］．系统工程与电子技术，2008，30（5）：935-939．

［243］ Pear J. Causality：models，reasoning，and inference［M］．Cambridge：Cambridge University Press，2000．

［244］ 李硕豪，张军．贝叶斯网络结构学习综述［J］．计算机应用研究，2015，32（3）：641-646．

［245］ Robinson R W. Counting unlabeled acyclic digraphs［C］．In：Proc of the 5th Australian Conference on Combinatorial Mathematics，Melbourne，Australian，1976：28-43．

［246］ Chickering D M，Geiger D，Heckerman D. Learning Bayesian networks is NP-hard［R］．MSR-TR-94-17，Redmond，Wirginia：Microsoft Research，1994．

［247］ Lam W，Bacchus F. Learning Bayesian belief networks：An approach based on the MDL principle［J］．Computational intelligence，1994，10（3）：269-293．

［248］ Schwarz G. Estimating the dimension of a model［J］．Annals of Statistics，1978，6：461-464．

［249］ Heckerman D，Geiger D，Chickering D M. Learning Bayesian networks：the combination of knowledge and statistical data［J］．Machine Learning，1995，20（3）：197-243．

［250］ 张振海，王晓明，党建武，等．基于专家知识融合的贝叶斯网络结构学习方法［J］．计算机工程与应用，2014，50（2）：1-4．

［251］ 杨善林，胡笑旋，毛雪岷．融合知识和数据的贝叶斯网络构造方法［J］．模式识别与人工智能，2006，19（1）：31-34．

［252］ 毕春光，陈桂芬．基于专家知识的玉米病虫害贝叶斯网络的构建［J］．中国农机化学报，2013，34（4）：104-107．

［253］ 莫富强，王浩，姚宏亮，等．基于领域知识的贝叶斯网络结构学习算法［J］．计算机工程与应用，2008，44（16）：34-36．

［254］ Li P，Liu L H，Wu K Y，et al. Interleave division multiple-access［J］．IEEE Transactions on Wireless Communications，2006，5（4）：938-947．

［255］ Flores J M，Nicholson A E，Brunskill A，et al. Incorporating expert knowledge when learning Bayesian network structure：A medical case study［J］．Artificial Intelligence in Medicine，2011，53（3）：181-204．

［256］ Masegosa A R，Moral S. An interactive approach for Bayesian network learning using domain/expert knowledge［J］．International Journal of Approximate Reasoning，2013，54：1168-1181．

［257］ Hamming R W. The art of probability for scientists and engineers［M］．Redwood City，California：Addison -Wesley Publishing Company，1991．

［258］ Mackay D J C. Introduction to Monte Carlo methods. In Learning in Graphical Models［M］．Cambridge：Kluwer Academic Press，1998．

［259］ Heckerman D，Geiger D. Learning Bayesian networks：a unification for discrete and Gaussian domains［C］．In Proc. of the 11th International Conference on Uncertainty in Artificial Intelligence，San Francisco，CA，1995，274-284．

［260］ Lauritzen S L. The EM algorithm for graphical association models with missing data［J］．Computational Statistics and Data Analysis，1995，39：191-201．

［261］ Broglio S，Kiureghian A D. Bayesian Network for Post-Earthquake Decision on Monitored Structures［C］．The ICVRAM 2011 and ISUMA 2011 Conferences：Vulnerability，Uncertainty，and Risk：Analysis，Modeling，and Management，Hyattsville，Maryland，United States，2011，561-569．

［262］ Wu X，Jiang Z，Zhang L，et al. Dynamic risk analysis for adjacent buildings in tunneling environments：a Bayesian network based approach ［J］. Stochastic Environmental Research and Risk Assessment，2015，29（5）：1447-1461.

［263］ 孙鸿宾，吴子燕，罗阳军，等. 基于贝叶斯网络的结构可靠性更新与损伤评估 ［J］. 计算力学学报，2013，30（5）：616-620.

［264］ 马德仲，刘圣楠，费晓雨，等. 地下建筑火灾风险的贝叶斯网络评估系统设计 ［J］. 哈尔滨理工大学学报，2013，18（4）：103-107.

［265］ 李健行，夏登友，武旭鹏. 基于贝叶斯网络的高层建筑火灾后果预测模型 ［J］. 中国安全科学学报，2013，23（12）：54-59.

［266］ 颜峻，左哲. 建筑物地震次生火灾的贝叶斯网络推理模型研究 ［J］. 自然灾害学报，2014，23（3）：205-212.

［267］ 周亮，马金平. 工程项目进度风险管理的贝叶斯网络建模与分析 ［J］. 工程管理学报，2012，26（1）：69-74.

［268］ 汪涛，廖彬超，马昕，等. 基于贝叶斯网络的施工安全风险概率评估方法 ［J］. 土木工程学报，2010，43（S2）：384-391.

［269］ 王飞，李晓钟. 基于贝叶斯网络的高层住宅纠偏加固风险评估 ［J］. 工程管理学报，2015，29（3）：71-75.

［270］ 周红波. 基于贝叶斯网络的深基坑风险模糊综合评估方法 ［J］. 上海交通大学学报，2009，43（9）：1473-1479.

［271］ 胡传文，冯媛媛. 基于贝叶斯网络的高分辨率遥感影像城区道路检测方法 ［J］. 测绘通报，2012（9）：51-54.

［272］ 睦海刚，华凤，范一大，等. 利用 GIS 与贝叶斯网络进行高分辨率 SAR 影像道路损毁信息提取 ［J］. 武汉大学学报（信息科学版），2016，41（5）：578-582.

［273］ 吴贤国，李铁军，林净怡，等. 基于粗糙集和贝叶斯网络的地铁盾构施工诱发邻近桥梁安全风险评价 ［J］. 土木工程与管理学报，2016，33（3）：9-15.

［274］ 陈小佳，沈成武. 既有桥梁的贝叶斯网络评估方法 ［J］. 武汉理工大学学报（交通科学与工程版），2006，30（1）：132-135.

［275］ Broglio S，Crowley H，Pinho R. Bayesian Network Framework for Macro-Scale Seismic Risk Assessment and Decision Making for Bridges ［C］. 15th World Conference on Earthquake Engineering，Pavia，Italy，2013.

［276］ Franchin P，Lupoi A，Noto F，et al. Seismic fragility of reinforced concrete girder bridges using Bayesian belief network ［J］. Earthquake Engineering & Structural Dynamics，2016，45（1）：29-44.

［277］ Bensi M，Kiureghian A D，Straub D. Framework for post-earthquake risk assessment and decision making for infrastructure systems ［J］. ASCE-ASME Journal of Risk and Uncertainty in Engineering Systems，Part A：Civil Engineering，2014，1（1）：4014003.

［278］ Peng M，Zhang L M. Analysis of human risks due to dam-break floods—part 1：a new model based on Bayesian networks ［J］. Natural Hazards，2012，64（1）：903-933.

［279］ Zhang L M，Xu Y，Jia J S，et al. Diagnosis of embankment dam distresses using Bayesian networks. Part I. Global-level characteristics based on a dam distress database ［J］. Canadian Geotechnical Journal，2011，48（11）：1630-1644.

［280］ Xu Y，Zhang L M，Jia J S. Diagnosis of embankment dam distresses using Bayesian networks. Part II. Diagnosis of a specific distressed dam ［J］. Canadian Geotechnical Journal，2011，48（11）：1645-1657.

[281] 李典庆，鄢丽丽，邵东国．基于贝叶斯网络的土石坝可靠性分析 [J]．武汉大学学报（工学版），2007，40（6）：24-29.

[282] 周建方，唐椿炎，许智勇．贝叶斯网络在大坝风险分析中的应用 [J]．水力发电学报，2010，29（1）：192-196.

[283] 冯庚，张楠，陈猛志，等．事故树分析与贝叶斯网络重要度在溃坝风险分析中的应用 [J]．水电能源科学，2013，31（4）：66-68.

[284] 周建方，张迅炜，唐椿炎．基于贝叶斯网络的沙河集水库大坝风险分析 [J]．河海大学学报（自然科学版），2012，40（3）：287-292.

[285] 吴贤国，丁保军，张立茂，等．基于贝叶斯网络的地铁施工风险管理研究 [J]．中国安全科学学报，2014，24（1）：84-89.

[286] 谢洪涛，丁祖德．基于贝叶斯网络的隧道施工坍塌事故诊断方法 [J]．昆明理工大学学报（自然科学版），2013，38（1）：37-43.

[287] 谢洪涛．基于贝叶斯网络的隧道围岩失稳风险预警方法 [J]．计算机工程与应用，2015，51（7）：238-242.

[288] Song Y，Gong J，Gao S，et al. Susceptibility assessment of earthquake-induced landslides using Bayesian network：A case study in Beichuan，China [J]．Computers & Geosciences，2012，42：189-199.

[289] Liang W，Zhuang D，Jiang D，et al. Assessment of debris flow hazards using a Bayesian Network [J]．Geomorphology，2012，171：94-100.

[290] Sättele M，Bründl M，Straub D. Reliability and effectiveness of early warning systems for natural hazards：Concept and application to debris flow warning [J]．Reliability Engineering & System Safety，2015，142：192-202.

[291] 谢洪涛，陈帆．基于贝叶斯网络的土质边坡垮塌事故诊断方法 [J]．中国安全科学学报，2012，38（9）：127-132.

[292] 谢洪涛．基于故障贝叶斯网的边坡垮塌事故风险评估方法研究 [J]．安全与环境学报，2012，12（6）：237-241.

[293] 郑霞忠，李华飞，魏雄伟，等．贝叶斯网络在岩质边坡开挖风险概率评估中的应用 [J]．水电能源科学，2013，31（7）：130-132.

[294] Eleye-Datubo A G，Wall A，Saajedi A，et al. Enabling a Powerful Marine and Offshore Decision-Support Solution Through Bayesian Network Technique [J]．Risk Analysis，2006，26（3）：695-721.

[295] 马祖军，谢自莉．基于贝叶斯网络的城市地震次生灾害演化机理分析 [J]．灾害学，2012，27（4）：1-5.

[296] Bayraktarli Y Y，Faber M H. Bayesian probabilistic network approach for managing earthquake risks of cities [J]．Georisk：Assessment and Management of Risk for Engineered Systems and Geohazards，2011，5（1）：2-24.

[297] Bayraktarli Y Y，Yazgan U，Dazio A，et al. Capabilities of the Bayesian probabilistic networks approach for earthquake risk management [C]．First European Conference on Earthquake Engineering and Seismology，Geneva，Switzerland，2006，1458-1468.

[298] Bayraktarli Y Y，Ulfkjaer J P，Yazgan U，et al. On the application of Bayesian probabilistic networks for earthquake risk management [C]．In：Proceedings of the Ninth International Conference on Structural Safety and Reliability，Rome，Italy，2005.

[299] Bayraktarli Y Y，Baker J W，Faber M H. Uncertainty treatment in earthquake modelling using

Bayesian probabilistic networks [J]. Georisk: Assessment and Management of Risk for Engineered Systems and Geohazards, 2011, 5 (1): 44-58.

[300] Bensi M T, Kiureghian A D, Straub D. A Bayesian network framework for post-earthquake infrastructure system performance assessment [C]. Proceedings of TCLEE 2009: Lifeline Earthquake Enginnering in a Multihazards Environment, ASCE, Oakland, CA, 2009, 1107-1906.

[301] Siraj T. Seismic risk assessment of high-voltage transformers using Bayesian belief networks [J]. Structure & Infrastructure Engineering, 2014.

[302] 何光国. 文献计量学导论 [M]. 中国台北：三民书局，1994.

[303] Zhang L. Predicting seismic liquefaction potential of sands by optimum seeking method [J]. Soil Dynamics and Earthquake Engineering, 1998, 17: 219-226.

[304] Green R A, Bommer J J. What is the Smallest Earthquake Magnitude that Needs to be Considered in Assessing Liquefaction Hazard? [J]. Earthquake Spectra, 2019, 35 (3): 1441-1464.

[305] Papadopoulos G A, Lefkopoulos G. Magnitude-distance relations for liquefaction in soil from earthquakes [J]. Bulletin of the Seismological Society of America, 1993, 83 (3): 925-938.

[306] 黄雨，八嶋厚，杉真太. 强震持时对河流堤防液化特性的影响 [J]. 同济大学学报（自然科学版），2009，37 (10): 1313-1318.

[307] 张超，杨春和. 细粒含量对尾矿材料液化特性的影响 [J]. 岩土力学，2006，27 (7): 1133-1137.

[308] 王勇，王艳丽. 细粒含量对饱和砂土动弹性模量与阻尼比的影响研究 [J]. 岩土力学，2011，32 (9): 2623-2628.

[309] 周健，杨永香，贾敏才，等. 细粒含量对饱和砂土液化特性的影响 [J]. 水利学报，2009，40 (10): 1184-1188.

[310] 王艳丽，饶锡保，潘家军，等. 细粒含量对饱和砂土动孔压演化特性的影响 [J]. 土木建筑与环境工程，2011，33 (3): 52-56.

[311] Ni Sheng-Huoo, Fan En-Shuo. Fines content effects on liquefaction potential evaluation for sites liquefied during Chi-Chi earthquake, 1999 [J]. Journal of the Chinese Institute of Engineers, 2002, 25 (5): 533-542.

[312] Xenaki V C, Athanasopoulos G A. Liquefaction resistance of sand-silt mixtures: an experimental investigation of the effect of fines [J]. Soil Dynamics and Earthquake Engineering, 2003, 23 (3): 1-12.

[313] Chien L, Oh Y, Chang C. Effects of fines content on liquefaction strength and dynamic settlement of reclaimed soil [J]. Canadian Geotechnical Journal, 2002, 39 (1): 254-265.

[314] 衡朝阳，何满潮，裘以惠. 含黏粒砂土抗液化性能的试验研究 [J]. 工程地质学报，2001，9 (4): 339-344.

[315] 唐小微，李涛，张西文，等. 黏粒含量对砂土静动力液化影响的试验 [J]. 哈尔滨工程大学学报，2016，36 (11): 332-337.

[316] Chang W J, Hong M L. Effects of caly content on liquefaction characteristics of gap-graded clayey sands [J]. Soils and Foundations, 2008, 48 (1): 101-114.

[317] Park S S, Kim Y S. Liquefaction Resistance of Sands Containing Plastic Fines with Different Plasticity [J]. Journal of Geotechnical and Geoenvironmental Engineering, 2013, 139 (5): 825-830.

[318] Tokimatsu Kohji, Yoshimi Yoshiaki. Empirical correlation of soil liquefaction based on SPT N-value and fines content [J]. Soils and Foundations, 1983, 23 (4): 56-74.

[319] Tsuchida H. Prediction and countermeasure against the liquefaction in sand deposits [R]. Abstract

of Seminar in the port and Harbor Research Institute，1970.

[320] Chen L，Yuan X，Cao Z，et al. Liquefaction macrophenomena in the great Wenchuan earthquake ［J］. Earthquake Engineering and Engineering Vibration，2009，8（2）：219-229.

[321] Cao Z，Leslie Youd T，Yuan X. Gravelly soils that liquefied during 2008 Wenchuan，China earthquake，$M_s=8.0$ ［J］. Soil Dynamics and Earthquake Engineering，2011，31（8）：1132-1143.

[322] Andrus R D，Stokoe K H，Roesset J M. Liquefaction of gravelly soil at pence ranch during the 1983 borah peak，Idaho earthquake ［C］. Proc，5th International Conference on Soil Dynamics and Earthquake Engineering，Karlsruhe，Germany，1991，251-262.

[323] Umehara Y，Zen K，Hamada K. Evaluation of soil liquefaction potentials in partially drained conditions ［J］. Soils and Foundations，1985，25（2）：57-72.

[324] Yamamoto Y，Hyodo M，Orense R P. Liquefaction resistance of sandy soils under partially drained condition ［J］. Journal of Geotechnical and Geoenvironmental Engineering，2009，135：1032-1043.

[325] Atigh E，Byrne P M. The effects of drainage conditions on liquefaction response of slopes and the inference for lifelines ［C］. Proceedings of the 14th Vacouver Geotechnical Symposium，Vancouver，British Columbia，2000.

[326] 王星华，周海林. 固结比对饱和砂土液化的影响研究 ［J］. 中国铁道科学，2001，22（6）：122-127.

[327] Geotechnical D. P. Liquefaction potential of cohesionless soils ［R］. DP-9，Revision ♯2，New York：Department of Transportation，Geotechnical Engineering Bureau，2007.

[328] 吴亚中. 砂土厚度对液化的影响 ［J］. 工程勘察，1988（6）：18-23.

[329] 杨玉生，温彦锋，刘小生，等. 水利工程震害中土工结构低应力破坏实例分析 ［J］. 岩土力学，2012，33（9）：2729-2742.

[330] 周健，屠洪权. 地下水位上升对砂土液化的影响 ［J］. 水文地质工程地质，1996（2）：40-43.

[331] 张建民，王稳祥. 振动频率对饱和砂土动力特性的影响 ［J］. 岩土工程学报，1990，12（1）：89-97.

[332] 郭莹，贺林. 振动频率对饱和砂土液化强度的影响 ［J］. 防灾减灾工程学报，2009，29（6）：618-623.

[333] 秦朝辉，邓检良，彭加强，等. 饱和砂土振动液化特性受振动频率影响试验研究 ［J］. 建筑结构，2015，45（19）：76-79.

[334] 苏栋，李相崧. 地震历史对砂土抗液化性能影响的试验研究 ［J］. 岩土力学，2006，27（10）：1815-1818.

[335] 孙吉主，罗新文，高晖. 地层结构对砂土液化影响的有效应力动力分析 ［J］. 岩土力学，2006，27（5）：787-790.

[336] 庄迎春，谢康和，朱益军，等. 地层组合对砂土液化的影响分析 ［J］. 岩土力学，2003，24（6）：991-996.

[337] Ashmawy A K，Sukumaran B，Hoang V V. Evaluating the Influence of Particle Shape on Liquefaction Behavior Using Discrete Element Modeling ［J］. Proceedings of the 13th International Offshore and Polar Engineering Conference，Honolulu，Hawaii，USA，2003.

[338] Reshef D N，Reshef Y A，Finucane H K，et al. Detecting novel associations in large datasets ［J］. Science，2011，334（6062）：1518-1524.

[339] Zhang Y H，Hu Q P，Zhang W S，et al. A novel Bayesian network structure learning algorithm based on maximal information coefficient ［C］. In Proceedings of the IEEE 5th International Con-

ference on Advanced Computational Intelligence (ICACI), Nanjing, China, 2012, 862-867.

[340] Hussien M N, Karray M. Shear wave velocity as a geotechnical parameter: an overview [J]. Can. Geotech. J, 2015, 52: 1-21.

[341] Pearson K. Notes on regression and inheritance in the case of two parents [J]. Proc. R. Soc. Lond. 1895, 58: 240-242.

[342] Puth M T, Neuhauser M, Ruxton G D. Effective use of Spearman's and Kendall's correlation coefficients for association between two measured traits [J]. Animal Behaviour, 2015, 102: 77-84.

[343] 汪应络. 系统工程理论、方法与应用 [M]. 北京: 高等教育出版社, 1998.

[344] Wright S. Correlation and causation [J]. Journal of Agricultural Research, 1921, 10: 557-585.

[345] Kline R B. Principles and practice of structural equation modeling (4th Ed.) [M]. New York: Guilford Press, 2015.

[346] Mulaik S A, James L R, Van Alstine J, et al. Evaluation of goodness-of-fit indices for structural equation models [J]. Psychological Bulletin, 1989, 105: 430-445.

[347] Hu L, Bentler P M. Cutoff criteria for fit indexes in covariance structure analysis: Conventional criteria versus new alternatives [J]. Structural Equation Modeling: A Multidisciplinary Journal, 1999, 6 (1): 1-55.

[348] McDonald R P, Ho M H. Principles and practice in reporting structural equation analyses. Psychol [J]. Methods, 2002, 7: 64-82.

[349] MacKinnon D P, Lockwood C M, Brown C H, et al. The intermediate endpoint effect in logistic and probit regression [J]. Clinical Trials, 2007, 4: 499-513.

[350] MacKinnon D P, Dwyer J H. Estimating mediated effects in prevention studies [J]. Evaluation Review, 1993, 17: 144-158.

[351] MacKinnon D P, Krull J L, Lockwood C M. Equivalence of the mediation, confounding and suppression effect [J]. Prevention Science, 2000, 1: 173-181.

[352] Iacobucci D. Mediation analysis and categorical variables: The final frontier [J]. Journal of Consumer Psychology, 2012, 22: 582-594.

[353] Hayes A F. Beyond Baron and Kenny: Statistical mediation analysis in the new millennium [J]. Communication Monographs, 2009, 76: 408-420.

[354] Sobel M E. Asymptotic confidence intervals for indirect effects in structural equation models [M]. In S. Leinhardt (Ed.), Sociological methodology. Washington, DC: American Sociological Association. 1982, 290-312.

[355] Kanai K. An empirical formula for the spectrum of strong earthquake motions [J]. Bulletin of the Earthquake Research Institute, 1961, 39: 85-95.

[356] Robinson K, Cubrinovski M, Bradley B A. Sensitivity of predicted liquefaction-induced lateral spreading displacements from the 2010 Darfield and 2011 Christchurch earthquakes [C]. Proc. 19th NZGS Geotechnical Symposium. Ed. CY Chin, Queenstown. 2013.

[357] Lee C J, Hsiung T K. Sensitivity analysis on a multilayer perceptron model for recognizing liquefaction cases [J]. Computers and Geotechnics, 2009, 36: 1157-1163.

[358] Kennedy P E. Oh no! I got the wrong sign! What should I do? [J]. The Journal of Economic Education, 2005, 36 (1): 77-92.

[359] McGuire R K, Barnhard T P. The usefulness of ground motion duration in prediction of severity shaking [C]. In: Proceedings of the 2nd national conference on earthquake engineering. Stanford, Calif, 1979, 713-722.

［360］ Trifunac M D，Brady A G. A study on the duration of strong ground motion ［J］. Bulletin of the Seismological Society of America，1975，65：581-626.

［361］ Oommen T，Baise L G，Asce M，et al. Validation and Application of Empirical Liquefaction Models ［J］. Journal of Geotechnical and Geoenvironmental Engineering，2010，136（12）：1618-1633.

［362］ 赵倩玉. 我国规范标贯液化判别方法的改进研究 ［D］. 哈尔滨：哈尔滨工业大学，2013.

［363］ Cooper G F，Herskovits E. A Bayesian Method for the Induction of Probabilistic Networks from Data ［J］. Machine Learning，1992，9：309-347.

［364］ Corporation N. S. Netica 522 ［DB/CD］. Vancouver，Canada，2016，http：//www. norsys. com/downloads/.

［365］ Chen Y R，Hsieh S C，Chen J W，et al. Energy-based probabilistic evaluation of soil liquefaction ［J］. Soil Dynamics and Earthquake Engineering，2005，25（1）：55-68.

［366］ Cetin K O，Seed R B，Kiureghian A D，et al. SPT-based probabilistic and deterministic assessment of seismic soil liquefaction initiation hazards ［R］. Report No. PEER-2000/05，Berkeley，California：Pacific Earthquake Engineering Research，2000.

［367］ Tokimatsu K，Yoshimi Y. Empirical correlation of soil liquefaction based on SPTN-value and fines content ［J］. Soils and Foundations，1983，23（4）：56-74.

［368］ Li L，Wang J，Leung H. Using spatial analysis and Bayesian network to model the vulnerability and make insurance pricing of catastrophic risk ［J］. International Journal of Geographical Information Science，2010，24（12）：1759-1784.

［369］ Nadkarni S，Shenoy P P. A causal mapping approach to constructing Bayesian networks ［J］. Decision Support Systems，2004，38（2）：259-281.

［370］ Kramer S L. Geotechnical Earthquake Engineering. Prentice-Hall international series in civil engineering and engineering mechanics ［M］. New Jersey：Prentice-Hall，1996.

［371］ Rafael R. On Ground Motion Intensity Indices ［J］. Earthquake Spectra，2007，23（1）：147-173.

［372］ Fajfar P，Vidic T，Fischinger M. A measure of earthquake motion capacity to damage medium-period structures ［J］. Soil Dynamics and Earthquake Engineering，1990，9（5）：236-242.

［373］ Anderson J，Bertero V. Uncertainties in establishing design earthquakes ［J］. Journal of Structural Engineering，1987，113（8）：1709-1724.

［374］ Arias A. A measure of earthquake intensity ［M］. Cambridge：MIT Press，1970.

［375］ Housner G，Jennings P. Generation of artificial earthquakes ［J］. Journal of Engineering Mechanics Division，1964，90（EM1）：113-150.

［376］ Nau J，Hall W. An Evaluation of Scaling Methods for Earthquake Response Spectra ［R］. Urbana：Department of Civil Engineering，University of Illinois，1982.

［377］ Park Y，Ang A，Wen Y. Seismic damage analysis of reinforced concrete buildings ［J］. Journal of Structural Engineering，1985，111（4）：740-757.

［378］ Housner W. Spectrum intensity of strong motion earthquakes ［C］. Proceedings of the Symposium on Earthquakes and Blast Effects on Structures. California：Earthquake Engineering Research Institute，1952.

［379］ Velicer W. Determining the number of components from the matrix of partial correlations ［J］. Psychometrika，1976，41（3）：321-327.

［380］ Shome N，Cornell A. Probabilistic seismic demand analysis of nonlinear structures ［R］. CA：Department of Civil and Environmental Engineering，Stanford University，1999.

[381] Nielson B. Analytical fragility curves for highway bridges in moderate seismic zones [D]．Georgia：Georgia Institute of Technology，2005.

[382] Padgett J，Nielson B，Desroches R. Selection of optimal intensity measures in probabilistic seismic demand models of highway bridge portfolios [J]．Earthquake Engineering & Structural Dynamics，2008，37 (5)：711-725.

[383] Luco N，Cornell A. Structure-specific scalar intensity measures for near-source and ordinary earthquake ground motions [J]．Earthquake Spectra，2007，23 (2)：357-392.

[384] Tate R. Correlation between a discrete and a continuous variable [J]．Ann Math Statist，1954，25：603-607.

[385] Cornell C，Jalayer F，Hamburger R，et al. Probabilistic basis for 2000 SAC Federal Emergency Management Agency steel moment frame guidelines [J]．Journal of Structural Engineering，2002，128 (4)：526-533.

[386] Sanaz R，Der Kiureghian A. Simulation of synthetic ground motions for specified earthquake and site characteristics [J]．Earthquake Engineering and Structural Dynamics，2010，39：1155-1180.

[387] FEMA 302/303. 2009 Edition NEHRP recommended provisions for seismic regulations for new buildings and other structures [S]．Washington，DC：Council B S S，2010.

[388] Seed H，Pyke R，Martin G. Effect of multi-directional shaking on liquefaction of sands [R]．Berkeley：University of California，Berkeley，1975.

[389] Fisher R. Statistical methods and scientific inference [M]．Edinburgh：Oliver and Boyd，1956.

[390] Kung S. Effect of ground motion characteristics on the seismic response of torsionally coupled elastic systems [D]．Urbana：University of Illinois at Urbana-Champaign，1982.

[391] Idriss I，Boulanger R. SPT-based liquefaction triggering procedures [R]．Davis：Department of civil and environmental engineering，University of California at Davis，2010.

[392] Juang C H，Gong W，Martin J R，et al. Model selection in geological and geotechnical engineering in the face of uncertainty—Does a complex model always outperform a simple model? [J]．Engineering Geology，2018，242：184-196.

[393] Friedman N，Goldszmidt M. Discretizing continuous attributes while learning Bayesian networks [C]．In：Proceedings of the 13th International Conference on Machine Learning (ICML). Morgan Kaufmann Publishers，San Francisco，CA，1996，157-165.

[394] Hartemink A J，Gifford D K，Jaakkola T S，et al. Bayesian methods for elucidating genetic regulatory networks [J]．IEEE Intell. Syst. Biol，2002，17：37-43.

[395] Uusitalo L. Advantages and challenges of Bayesian networks in environmental modelling [J]．Ecological Modelling，2007，203：312-318.

[396] Jayasurya K，Fung G，Yu s，et al. Comparison of Bayesian network and support vector machine models for two-year survival prediction in lung cancer patients treated with radiotherapy [J]．Medical Physics，2010，37 (4)：1401-1407.

[397] Correa M，Bielza C，Pamies-Teixeira J. Comparison of Bayesian networks and artificial neural networks for quality detection in a machining process [J]．Expert Systems with Applications，2009，36：7270-7279.

[398] Boulanger R，Idriss I. CPT and SPT based liquefaction triggering Procedures [R]．Davis：Department of Civil and Environmental Engineering，University of California，2014.

[399] Moss R. CPT-based probabilistic assessment of seismic soil liquefaction initiation [D]．Berkeley：

Univ. of California Berkeley. Calif，2003.

[400] Ku C，Lee D，Wu J. Evaluation of soil liquefaction in the Chi-Chi，Taiwan earthquake using CPT [J]. Soil Dynamics and Earthquake Engineering，2004，24（9-10）：659-673.

[401] 董林. 新疆巴楚-伽师地震液化初步研究 [D]. 哈尔滨：中国地震局工程力学研究所，2010.

[402] 曹振中. 汶川地震液化特征及砂砾土液化预测方法研究 [D]. 哈尔滨：中国地震局工程力学研究所，2010.

[403] Wood C，Cox B，Green R，et al. Vs-Based Evaluation of Select Liquefaction Case Histories from the 2010-2011 Canterbury Earthquake Sequence [J]. Journal of Geotechnical and Geoenvironmental Engineering，2017，143（9）：4017066.

[404] Beleites C，Neugebauer U，Bocklitz T，et al. Sample size planning for classification models [J]. Analytica Chimica Acta，2013，760：25-33.

[405] Tang X，Li D，Cao Z，et al. Impact of sample size on geotechnical probabilistic model identification [J]. Computers and Geotechnics，2017，87：229-240.

[406] Verner J F. Gradient descent training of Bayesian networks [C]. Proceedings of the European Conference on Symbolic and Quantitative Approaches to Reasoning and Uncertainty，1999.

[407] Thevanayagam S. Effect of fines and confining stress on undrained shear strength of silty sands [J]. Journal of Ge technical and Geoenvironmental Engineering，1998，124（6）：479-491.

[408] Idriss I，Boulanger R. Soil liquefaction during earthquakes [M]. Oakland，CA：Earthquake Engineering Research Institute，2008.

[409] Akca N. Correlation of SPT-CPT data from the United Arab Emirates [J]. Engineering Geology，2003，67（3-4）：219-231.

[410] Brier G W. Verification of forecasts expressed in terms of probability [J]. Monthly Weather Review，1950，78（1）：1-3.

[411] Thompson E，Baise L，Kayen R. Spatial correlation of shear-wave velocity in the San Francisco Bay Area sediments [J]. Soil Dynamics and Earthquake Engineering，2007，27（2）：144-152.

[412] Friedman N，Goldszmidt M，Wyner A. Data analysis with Bayesian networks：a bootstrap approach [C]. In：Proceedings of the 15th Conference on Uncertainty in Artificial Intelligence. Stockholm，Sweden：Morgan Kaufmann；1999.

[413] Mcgann C，Bradley B，Cubrinovski M. Development of a regional V_{s30} model and typical V_s profiles for Christchurch，New Zealand from CPT data and region-specific CPT-Vs correlation [J]. Soil Dynamic and Earthquake Engineering，2017，95：48-60.

[414] Oommen T，Baise L G，Vogel R M. Sampling Bias and Class Imbalance in Maximum-likelihood Logistic Regression [J]. Mathematical Geosciences，2011，43（1）：99-120.

[415] Jain A. Sampling bias in evaluating the probability of seismically induced soil liquefaction with SPT and CPT case histories [D]. Houghton：Michigan Technological University，2012.

[416] Yazdi J S，Kalantary F，Yazdi H S. Investigation on the Effect of Data Imbalance on Prediction of Liquefaction [J]. International Journal of Geomechanics，2013，13：463-466.

[417] Huang H W，Zhang J，Zhang L M. Bayesian network for characterizing model uncertainty of liquefaction potential evaluation models [J]. KSCE Journal of Civil Engineering，2012，16（5）：714-722.

[418] Elegbede C F，Papadopoulos A，Gauvreau J，et al. A Bayesian network to optimise sample size for food allergen monitoring [J]. Food Control，2015，47：212-220.

[419] Wang B，Tang H，Guo C，et al. Entropy optimization of scale-free networks' robustness to ran-

dom failures［J］. Physica A：Statistical Mechanics and its Applications，2006，363（2）：591-596.

［420］ Solé R V，Valverde S. Information theory of complex networks：on evolution and architectural constraints［J］. Lecture Notes in Physics，2004，650：189-207.

［421］ 谢丽霞，白宇，杨宏宇. 一种面向信息系统的业务波及影响分析方法［J］. 大连理工大学学报，2020，60（4）：420-426.

［422］ Elsharief M，El-Gawad M A A，Kim H. Density table-based synchronization for multi-hop wireless sensor networks［J］. IEEE Access，2018，6：1940-1953.

［423］ Farnaz N A，Song S Q，Craig A S. Comparative analysis of discretization methods in Bayesian networks［J］. Environmental Modelling & Software，2017，87：64-71.

［424］ Scholz M，Wimmer T. A comparison of classification methods across different data complexity scenarios and datasets. Expert Systems with Applications，2021，168，114217.

［425］ Wocjan P，Janzing D，Beth T. Required sample size for learning sparse Bayesian networks with many variables. LANL-preprint，2002. http：//xxx. lanl. gov/abs/cs. LG/0204052.

［426］ Youd T L，Hoose S N. Historic ground failures in northern California triggered by earthquakes［R］. Washington，D. C.：U. S. Geological Survey，1978，993.

［427］ 刘惠珊. 1995年阪神大地震的液化特点［J］. 工程抗震，2001（1）：22-26.

［428］ 陈龙伟，袁晓铭，孙锐. 2011年新西兰 M_w 6.3地震液化及岩土震害述评［J］. 世界地震工程，2013，29（3）：1-9.

［429］ Cox B R，Boulanger R W，Tokimatsu K，et al. Liquefaction at strong motion stations and in Urayasu City during the 2011 Tohoku-Oki earthquake［J］. Earthquake Spectra，2013，29（1）：55-80.

［430］ 邱毅. 唐山地震液化场地再调查及数据分析［D］. 哈尔滨：中国地震局工程力学研究所，2008.

［431］ 邹德高. 地震时浅埋地下管线上浮机理及减灾对策研究［D］. 大连：大连理工大学，2008.

［432］ Iwasaki T，Tokida K，Tatsuoka F，et al. Microzonation for soil liquefaction potential using simplified methods［C］. Proc. 3rd International Earthquake Microzonation Conference，Seattle，1982，1319-1330.

［433］ Youd T L. Geologic effects-liquefaction and associated ground failure［R］. Open-File Report 84-760，Menlo Park，California：U. S. Geological Survey，1984.

［434］ Howard R A，Matheson J E. Influence diagrams［J］. Decision Analysis，2005，2（3）：127-143.

［435］ 周丽华，刘惟一，王丽珍. 影响图的扩展综述［J］. 计算机科学与探索，2011，5（11）：961-972.

［436］ Mitchell J K，Wentz F J. Performance of improved ground during the Loma Prieta earthquake［R］. No. UCB/EERC-91/12，Berkeley，California：Earthquake Engineering Research Center，University of California，1991.

［437］ Lee D，Juang C H，Ku C. Liquefaction performance of soils at the site of a partially completed ground improvement project during the 1999 Chi-Chi earthquake in Taiwan［J］. Canadian Geotechnical Journal，2001，38（6）：1241-1253.

［438］ 豊田浩史，忠原，竹澤請一郎，等. 簡易動的貫入試験と表面波探査による浦安市の液状化被害分析と応急対策への適用性［J］. 地盤工学ジャーナル，2012，7（1）：207-218.

［439］ Bhattacharya S，Hyodo M，Goda K，et al. Liquefaction of soil in the Tokyo Bay area from the 2011 Tohoku（Japan）earthquake［J］. Soil Dynamics and Earthquake Engineering，2011，31（11）：1618-1628.

［440］ Yasuda S，Harada K，Ishikawa K，et al. Characteristics of liquefaction in Tokyo Bay area by the 2011 Great East Japan Earthquake ［J］. Soils and Foundations，2012，52（5）：793-810.

［441］ 张志毅. 软基在爆炸荷载作用下的分析 ［M］. 北京：铁道部科学研究院，1999.

［442］ Solymar Z V，Mitchell J K. Blasting densifies sand ［J］. Journal of Geotechnical Engineering，ASCE，1986，10：46-48.

［443］ 石振明，孔宪立. 工程地质学 ［M］.2 版. 北京：中国建筑工业出版社，2011.

［444］ 张明，蒋瑞波，樊金，等. 大规模填海造地工程试验段地基处理方案优选 ［J］. 河南工程学院学报（自然科学版），2015，27（4）：30-34.

［445］ Hausler E A，Sitar N. Performance of Soil Improvement Techniques in Earthquakes ［C］. Proceedings of the 4th International Conference on Recent Advances in Geotechnical Earthquake Engineering and Soil Dynamics，San Diego，CA，2001，10-15.

［446］ Lai S，Matsunage Y，Morita T，et al. Effects of remedial measures against liquefaction at 1993 Kushiro-Oki Earthquake ［R］. Technical Report NCEER，94-0026，Buffalo，N. Y，U. S：National Center for Earthquake Engineering Research，1994.

［447］ 陈育民，徐鼎平. FLAC/FLAC3D 基础与工程实例 ［M］. 北京：中国水利水电出版社，2009.

［448］ Oka F. A cyclic elasto-viscoplastic constitutive model for clay based on the non-linear hardening rule ［C］. Proceedings of the 4th International Symposium on Numerical Models in Geomechanics，Swansea，UK，1992，105-114.

［449］ 张锋. 计算力学 ［M］. 北京：人民交通出版社，2007.

［450］ Matsuo O，Shimazu T，Uzuoka R. Numerical analysis of seismic behavior of embankments founded on liquefaction soils ［J］. Soils and Foundations，2000，40（2）：21-39.

［451］ Lu C，Gui M，Lai S. A numerical study on soil-group-pile-bridge-pier interaction under the effect of earthquake loading ［J］. Journal of Earthquake and Tsunami，2014，8（1）：1350037.

［452］ Uzuoka R，Sento N，Kazama M. Three-dimensional numerical simulation of earthquake damage to group-piles in a liquefied ground ［J］. Soil Dynamic and Earthquake Engineering，2007，27（5）：395-413.

［453］ Oka F，Yashima A，Shibata T. FEM-FDM coupled liquefaction analysis of a porous soil using an elastoplastic model ［J］. Appl. Sci. Res，1994，52：209-245.

［454］ Otsushi K，Kato T，Hara T. Study on a liquefaction countermeasure of flume structures by sheet-pile with drain ［J］. Ground Improvement Technologies and Case Histories，2009：437-443.

［455］ Otsushi K，Otake Y，Kato T. Analytical study on a liquefaction countermeasure of flume channel by sheet-pile with drain ［J］. Japanese Geotechnical Journal，2010，5（4）：569-587.

［456］ Juang C H，Ching J，Luo Z，et al. New models for probability of liquefaction using standard penetration tests based on an updated database of case histories ［J］. Engineering Geology，2012，133-134：85-93.

［457］ Robertson P K，Woeller D J，Finn W D L. Seismic cone penetration test for evaluating liquefaction potential under cyclic loading ［J］. Canadian Geotechnical Journal，1992，29（4）：686-695.